"十三五"国家重点出版物出版规划项目

光电子科学与技术前沿丛书

导电聚合物电化学

李永舫　穆绍林／著

科学出版社

北京

内 容 简 介

导电聚合物是 20 世纪 70 年代发展起来的一个重要研究领域，电化学聚合是导电聚合物的一种重要制备方法，电化学性质是导电聚合物最重要的性质之一。本书系统介绍导电聚合物电化学的基础知识和应用，包括导电聚合物的发现和发展历史及其基本性质，聚吡咯、聚苯胺和聚噻吩这三种最重要的导电聚合物的电化学制备和电化学性质，导电聚合物在电化学生物传感、化学电源、电化学超电容、电致变色器件和电催化等与其电化学性质相关的领域的应用，与其电化学聚合相关的有机发光薄膜的电化学制备，以及与其电化学掺杂性质相关的聚合物发光电化学池和共轭聚合物电子能级的电化学测量等。

本书可以作为高等院校和科研机构化学和材料等专业的本科生、研究生、教师和科研工作者的参考书。

图书在版编目（CIP）数据

导电聚合物电化学/李永舫，穆绍林著. —北京：科学出版社，2020.12
（光电子科学与技术前沿丛书）

"十三五"国家重点出版物出版规划项目　国家出版基金项目
ISBN 978-7-03-067016-8

Ⅰ. 导…　Ⅱ. ①李…　②穆…　Ⅲ. 导电聚合物-电化学　Ⅳ. O631.2

中国版本图书馆 CIP 数据核字（2020）第 232089 号

责任编辑：张淑晓/责任校对：杜子昂
责任印制：赵　博/封面设计：黄华斌

科 学 出 版 社 出版
北京东黄城根北街 16 号
邮政编码：100717
http://www.sciencep.com

北京中科印刷有限公司印刷
科学出版社发行　各地新华书店经销
*
2020 年 12 月第 一 版　开本：720×1000　1/16
2025 年 2 月第三次印刷　印张：14 3/4　插页：1
字数：297 000

定价：128.00 元
（如有印装质量问题，我社负责调换）

丛书序

光电子科学与技术涉及化学、物理、材料科学、信息科学、生命科学和工程技术等多学科的交叉与融合，涉及半导体材料在光电子领域的应用，是能源、通信、健康、环境等领域现代技术的基础。光电子科学与技术对传统产业的技术改造、新兴产业的发展、产业结构的调整优化，以及对我国加快创新型国家建设和建成科技强国将起到巨大的促进作用。

中国经过几十年的发展，光电子科学与技术水平有了很大程度的提高，半导体光电子材料、光电子器件和各种相关应用已发展到一定高度，逐步在若干方面赶上了世界水平，并在一些领域实现了超越。系统而全面地整理光电子科学与技术各前沿方向的科学理论、最新研究进展、存在问题和前景，将为科研人员以及刚进入该领域的学生提供多学科、实用、前沿、系统化的知识，将启迪青年学者与学子的思维，推动和引领这一科学技术领域的发展。为此，我们适时成立了"光电子科学与技术前沿丛书"专家委员会，在丛书专家委员会和科学出版社的组织下，邀请国内光电子科学与技术领域杰出的科学家，将各自相关领域的基础理论和最新科研成果进行总结梳理并出版。

"光电子科学与技术前沿丛书"以高质量、科学性、系统性、前瞻性和实用性为目标，内容既包括光电转换导论、有机自旋光电子学、有机光电材料理论等基础科学理论，也涵盖了太阳电池材料、有机光电材料、硅基光电材料、微纳光子材料、非线性光学材料和导电聚合物等先进的光电功能材料，以及有机/聚合物光电子器件和集成光电子器件等光电子器件，还包括光电子激光技术、飞秒光谱技术、太赫兹技术、半导体激光技术、印刷显示技术和荧光传感技术等先进的光电子技术及其应用，将涵盖光电子科学与技术的重要领域。希望业内同行和读者不吝赐教，帮助我们共同打造这套丛书。

在丛书编委会和科学出版社的共同努力下，"光电子科学与技术前沿丛书"获得 2018 年度国家出版基金支持，并入选了"十三五"国家重点出版物出版规划项目。

我们期待能为广大读者提供一套高质量、高水平的光电子科学与技术前沿著作，希望丛书的出版为助力光电子科学与技术研究的深入，促进学科理论体系的建设，激发创新思想，推动我国光电子科学与技术产业的发展，做出一定的贡献。

最后，感谢为丛书付出辛勤劳动的各位作者和出版社的同仁们！

"光电子科学与技术前沿丛书"编委会

2018 年 8 月

前　言

　　1977 年，A. G. MacDiarmid、A. J. Heeger 和白川英树(H. Shirakawa)发现了导电聚乙炔，开创了导电聚合物这一研究领域，他们三人也因在导电聚合物的发现和发展中做出的突出贡献而获得 2000 年诺贝尔化学奖。导电聚合物最基本的特征就是其可逆的氧化掺杂/还原脱掺杂性质，导电聚乙炔的发现就源于本征态聚乙炔薄膜碘掺杂后电导率提高了 9 个数量级的现象，这是碘氧化掺杂的结果。1979 年，A. F. Diaz 等发现通过吡咯单体的电化学氧化聚合可以制备高电导率的导电聚吡咯薄膜，并且掺杂态导电聚吡咯在空气中有很好的稳定性(掺杂态导电聚乙炔的稳定性很差)。此后，导电聚合物的电化学制备和电化学性质引起了相关领域研究者的关注。

　　发现导电聚合物的 1977 年是我人生征途中发生命运转折的最关键年份，这一年我国恢复了因"文革"中断的高考，我这位 1966 届高中毕业生参加了被拖后了 11 年半的高考、有幸在 29 岁"高龄"获得读大学的机会，并且在首次报道电化学聚合制备导电聚吡咯的 1979 年我提前考取研究生，从此开始了我的研究生涯。在导电聚合物研究最红火的 1986 年，我来到中科院化学所跟随钱人元先生进行博士后研究，钱先生给我安排的研究课题是导电聚吡咯的电化学制备和电化学性质，从此我进入了导电聚合物电化学和共轭聚合物光电子材料和器件的研究领域。

　　十多年前我就有撰写《导电聚合物电化学》一书的想法，但是一直很难抽出时间系统整理和撰写书稿。这次协助姚建年院士组织"光电子科学与技术前沿丛书"，作为丛书的副主编之一，我答应承担撰写《导电聚合物电化学》的任务，当然这也是完成此书的一次很好的机会。为了保证这本书的质量，我邀请了长期从事导电聚苯胺电化学研究的穆绍林教授加盟撰写。但是，由于事务缠身，我自己撰写的部分一拖再拖，到了今年的春节假期，在编辑的催促下才匆忙整理和撰写。这次的新型冠状病毒肺炎疫情期间被要求宅家工作，这恰好为我撰写书稿提供了绝佳的机会。

本书共分7章，第1章介绍导电聚合物的发现和发展历史及其基本性质，第2~4章分别介绍聚吡咯、聚苯胺和聚噻吩这三种最重要的导电聚合物的电化学制备和电化学性质，第5~7章分别介绍导电聚合物电化学在电化学生物传感、聚合物发光电化学池及其他电化学方面的应用（包括化学电源、电化学超电容和电致变色器的电极材料、电催化以及有机发光薄膜的电化学制备等）。其中，第3章"导电聚苯胺的电化学制备和电化学性质"、第5章"导电聚合物电化学生物传感器"以及第7章的7.4节"苯胺共聚物的电催化"和7.5节"苯胺共聚物作自由基源：检测抗氧化剂的抗氧化能力"，主要由穆绍林教授撰写（我进行了整理和统稿）。由于书稿准备仓促，加之作者能力所限，书中定有不妥或疏漏之处，敬请读者批评指正！

在本书出版之际，我要感谢我的博士生导师吴浩青先生，我读博期间的研究方向是锂电池中电化学嵌入反应的研究，我在吴先生那里学习到了电化学的基础知识。我还要感谢我做博士后研究期间的导师钱人元先生和课题组长曹镛研究员，钱先生把我带入导电聚合物的研究领域，我在导电聚合物电化学以及共轭聚合物光伏材料的研究中找到了自己的研究乐趣。曹镛老师在生活和工作上给了我许多帮助，1988年我在 *Synthetic Metals* 上发表的第一篇有关聚苯胺光谱电化学的论文是在曹镛老师的指导下与曹老师合作发表的。我还要感谢与我合作撰写此书的穆绍林老师，穆老师是导电聚合物电化学研究的元老，感谢穆老师对本书撰写的参与和支持。同时我也要感谢科学出版社的张淑晓编辑，是她的敦促和帮助才使我能够实现撰写《导电聚合物电化学》一书的心愿。

李永舫

2020 年 5 月 10 日于中关村

目　录

第1章

绪　论

　　导电聚合物,广义地讲包括电子导电聚合物[半导性本征态或掺杂态共轭聚合物以及通过与导电材料(炭黑、石墨粉或金属钠米粒子等)混合而具有导电性的聚合物]和离子导电聚合物(如具有离子导电性的聚合物电解质)。本书导电聚合物电化学涉及的导电聚合物是指具有共轭链结构的、氧化或还原掺杂后的掺杂态导电聚合物,有时也包括具有半导体特性的本征态共轭聚合物。

1.1　导电聚合物的发展历史

　　1977 年,美国的麦克戴尔米德(A. G. MacDiarmid)、黑格(A. J. Heeger)和日本的白川英树(H. Shirakawa)发现,聚乙炔(polyacetylene, PA)薄膜经电子受体(碘、五氟化砷等)氧化掺杂后其电导率增加了 9 个数量级,从 10^{-6} S·cm^{-1} 增加到 10^3 S·cm^{-1} [1, 2]。这一发现打破了有机高分子聚合物都是绝缘体的传统观念,开创了导电聚合物(conducting polymer,或称 conductive polymer)这一研究领域。

　　其实,导电聚乙炔的发现既有偶然性,也体现出不同领域研究者合作研究的重要性。在导电聚乙炔发现之前,通常聚乙炔由乙炔单体合成,是黑色粉末、绝缘体。日本东京工业大学白川英树的学生在合成聚乙炔时,将催化剂用量的单位看错了,使催化剂的浓度提高了 1000 倍,结果得到了银色的聚乙炔薄膜。后来,A. G. MacDiarmid 教授去东京工业大学访问时看到了这种漂亮的银色聚乙炔薄膜,当时他正在开展有机半导体和有机导体方面的研究,因此对这种聚乙炔薄膜非常感兴趣,就邀请白川英树去美国宾夕法尼亚大学他的实验室作访问研究。1976年,白川英树在 MacDiarmid 教授实验室合成了这种聚乙炔薄膜,MacDiarmid 教授提出对聚乙炔薄膜进行掺杂(碘氧化掺杂)，同时他们与当时在宾夕法尼亚大学工作的物理学家 A. J. Heeger 合作，由 Heeger 教授课题组测量掺杂聚乙炔的电导，从而发现了这一导电聚合物。

但是，掺杂态导电聚乙炔的稳定性太差，在空气和水溶液中会很快失去导电性，必须保存在惰性气氛中。因此，导电聚乙炔无法得到实际应用，仅具有理论研究意义。1979 年，Diaz 等发现，通过电化学氧化聚合可以制备导电聚吡咯(polypyrrole，PPy)薄膜，并且这种导电聚吡咯具有很好的空气稳定性。这一发现引发了一系列导电聚合物[包括导电聚苯胺(polyaniline，PAn)和导电聚噻吩(polythiophene，PTh)等]的电化学合成。导电聚吡咯、导电聚苯胺和导电聚噻吩等不仅具有与导电聚乙炔类似的高电导率，还具有可逆的氧化-还原特性和电致变色特性，并且稳定性也大大提高。同时人们还发现，聚对亚苯[poly(p-phenylene)，PPP]、聚对苯撑乙烯[poly(p-phenylene-vinylene)，PPV]等共轭聚合物经掺杂后都具有导电性，从而大大拓展和丰富了导电聚合物的研究范围。20 世纪 80 年代以来，导电聚合物的研究受到基础理论研究工作者以及实验研究者的广泛关注，成为物理、化学和材料科学的热门交叉研究领域。

在导电聚合物的研究初期，人们的研究兴趣主要集中于阐明导电机理、研究制备方法上。包括提出了导电聚合物电荷载流子的孤子(soliton)理论和极化子(polaron)、双极化子(bipolaron)理论，发展了导电聚合物的化学氧化聚合和电化学氧化聚合制备方法。后来人们又开展了关于导电聚合物的电化学性质及其在化学电源、超级电容器、修饰电极、生物传感、电致变色显示和金属防腐蚀等方面的应用研究，进而吸引了越来越多的研究者加入到导电聚合物的研究行列。

聚乙炔、聚吡咯、聚苯胺等导电聚合物都是不溶不熔的，这使得对其加工非常困难。1988 年，碱式聚苯胺被发现可溶于 N-甲基吡咯烷酮中，然后可将此溶液浇铸成聚苯胺薄膜，该薄膜经酸浸泡可变成质子酸掺杂的导电聚苯胺，这一发现使大面积制备聚苯胺薄膜成为可能。1992 年，曹镛等通过对离子诱导掺杂的方法，制备出导电聚苯胺溶液，这为实现导电聚合物的可加工处理迈出了重要一步[3]。并且，由这种导电聚苯胺溶液制备的导电聚苯胺薄膜其电导率也得到显著提高，这为导电聚合物的应用打开了方便之门。

导电聚合物研究的另一个里程碑式进展是 1990 年英国剑桥大学 Friends 等发现了聚对苯撑乙烯的电致发光现象[4]。这一发现使共轭聚合物本征半导态的光电特性引起了关注，进而开辟出聚合物发光二极管(polymer light-emitting diode，PLED)这一研究领域，掀起了共轭聚合物光电材料的新一轮研究高潮。1995 年，裴启兵等报道了聚合物发光电化学池(polymer light-emitting electrochemical cell，LEC)，将共轭聚合物的电化学掺杂特性应用到聚合物发光器件中，开辟了聚合物发光器件的一个新的研究方向。近年来，共轭聚合物光伏材料和聚合物太阳电池

(polymer solar cell，PSC)的研究获得快速发展，能量转换效率已经超过 17%，达到了可以向应用发展的程度，更激发了人们对共轭聚合物光电子材料和器件的研究热情。现在，国内外对导电聚合物的研究方兴未艾，导电聚合物的研究和应用前景一片光明。

导电聚合物的突出优点是它既具有金属和无机半导体的电学和光学特性，又具有有机聚合物柔韧的机械性能和可加工性，还具有电化学氧化-还原活性。这些特点决定了导电聚合物材料将在未来的有机光电子材料和器件以及电化学器件的研究和开发中发挥重要作用。

1.2　结构特征

导电聚合物的结构特点是其共轭高分子链结构，这种共轭高分子链可以被氧化失去电子从而使其主链带上正电荷，同时经过对阴离子(counter-anion)掺杂(p型掺杂)而使聚合物保持电中性，有些共轭高分子链还可以被还原使其主链带负电荷，同时经过对阳离子(counter-cation)掺杂(n型掺杂)而使聚合物保持电中性。氧化掺杂或还原掺杂后，聚合物电导率显著提高，形成掺杂态导电聚合物。图 1.1 给出了常见的导电聚合物的共轭高分子主链结构。本征态共轭高分子是属于电导率较低的半导态，一般电导率在 10^{-6} S·cm^{-1} 以下。而掺杂后电导率显著提高，一般可达到 $10^{0}\sim10^{3}$ S·cm^{-1} 量级。几乎所有的共轭高分子都能够使其自身主链被氧化而实现 p 型掺杂，但有些共轭高分子[比如聚吡咯(PPy)和聚苯胺(PAn)等]由于其主链被还原的电位太低(低于电解液的还原电位)，从而无法实现 n 型掺杂。

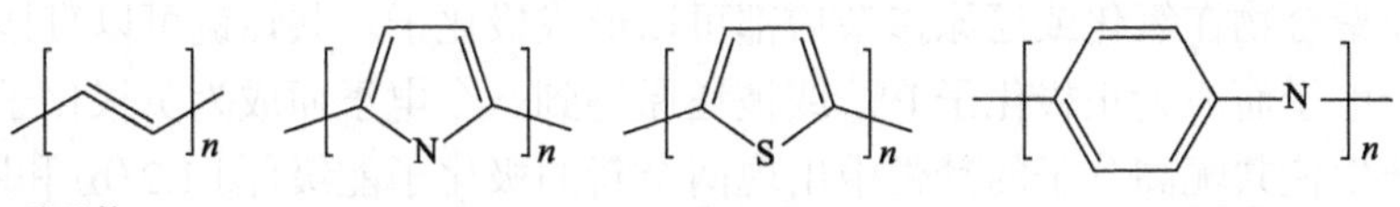

聚乙炔　　　　　聚吡咯　　　　　聚噻吩　　　　　聚苯胺

图 1.1　几种常见导电聚合物的共轭高分子主链结构

共轭聚合物的特点是其离域的 π 电子结构，具有 π 价带和 π* 导带能带[见图 1.2(a)]。本征态基态的 π 价带被电子填满，而 π* 导带则全空，无电子填入。π 价带带顶[HOMO (the highest occupied molecular orbital)，最高占据分子轨道]和 π* 导带带底[LUMO (the lowest unoccupied molecular orbital)，最低未占据分子轨道]之间的能级差为禁带宽度(E_g)，常见共轭聚合物的 E_g 为 1.5~3.0 eV。可见，共轭聚合物属于有机半导体范畴，并且其吸收光谱一般在可见区。从电子结构的角度来讲，共轭聚合物被氧化时，π价带失去电子而成为 p 型掺杂；被还原时π*导带得到电子而成为 n 型掺杂。掺杂后会在禁带中形成掺杂能级［见图 1.2(b)］，使得其吸收光谱在近红外区出现强的吸收，同时其原本征态在可见区的吸收会减弱。近红外区出现强吸收并伴随可见区吸收减弱是形成共轭聚合物掺杂态的有力证据。

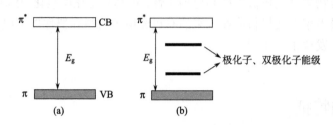

图 1.2　共轭聚合物的电子能级结构

(a)本征态；(b)掺杂态

对于导电聚合物掺杂态的电荷载流子，早期的理论工作者进行了大量的研究，提出了孤子(soliton)、极化子(polaron)和双极化子(bipolaron)等概念。认为在结构简并的掺杂态导电(反式)聚乙炔中，存在孤子、极化子和双极化子等电荷载流子，而在其他结构非简并的掺杂态导电聚合物(比如聚吡咯、聚苯胺和聚噻吩等)中，电荷载流子只有极化子和双极化子，而不存在孤子。由于本书内容不涉及导电聚乙炔，所以下面讨论导电聚合物中的电荷载流子时，只讨论极化子和双极化子。

极化子用 P 来表示，它是导电聚合物中的一种主要的电荷载流子结构缺陷形式，共轭聚合物在氧化或还原掺杂后都可以形成极化子。共轭链可以直接被氧化失去一个电子而成为正极化子 P^+、或被还原得到一个电子而成为负极化子 P^-。极化子的产生使共轭高分子的禁带中出现两个新的极化子能级［图 1.2(b)和图 1.3］，正极化子和负极化子都是自旋 1/2，见图 1.3。

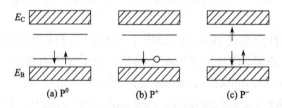

图 1.3　导电聚合物中的极化子(P)电子能级结构

双极化子用 BP 来表示，它是同一个共轭链上两个带同种电荷的极化子(两个正极化子或两个负极化子)相互耦合形成自旋量子数为 0 的电荷载流子,两个正极化子耦合成一个正双极化子 BP⁺,两个负极化子耦合成一个负双极化子 BP⁻,其电子能级结构如图 1.4 所示。

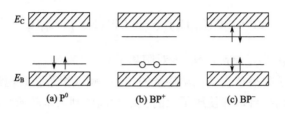

图 1.4　导电聚合物中的双极化子电子能级结构

1.3　掺杂特性

前已述及，导电聚合物通过氧化或者还原掺杂引入电荷载流子，从而显著提高其导电性。但是，导电聚合物的掺杂与无机半导体的掺杂具有本质的区别。无机半导体具有远程有序的晶体结构，只需很低的掺杂浓度就可以使电导发生质的变化，并且这种掺杂是靠在半导体材料制备过程中掺入少量具有不同外层电子数的元素杂质来实现的。比如，在外层 4 个电子的硅(Si)单晶中掺入(晶格位点取代)少量外层 3 个电子的硼(B)原子实现缺电子的 p 型掺杂、掺入少量外层 5 个电子的磷(P)原子而实现富电子的 n 型掺杂。而导电聚合物的结构一般是无序的，其电子结构虽然也常常借助无机半导体的价带和导带来描述，但其能带很窄，电荷载流子的传导主要靠在共轭链上传导和链间跃迁来进行，其掺杂需要将电荷注入到其共轭聚合物主链(失去电荷被氧化，或者得到电荷被还原)，同时需要通过对离子掺杂(主链被氧化时用对阴离子掺杂，主链被还原时用对阳离子掺杂)来保持电中性。导电聚合物的掺杂可通过氧化剂(电子受体)或还原剂(电子给体)的电荷转移(化学掺杂)，或者通过电化学氧化-还原(电化学掺杂)来实现。这种掺杂的掺杂浓度较高，电荷载流子浓度可达 10^{21} cm⁻³，比无机半导体中的掺杂浓度高出几个数量级。另外，导电聚合物的掺杂由于伴随着对离子的嵌入，往往还会发生体积和形貌的变化。

1. 化学掺杂

最初发现的导电聚乙炔就是通过化学氧化掺杂实现的。化学掺杂包括使用氧化剂的氧化(p 型)掺杂和使用还原剂的还原(n 型)掺杂两种。

p 型掺杂可以用下面的反应式(1.1)来表示:

$$CP + \frac{3}{2}I_2 \rightleftharpoons CP^+(I_3^-) \tag{1.1}$$

其中，CP 代表共轭聚合物(conjugated polymer)，I_2 为氧化剂，I_3^- 为对阴离子。

n 型掺杂则可以表示为

$$CP + Na^+(C_{10}H_8)^- \rightleftharpoons CP^-(Na^+) + C_{10}H_8 \tag{1.2}$$

其中，$Na^+(C_{10}H_8)^-$ 为还原剂，Na^+ 为对阳离子。

聚苯胺的质子酸掺杂也是化学掺杂的一种。碱式聚苯胺共轭链上的 N 原子与质子酸中的质子相结合，并使质子上的正电荷离域到聚苯胺的共轭链上形成 p 型掺杂的聚苯胺链，同时质子酸中的阴离子成为对阴离子。聚苯胺的这种质子酸掺杂特性为制备导电聚苯胺以及可溶性导电聚苯胺提供了方便。

2. 电化学掺杂

电化学掺杂是通过电化学氧化或者还原反应来实现导电聚合物的掺杂。许多共轭聚合物(比如聚噻吩)在高电位区可发生电化学 p 型掺杂/脱掺杂(氧化/再还原)过程，在低电位区又可发生电化学 n 型掺杂/脱掺杂(还原/再氧化)过程。

发生电化学 p 型掺杂反应时，共轭链被氧化，其价带失去电子，并伴随着对阴离子的掺杂：

$$CP - e^- + A^- \rightleftharpoons CP^+(A^-) \tag{1.3}$$

其中，$CP^+(A^-)$ 代表主链被氧化、对阴离子 A^- 掺杂的导电聚合物。几乎所有的共轭高分子在高电位下都可以发生这种电化学氧化掺杂反应。

发生电化学 n 型掺杂反应时，共轭链被还原，其导带得到电子，并伴随着对阳离子的掺杂：

$$CP + e^- + M^+ \rightleftharpoons CP^-(M^+) \tag{1.4}$$

其中，$CP^-(M^+)$ 代表主链被还原、对阳离子 M^+ 掺杂的导电聚合物。大部分共轭高分子在低电位(负电位)下也都能发生这种电化学还原掺杂反应，但是有个别共轭高分子(比如聚吡咯和聚苯胺)不能实现电化学还原掺杂，因为它们的还原电位太低，低于电解液的还原电位，在它们的还原掺杂电位下发生的是电解液的还原反应，而无法实现这种共轭高分子的还原掺杂。

上述电化学掺杂反应大多数是可逆的，并且反应中伴随着导电聚合物的电导变化和颜色(吸收光谱)变化。可逆的电化学掺杂/脱掺杂性质以及伴随的颜色变化使导电聚合物可以用于化学电源以及用作电致变色器件的电极材料。

1.4 电导特性

导电聚合物的最重要性质之一是它的导电性，这类聚合物之所以引起关注就是因为其氧化掺杂后导电性的大幅度提高。迄今为止，导电聚合物的最高电导率是拉伸取向聚乙炔的 $10^5 S \cdot cm^{-1}$ [5]，一般导电聚合物的电导率在 $10^{-3} \sim 10^3 S \cdot cm^{-1}$ 范围内[6(a)]（图 1.5）。导电聚合物的导电性与金属材料相比还有很大差距，拉伸取向的聚乙炔的电导率虽然能达到 $10^5 S \cdot cm^{-1}$，但其稳定性很差，在空气中很快失去导电性。因此，导电聚合物很难取代金属用作导电材料。不过，在可见区具有透明性的透明导电聚合物（比如 PEDOT：PSS）有希望用作柔性光电器件的透明导电电极材料。

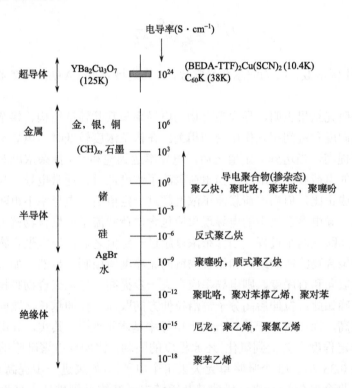

图 1.5 聚合物、掺杂态导电聚合物和传统电子材料电导率的对比

导电聚合物电导率的温度依赖性类似于半导体，符合 Mott 变程跳跃（variable range hopping，VRH）模型：

$$\sigma(T) = \sigma_0 \exp\left[-\left(\frac{T_0}{T}\right)^{\frac{1}{n+1}}\right] \tag{1.5}$$

其中，σ_0 为与温度无关(或弱相关)的指前因子；n 为空间维数，当 n =1，2，3 时表示一、二、三维变程跳跃传导。常见的导电聚合物的 n 等于 3，符合三维变程跳跃传导关系，电导关系式为[3]：

$$\sigma(T) = \sigma_0^{3d} \exp\left[-\left(\frac{T_0^{3d}}{T}\right)^{\frac{1}{4}}\right] \tag{1.6}$$

其中
$$T_0^{3d} = \frac{c}{k_B N(E_F) L^3} \tag{1.7}$$

式中，c 为比例常数，k_B 为波尔兹曼常数，L 为定域长度，$N(E_F)$ 为费米能级上的态密度。

大量的研究结果表明，导电聚合物的电导率与其共轭链结构、掺杂浓度、聚合物链的取向度和链间相互作用密切相关。在掺杂浓度较低时，电导率随掺杂浓度的增加而提高，当达到一定值之后，电导率达到饱和[2]。掺杂浓度对应于聚合物共轭链上的电荷载流子浓度，当电荷载流子浓度低时，通常电导率与电荷载流子浓度基本成正比，但当电荷载流子浓度超过一定值后，电导率不再随其浓度的增加而增加。导电聚合物中的电导现象应包含电荷载流子在聚合物链上的传输和在聚合物链间跃迁两个过程，当掺杂浓度超过一定值之后，导电聚合物膜的电导率已完全受聚合物的链间跳跃和聚合物链的无序度所控制。显然，如果能够改善聚合物链的取向和有序度，则电导率应会进一步提高。导电聚合物膜拉伸取向的实验结果的确如此：拉伸后高分子链沿拉伸方向取向，拉伸越长，取向度越高，电导率也越高，而在垂直于拉伸方向上电导率基本不变[5]。其实，导电聚合物的掺杂度在一定程度上会受到氧化-还原程度的限制，比如导电聚吡咯的氧化掺杂度可以达到 0.33 左右(3 个吡咯单元失去 1 个电子)。如果进一步提高氧化程度，则导电聚合物会发生过氧化，导致其共轭链电子结构遭到破坏，使聚合物失去导电性。

1.5 可溶性

相对于无机半导体材料，可溶液加工是导电聚合物独特和突出的优点。因此，可溶性对导电聚合物的应用非常重要。但由于导电聚合物的共轭高分子链都是刚性链结构，链间相互作用很强，有强烈的聚集倾向，一般不溶不熔。因此，解决导电聚合物的溶解性问题成为导电聚合物研究的关键科学问题之一。

导电聚合物由本征态共轭高分子通过氧化或者还原掺杂而来，而改善本征态共轭高分子溶解性的最有效方法是引入烷基或者烷氧基等柔性取代基(柔性侧链)。比如，在聚噻吩上引入柔性己基侧链后得到的己基取代聚噻吩(P3HT)，它就可以溶于氯苯等有机溶剂进而用于制备聚合物太阳电池的活性层；在 PPV 的苯环上引入甲氧基和乙基己氧基得到的 MEH-PPV 可以溶于一些有机溶剂中，可以用于制备聚合物发光二极管的发光层。但是这种改善溶解性的方法会导致掺杂态导电聚合物电导率的严重降低。表 1.1 列出了烷基取代对掺杂态导电聚吡咯薄膜(对阴离子为 BF_4^-)掺杂度和电导率的影响。可以看出，在吡咯的 3 位或/和 4 位引入甲基后，导电聚吡咯膜的电导率降低了一个数量级。在吡咯环的 N 原子上引入烷基取代基，电导率降低得更加严重。同时，烷基取代基的碳链越长，虽然溶解性会提高，但是其电导率会进一步降低。柔性取代基会导致导电聚合物电导率降低的原因是：取代基的引入会使聚合物链的共轭平面发生扭曲，从而降低其共轭性进而降低其导电性。

表 1.1 烷基取代对掺杂态导电聚吡咯薄膜(对阴离子为 BF_4^-)掺杂度和电导率的影响

烷基取代基	薄膜掺杂度	薄膜电导率(S·cm^{-1})
	0.25~0.32	30~100
3-甲基	0.25	4
3,4-二甲基	—	10
N-甲基	0.23~0.29	0.001
N-乙基	0.20	0.002
N-丙基	0.20	0.001
N-正丁基	0.11	0.0001
N-异丁基	0.08	0.00002

解决导电聚合物可溶性的一个突破性进展和最有效途径是曹镛等发明的对阴离子掺杂诱导可溶的方法[3]。这种方法是使用带有助溶的柔性取代基的阴离子作为对阴离子进行掺杂，利用对阴离子上的柔性取代基实现导电聚合物的可溶(见图 1.6)。曹镛等在间甲酚等有机溶剂中使用十二烷基苯磺酸或樟脑磺酸(CSA)等质子酸掺杂聚苯胺(PAn)，利用聚苯胺的质子酸掺杂特性以及十二烷基苯磺酸根或樟脑磺酸根上柔性侧链的助溶效应，获得了完全可溶的导电聚苯胺溶液[3]。使

用这种溶液浇铸制备的导电聚苯胺薄膜，电导率可达到 10^2 S·cm^{-1} 数量级，与用其他方法制备的导电聚苯胺膜(比如从碱式聚苯胺的 N-甲基吡咯烷酮溶液浇铸成聚苯胺薄膜、再经酸浸泡进行质子酸掺杂得到的导电聚苯胺)的电导率相比有显著提高。进一步研究发现[7]，这种 PAn + CSA +间甲酚溶液体系在溶剂、聚合物主链和掺杂的对阴离子之间存在较强的氢键相互作用，这些相互作用有利于形成扩展的 PAn 链，易于形成 PAn(CSA)$_{0.5}$ 的超分子有序结构，因而由这种溶液浇铸而成的导电聚苯胺膜呈现高的导电性。利用这种对阴离子诱导可溶的方法制备可溶性导电聚苯胺，既能解决可溶性问题，又能得到高电导的导电聚苯胺薄膜，是迄今为止最理想的可溶性导电聚合物制备方法。

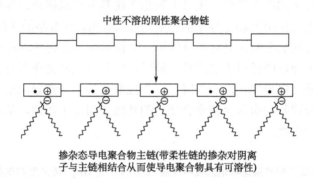

图 1.6　对阴离子诱导形成可溶性导电聚合物示意图

MacDiarmid 等[8]使用二(2-乙基己基)磺基琥珀酸根作为掺杂阴离子，通过这种对阴离子诱导可溶的方法制备出了可溶性导电聚吡咯，这种掺杂态导电聚吡咯可以溶解在 N-甲基吡咯烷酮(NMP)中，并且在二甲基亚砜(DMSO)、二甲基甲酰胺(DMF)和间甲酚(m-cresol)等溶剂中也有一定的溶解度。

1.6　电化学性质

导电聚合物的许多应用都与其电化学性质密切相关，包括用作化学电源和超级电容器的电极材料、电色显示材料、修饰电极和酶电极等。另外，电化学测量也已成为测量共轭聚合物(以及有机共轭分子)的 HOMO 和 LUMO 能级的主要方法。因此研究和测量导电聚合物的电化学性质非常重要。

前已述及，许多共轭聚合物在高电位区可发生电化学 p 型掺杂/脱掺杂(氧化/再还原)过程。对于常见的聚吡咯、聚苯胺和聚噻吩等导电聚合物，因其共轭链氧化对阴离子掺杂的 p 型掺杂态是稳定的导电态，其电化学性质主要涉及其 p 型掺

杂态的还原和再氧化，所以其电化学反应过程一般表示为

$$CP^+(A^-) + e^- \rightleftharpoons CP + A^- \tag{1.8}$$

其中，$CP^+(A^-)$代表主链被氧化对阴离子 A^- 掺杂的导电聚合物。在这一反应中如果对阴离子很大，还原时难以脱出，则会发生阳离子的嵌入：

$$CP^+(A^-) + e^- + M^+ \rightleftharpoons CP(A^-M^+) \tag{1.9}$$

有些共轭聚合物除在高电位区可以发生氧化/再还原反应外，在低电位区还可发生电化学 n 型掺杂/脱掺杂(还原/再氧化)过程。发生电化学 n 型掺杂反应时，共轭链被还原，其导带得到电子并伴随着对阳离子的掺杂，反应式与前面提到的电化学 n 型掺杂反应式(1.4)相同。

导电聚吡咯、导电聚苯胺和导电聚噻吩等导电聚合物的电化学性质将在后面的相关章节中详细阐述。

研究导电聚合物电化学性质的常用方法有循环伏安法、电化学原位吸收光谱法、电化学石英晶体微天平(EQCM)和电化学交流阻抗法等。循环伏安法是最常用的研究导电聚合物电化学性质的研究方法，也是常用的测量共轭有机分子和共轭聚合物光电子材料 HOMO 和 LUMO 能级的电化学方法。通过循环伏安法获得的循环伏安图可以用于确定发生 p 型掺杂和 n 性掺杂反应的电极电位和电化学反应的可逆性；从起始氧化反应(p 型掺杂反应)和起始还原反应(n 型掺杂反应)的电极电位还可以估算共轭有机分子和共轭聚合物的 HOMO 和 LUMO 能级[9]。图 1.7 为聚(3-己基噻吩) (P3HT)膜在 $0.1 \text{ mol} \cdot \text{L}^{-1}$ Bu_4NPF_6 乙腈电解液中的循环伏安图，正电位区为 P3HT 电化学 p 型掺杂/脱掺杂过程的循环伏安图，负电位区为 P3HT 电化学 n 型掺杂/脱掺杂过程的循环伏安图。

导电聚合物 p 型掺杂和 n 性掺杂后吸收光谱会发生显著变化，一般掺杂后原来本征态在可见区的吸收减弱，同时在近红外区会出现较强的吸收峰。因此，研究者常测量电化学原位吸收光谱来了解电化学氧化-还原过程中导电聚合物掺杂结构的变化，这对阐明导电聚合物氧化-还原反应的机理非常重要。

另外，导电聚合物的氧化-还原反应还伴随着对阴离子或者对阳离子的掺杂或脱掺杂，这将引起导电聚合物膜电极的质量变化。因此，还可以通过电化学石英晶体微天平(EQCM)方法测量电极上的质量变化，进而确定和分析导电聚合物电化学过程的机理。

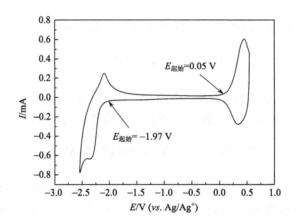

图 1.7 聚(3-己基噻吩)(P3HT)膜在 0.1 mol·L^{-1} Bu$_4$NPF$_6$ 乙腈电解液中的循环伏安图

共轭有机分子和共轭聚合物的电子能级(HOMO 和 LUMO 能级)的测量对其在发光和光伏器件等半导体器件中的应用非常重要。比如,对用于发光二极管的发光聚合物,HOMO 和 LUMO 能级的高低直接影响电荷注入的效率,进而影响器件的发光效率。对用于聚合物太阳电池的给体和受体光伏材料,HOMO 和 LUMO 能级的高低影响活性层给体和受体之间电子能级的匹配、光生激子电荷分离的效率以及器件的开路电压。电化学循环伏安法是测量共轭聚合物 HOMO 和 LUMO 能级的最简单、方便的方法[9, 10],得到广泛的应用。

1.7 导电聚合物的化学聚合制备

导电聚合物的合成方法可以分成化学合成和电化学氧化聚合两大类。聚乙炔主要是通过化学合成来制备,聚吡咯、聚苯胺和聚噻吩等可以通过化学氧化聚合或者电化学氧化聚合来制备。聚吡咯、聚苯胺和聚噻吩等电化学聚合将在后面几章介绍,这里主要介绍导电聚合物的化学聚合制备。

1.7.1 导电聚乙炔的化学聚合

科研人员报道的第一个导电聚合物聚乙炔就是用化学合成的方法制备的。早期合成的聚乙炔得到的都是粉末,白川英树的学生在合成聚乙炔时用错了催化剂的量,致使催化剂严重过量,结果无意中得到了聚乙炔的薄膜。聚乙炔的化学合成成膜条件[6(b)]需要使用均相催化体系[如 Ti(OBu)$_4$-AlEt$_3$]、较高的催化剂浓度、较低的链转移速度(以便得到较高的分子量)和适当的溶剂。典型的聚合方法如下[6(b)]:将直径约 40 mm 的平底玻璃反应器多次抽空充氮后,在高纯氮气流下加入 1 mL 甲苯，0.14 mL (0.004 mol) Ti(OBu)$_4$ 和 0.22 mL (0.016 mol) AlEt$_3$，经 30min 陈化后冷却至−70℃，真空排气。旋转反应器使催化剂溶液均匀地附着在反应器壁上，然后迅速通入乙炔气体，此时反应器壁上立即生成一层红色的聚乙炔薄膜。所得的聚乙炔膜厚度可通过调节催化剂浓度、乙炔气压及聚合时间来控制。一般在上述催化剂浓度下、乙炔气压维持在 79980 Pa、聚合温度−78℃、约经 1~4h，即可得到厚度为 0.1 mm 左右的聚乙炔膜。抽去未反应完的乙炔气体以中止反应，并用甲苯将所得聚乙炔膜清洗至无色透明，真空干燥后待用。

这样制备的聚乙炔膜经碘蒸气熏蒸掺杂，就可以得到导电聚乙炔薄膜。但是需要指出的是，这种导电聚乙炔薄膜很不稳定，必须隔水隔氧保存。这使导电聚乙炔的应用受到了很大限制，关于导电聚乙炔的研究只是局限于电荷载流子的特征和电荷传输的理论等方面，导电聚乙炔的制备和相关实验研究近 20 多年来基本上处于停滞状态。

1.7.2 导电聚苯胺的化学氧化聚合

苯胺可以通过化学氧化或者电化学氧化进行聚合，无论哪种方法，苯胺单体的聚合都必须在强酸性溶液中进行，这是由于生成的掺杂态导电聚苯胺容易发生脱质子酸的脱掺杂，使其失去导电性从而使其聚合反应无法继续进行。在苯胺的强酸性水溶液（一般使用 1 mol·L^{-1} 盐酸水溶液）中加入氧化剂［如 FeCl$_3$、H$_2$O$_2$、(NH$_4$)$_2$S$_2$O$_8$ 等］，立即发生氧化聚合得到聚苯胺的粉末。

MacDiarmid 等在 1986 报道了化学氧化聚合制备导电聚苯胺的一个典型的制备方法[11]：在 1 mol·L^{-1} 的盐酸溶液中，使用 (NH$_4$)$_2$S$_2$O$_8$ 为氧化剂进行氧化聚合。具体制备过程如下：将 2 mL (0.022 mol) 苯胺单体溶入 120 mL 浓度为 1 mol·L^{-1} 的盐酸溶液中，然后冰水浴降温至 5℃。同时把 0.025 mol (NH$_4$)$_2$S$_2$O$_8$ 溶入 40 mL 浓度为 1 mol·L^{-1} 盐酸溶液中制备 (NH$_4$)$_2$S$_2$O$_8$ 的盐酸溶液。一边快速搅拌苯胺的盐酸溶液，一边逐滴加入 40 mL (NH$_4$)$_2$S$_2$O$_8$ 的盐酸溶液，滴加结束后控制反应溶液的温度在 0℃继续搅拌反应 8h。然后把沉淀过滤收集、烘干，得到盐酸掺杂的导电聚苯胺(PAn-HCl)粉末。

这种 PAn-HCl 粉末经进一步处理可以得到导电聚苯胺薄膜，方法如下：先将 PAn-HCl 粉末放入 0.1 mol·L^{-1} 氨水溶液中，搅拌 3h 以脱掺杂，得到碱式聚苯胺(emeraldine base PAn)。将得到的碱式聚苯胺粉末过滤、干燥，然后将其溶入 N-甲基吡咯烷酮(NMP)中制备成溶液，使用这种 NMP 聚苯胺溶液可以浇铸得到聚苯胺薄膜，将这种碱式聚苯胺薄膜再用质子酸浸泡，即进行质子酸掺杂，可以得到导电聚苯胺膜[3]。

1.7.3 导电聚吡咯的化学氧化聚合

吡咯和苯胺类似，都可以通过单体的化学氧化和电化学氧化进行聚合，但是吡咯通过电化学聚合可以在电极上生成自支撑的导电聚吡咯薄膜，而化学氧化聚合只能得到导电聚吡咯粉末。

吡咯单体在水溶液或有机电解液中在氧化剂作用下都可发生氧化聚合反应，如式(1.10)所示，生成 p 型掺杂态导电聚吡咯[12-14]。化学氧化聚合得到的聚吡咯的形貌和性质与吡咯单体浓度、氧化剂、溶剂、反应温度等密切相关。常用的氧化剂有 $FeCl_3$、$(NH_4)_2S_2O_8$ 等，聚合反应若在低温下进行则所得产物电导率较高。一个典型的吡咯化学氧化聚合过程如下：将 1.42 g $FeCl_3$ 溶入 50 mL 的 1 mol·L^{-1} HCl 溶液中，置于 0℃、氮气氛下搅拌 30min，然后在维持此反应条件下将重新蒸馏过的吡咯 1.22 mL 一次性加入此溶液中，这时混合溶液将迅速变色，先变成绿色后成黑色，再过 30min 后，将反应液过滤，得到的沉淀物为聚吡咯，再将产物先后分别用甲醇和丙酮冲洗几次，再真空干燥，即得到导电聚吡咯粉末产品。

$$3n \underset{\text{NH}}{\bigcirc} + 6n\,FeCl_3 \longrightarrow$$

$$\left[\underset{\text{NH}}{\bigcirc} - \underset{\overset{+}{N}}{\underset{H \quad H}{\bigcirc}} - \underset{\text{NH}}{\bigcirc} \right]_n + 6n\,FeCl_2 + 5n\,HCl \qquad (1.10)$$

Machida 和 Miyata[13]用三氯化铁作为氧化剂、采用不同的溶剂进行化学氧化聚合制备聚吡咯时发现，溶液氧化电位(用不同溶剂所得溶液的氧化电位有所不同)的高低对聚合过程和产物的电导率影响很大。他们认为最好的溶剂是甲醇，在甲醇溶剂中得到的聚吡咯电导率高达 190 S·cm^{-1}。如果再控制溶液的氧化电位(控制溶液中 $FeCl_3$ 和 $FeCl_2$ 氧化-还原对的浓度)，最高电导率可达 220 S·cm^{-1}。(聚合温度为 0℃，聚合时间为 20min)。他们控制的最佳的氧化电位是 500 mV(vs. SCE)[3.5 mol·L^{-1} $FeCl_3$、0.11 mol·L^{-1} $FeCl_2$ 的甲醇溶液的氧化电位为 500 mV(vs. SCE)，并且在反应过程中氧化电位变化不大]。

吡咯化学氧化聚合时加入阴离子表面活性剂，也可以影响产物聚吡咯的形貌和电导率[14,15]。Kudoh[14]使用 $(NH_4)_2S_2O_8$、H_2O_2 和 $Fe_2(SO_4)_3$ 为氧化剂，在反应液中添加表面活性剂十二烷基苯磺酸钠(NaDBS)、烷基萘磺酸钠(NaANS)或烷基磺酸钠(NaAS)，发现表面活性剂添加剂可提高产物电导率，并可加快聚合反应速度。使用表面活性剂时产物聚吡咯的掺杂度有所增加，并且主要是表面活性剂阴离子掺杂。表 1.2 给出了不同氧化剂和添加剂条件下水溶液中制备得到的聚吡咯粉末压片的电导率。可以看出，当使用 $Fe_2(SO_4)_3$ 为氧化剂时，添加表面活性剂后产物电导率提高了 30 倍。但以 $(NH_4)_2S_2O_8$ 为氧化剂时，用表面活性剂反而使产物的电导率降低，这是因为表面活性剂与 $(NH_4)_2S_2O_8$ 之间存在相互作用，使表面活性剂难以离解。Omastova 等[15]也研究了表面活性剂添加剂对吡咯化学氧化聚合过程的影响，他们使用了多种阴离子表面活性剂和阳离子表面活性剂，发现只有阴离子表面活性剂对聚合过程有影响，阴离子表面活性剂以对阴离子的形式结合进产物 PPy 中，使产物的热稳定性得到提高。此外，表面活性剂还影响聚合物的形貌。

表 1.2 不同氧化聚合条件下聚吡咯的电导率

氧化剂[浓度/(mol·L⁻¹)]	表面活性剂[浓度/(mol·L⁻¹)]	电导率/(S·cm⁻¹)
$(NH_4)_2S_2O_8$ [0.1]		4.42
$(NH_4)_2S_2O_8$ [0.1]	NaDBS [0.0225]	0.570
$(NH_4)_2S_2O_8$ [0.1]	NaANS [0.024]	0.221
$Fe_2(SO_4)_3$ [0.1]		1.33
$(NH_4)_2S_2O_8$ [0.05]	NaDBS [0.0225]	20.4
$Fe_2(SO_4)_3$ [0.05]		
$Fe_2(SO_4)_3$ [0.1]	NaDBS [0.0225]	26.1
$Fe_2(SO_4)_3$ [0.1]	NaANS [0.024]	15.7
$Fe_2(SO_4)_3$ [0.1]	NaAS [0.022]	40.7

注：聚合时间，60min；聚合温度，25℃；吡咯单体浓度，0.375 mol·L⁻¹；溶剂为去离子水。表中空格表示无表面活性剂。

何畅等使用 $FeCl_3$ 作为氧化剂在水溶液中制备了导电聚吡咯[16]。他们使用 0.18 mol·L⁻¹ 十二烷基苯磺酸、0.18 mol·L⁻¹ 吡咯单体和 0.26 mol·L⁻¹ $FeCl_3$（氧化剂）水溶液，再使用 3%聚乙烯醇添加剂，获得了压片电导率达到 43.18 S·cm⁻¹ 的导电聚吡咯粉末。

表 1.3 几种单体的氧化聚合电位和制备的导电聚合物的电导率[17]

单体	氧化聚合电位/V (vs. SCE)	所得导电聚合物的电导率/(S·cm⁻¹)
吡咯 (pyrrole)	0.7	30～100
苯胺 (aniline)	0.8	1～20
吲哚 (indole)	0.9	0.005～0.01
噻吩 (thiophene)	1.6	10～100
呋喃 (furan)	1.85	10～80

注：电解液为含 0.1 mol·L⁻¹ 单体、0.1～0.5 mol·L⁻¹ Bu₄NBF₄ 的乙腈溶液。

导电聚吡咯、导电聚苯胺和导电聚噻吩等导电聚合物都可以通过电化学氧化进行聚合。氧化聚合电位是影响电化学聚合难易程度的最重要因素。表 1.3 给出了几种导电聚合物单体的氧化聚合电位和制备的导电聚合物薄膜的电导率。

导电聚吡咯、导电聚苯胺和导电聚噻吩等具体的电化学聚合制备过程和机理等将在后面相关章节中详细阐述。

参 考 文 献

[1] Shirakawa H, Louis E L, MacDiarmid A G, Chiang C K, Heeger A J. J Chem Soc–Chem Commun, 1977: 578-580.

[2] Chiang C K, Fincher Jr C R, Park Y W, Heeger A J, Sharakawa H, Louis E J, Gau S C, MacDiarmid A G. Phys Rev Lett, 1977, 39(17): 1098-1101.

[3] Cao Y, Smith P, Heeger A J. Synth Met, 1992, 48(1): 91-97.

[4] Burroughes J H, Bradley D D C, Brown A R, Marks R N, Mackay K, Friend R H, Burn P L, Holms A B. Nature, 1990, 347: 539-541.

[5] Naarmann H, Theophilou N. Synth Met, 1987, 22(1): 1-8.

[6] 钱人元, 曹镛. 有机金属导体//马丁·波普, 钱人元, 等. 有机晶体中的电子过程. 上海: 上海科学技术出版社, 1987: (a)255-258; (b)261.

[7] Pron A, Rannou P. Prog Polym Sci, 2002, 27: 135-190.

[8] Oh E J, Jang K S, MacDiarmid A G. Synth Met, 2001, 125: 267-272.

[9] Li Y F, Cao Y, Gao J, Wang D, Yu G, Heeger A J. Synth Met, 1999, 99: 243-248.

[10] Eckhardt H, Shacklette L W, Jen K Y, Elsenbaumer R L. J Chem Phys, 1989, 91(2): 1303-1315.

[11] Chiang J C, MacDiarmid A G. Synth Met, 1986, 13(1-3): 193-205.

[12] Rapi S, Bocchi V, Gardini G P. Synth Met, 1988, 24(3): 217-221.

[13] Machida S, Miyata S. Synth Met, 1989, 31(3): 311-318.

[14] Kudoh Y. Synth Met, 1996, 79(1): 17-22.

[15] Omastova M, Trchova M, Kovarova J, Stejskal J. Synth Met, 2003, 138(3): 447-455.

[16] He C, Yang C H, Li Y F. Synth Met, 2003, 139(2): 539-545.

[17] Tourillon G, Garnier F. J Electroanal Chem, 1982, 135(1): 173-178.

第 **2** 章

导电聚吡咯的电化学制备和电化学性质

聚吡咯(polypyrrole, 简称 PPy)具有单体吡咯无毒、易于电化学聚合成膜和其 p 型掺杂导电态薄膜在室温和大气环境下可稳定存在等优点。此外, p 型掺杂导电态的导电聚吡咯(分子结构见图 2.1)薄膜还具有环境友好、较高的导电性和可逆的氧化-还原特性, 是具有代表性和受到广泛研究的导电聚合物之一。导电聚吡咯在化学电源、修饰电极、电色显示和固体电容器等方面有重要应用前景。

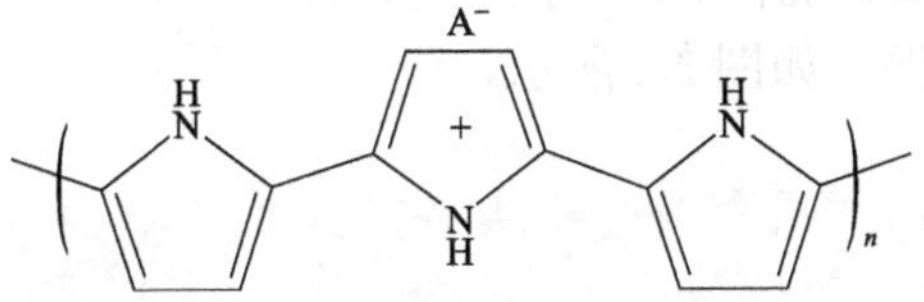

图 2.1　p 型掺杂导电聚吡咯的分子结构(掺杂结构 I)

A⁻为掺杂的对阴离子

导电聚吡咯的研究最早可追溯到导电聚乙炔发现之前。1968 年, 意大利人 Dall'Olio 等在硫酸的水溶液中加入吡咯, 通电一段时间后在阳极上得到了一种黑色的粉末, 其电导率达 $8\,S\cdot cm^{-1}$, 元素分析表明它为硫酸根掺杂的吡咯的聚合物[1], 但这一发现当时并未引起应有的重视。1977 年导电聚乙炔的发现[2]掀起了导电聚合物研究热潮, 1979 年美国 IBM 公司的 Diaz 等在乙腈电解液中通过电化学氧化吡咯制备出了电导率达 $100\,S\cdot cm^{-1}$ 的导电聚吡咯膜[3], 并且这种膜在空气中相当稳定。这才引起世界范围的关注, 从而揭开了导电聚吡咯研究的序幕。其后人们对吡咯的电化学聚合、PPy 的结构和电化学性质以及导电聚吡咯的应用进行了广泛深入的研究, 取得了丰硕的成果。中国科学院化学研究所在钱人元先生的领导下, 从 20 世纪 80 年代初就开始了导电聚吡咯的研究, 是国际上最早开展导电聚吡咯研究的几个单位之一。

2.1 导电聚吡咯的电化学制备

电化学聚合是制备导电聚吡咯薄膜的主要方法，它可以通过控制电解液组成和其他电化学条件在电极上沉积导电聚吡咯薄膜。进行电化学聚合的电极可以是各种惰性金属电极(如 Pt、Au、Ni、不锈钢等)以及导电玻璃、石墨和玻碳电极等。当电解液中含有卤素阴离子时，不能使用不锈钢电极，因为卤素阴离子会使不锈钢发生点腐蚀。吡咯的电化学聚合电位是 0.7 V (*vs.* SCE，SCE 指的是饱和甘汞电极)左右，因此有机电解液和水溶液都可以用作吡咯电化学聚合的电解液。

2.1.1 电化学聚合方法

吡咯电化学聚合的方法有恒电流法、恒电位法和循环伏安法三种方法，使用比较多的是恒电流法。

1. 恒电流聚合

恒电流法需要的实验条件非常简单,只需一个电解池(实验室内可以根据需要使用截短的试管、量筒和烧杯等)、两个电极(比如两个不锈钢片)、一个可以控制和给出恒定电流的电源，如图 2.2 所示。

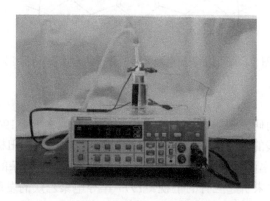

图 2.2　恒电流法进行吡咯电化学聚合的装置

深色电极片为沉积有导电聚吡咯的工作电极(正极)

恒电流法除了设备简易、操作简单外，还具有便于控制聚合电量和易于控制制备的导电聚合物膜厚的优点。电极上沉积的导电聚合物膜厚可以依据聚合电量根据式(2.1)进行计算：

$$膜厚(\mu m) = It(M_m + yM_{A^-})/[(2+y)FSd] \times 10^4 \qquad (2.1)$$

其中，I 为聚合电流(mA，即 10^{-3} C·s^{-1})；t 为聚合时间(s)；M_m 为聚合单体的分子量；M_{A^-} 为掺杂对阴离子的分子量；y 为对阴离子掺杂度(对于聚吡咯一般为 0.3 左右)；F 为法拉第常数(可以近似为 10^5 C·mol^{-1})；S 为沉积导电聚合物的电极片的面积(cm^2)；d 为沉积的导电聚合物的密度(g·cm^{-3})。

恒电流法的缺点是不知道发生电化学聚合反应的工作电极的电极电位值。随着反应的进行，电解液中单体和电解质的浓度都会发生变化，聚合反应的电极电位也会随之发生变化(一般反应的电极电位会随着反应的进行而逐渐升高)。反应的电极电位升高后就会发生副反应，甚至会使聚合的导电聚合物发生过氧化反应而导致共轭链的破坏和电导率的下降。

2. 恒电位聚合

恒电位聚合的优点是可以准确地控制电化学聚合反应的电极电位，避免对电化学聚合不利的副反应的发生，但是恒电位聚合需要的装置比恒电流聚合要稍微复杂一些，聚合电量需要使用库仑计或者是通过测量电流对时间的积分来计算。

图 2.3 为恒电位聚合的装置示意图，需要一个恒电位仪和一个三电极的电解池，其中工作电极(WE, working electrode)是发生电化学聚合反应的电极，参比电极(RE, reference electrode)是用于控制工作电极上的电极电位，对电极(CE, counter electrode)是当工作电极上发生氧化聚合反应时有电流流过同时发生还原反应的电极。

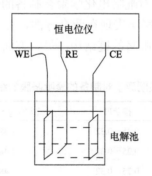

图 2.3 恒电位聚合装置示意图

使用恒电位法进行吡咯电化学氧化聚合时，一般控制聚合电位在 0.7 V(*vs.* SCE)左右。使用恒电位法聚合也可以使用上面提到的式(2.1)计算沉积在电极上的导电聚合物薄膜的厚度，只是这时式(2.1)中的电流和时间乘积需要换成库仑计或积分的电量来计算。

3. 循环线性电位扫描聚合

循环线性电位扫描聚合就是使用电化学循环伏安测量的三角波电位扫描信号，在一定的电位范围内从一个低的电位开始往高电位进行线性电位扫描到吡咯的电化学氧化聚合电位[比如到 $0.7\sim0.8$ V($vs.$ SCE)]，在高电位区[电位超过 0.6 V($vs.$ SCE)之后]吡咯开始在工作电极上进行电化学氧化聚合，同时生成氧化掺杂态的导电聚吡咯膜，然后再扫回到低电位，在低电位区[电位低于 -0.2 V($vs.$ SCE)]，电极上的掺杂导电态聚吡咯将被还原脱掺杂到中性本征态的聚吡咯。第二个周期再向高电位去扫描时本征态聚吡咯首先被氧化成为氧化掺杂态导电聚吡咯，然后达到吡咯电化学聚合电位后在原有聚吡咯膜上面继续沉积导电聚吡咯膜。这样，导电聚吡咯膜会一层层地生长，一遍遍地被还原和再氧化。

循环线性电位扫描使用的装置与上面的恒电位法基本相同(图 2.3)，所不同的是控制和使用三角波电位扫描信号。与恒电位法相比循环线性电位扫描的优点是聚合反应间歇进行，电极/电解液界面上反应消耗的单体到下一次聚合之前会得到补充，保持单体浓度变化不大，聚合物膜在厚度方向上分布比较均匀。

对于吡咯电化学聚合，恒电流聚合因为操作方便而成为最常用的聚合方法。

2.1.2 在有机电解液中的电化学聚合

在有机电解液中进行电化学聚合的优点是吡咯单体溶解度高，聚合时无溶剂副反应。常用的有机溶剂有乙腈、碳酸丙烯酯(PC)等，支持电解质可用 $LiClO_4$、Bu_4NBF_4、Bu_4NPF_6、TsOH(对甲苯磺酸)等。表 2.1 列出了在含 1%水的乙腈电解液中不同支持电解质阴离子对吡咯电化学聚合制备的聚吡咯膜的结构和性能的影响[4]。支持电解质阴离子的影响表现在两个方面，一方面是直接参与吡咯电化学聚合过程，这将影响产物聚吡咯的链结构；另一方面是以对阴离子形式掺杂到导

表 2.1　支持电解质阴离子对制备的聚吡咯膜的结构和性能的影响[4]

阴离子	掺杂度	密度/(g·cm^{-3})	电导率/(S·cm^{-1})
BF_4^-	$0.25\sim0.32$	1.48	$30\sim100$
PF_6^-	$0.25\sim0.32$	1.48	$30\sim100$
AsF_6^-	$0.25\sim0.32$	1.48	$30\sim100$
ClO_4^-	0.30	1.51	$60\sim200$
HSO_4^-	0.30	1.58	0.3
$CF_3SO_3^-$	0.31	1.48	$0.3\sim1$
$CH_3C_6H_4SO_3^-$ (TsO^-)	0.32	1.37	$20\sim100$
CF_3COO^-	0.25	1.45	12

注：在含 1%水的乙腈电解液中进行电化学聚合。

电聚吡咯中，这将通过与氧化的聚吡咯主链的相互作用影响聚吡咯膜的形貌和电导率。一般情况下，对阴离子碱性越强（共轭酸酸性越弱），聚吡咯电导率越低。因此制备高电导的聚吡咯膜的电解液都使用强酸酸根阴离子。

电解液溶剂的亲核性对电化学聚合过程有重要影响[5]，溶剂的亲核性可以用其给电子数（donor number, DN）来表示，DN 越高则其亲核性越强。表 2.2 列出了电解液溶剂 DN 值对聚合产物电导率的影响，可见溶剂的 DN 越高（亲核性越强），制备的聚吡咯膜电导率越低。这是因为吡咯的电化学聚合机理是吡咯先氧化成阳离子自由基，然后通过阳离子自由基的耦合进行聚合，强亲核性溶剂分子会进攻吡咯自由基阳离子，影响其聚合反应过程，致使制备的聚吡咯膜电导率降低。显然，吡咯聚合电解液所用溶剂的 DN 值应低于 20，使用 DN 值比较小的 PC 和 CH_3NO_2 溶剂有利于获得高电导率的导电聚吡咯薄膜。水溶液比较特殊，虽然其 DN 值 18 比较大，但是水溶液可以通过添加酸来调节其 pH 值至弱酸性，吡咯电化学聚合水溶液最佳的 pH 值范围为 2~5.5[6]。

表 2.2　电解液溶剂 DN 值对制备的聚吡咯膜电导率的影响[5]

溶剂	DN[a]	聚吡咯（PPy）膜的电导率/$(S \cdot cm^{-1})$			
		PPy(BF_4^-)	PPy(ClO_4^-)	PPy(NO_3^-)	PPy(TsO^-)
DMSO	29.8	7×10^{-6}	—	1×10^{-6}	—
DMF	26.6	1×10^{-4}	5×10^{-4}	3×10^{-6}	0.008
TBP	23.7	—	1	—	—
TMP	23.0	1.0	20	—	0.09
THF	20.0	—	31	—	—
H_2O	18.0	8.4	34	2	79
PC	15.1	67	55	3	90
CH_3NO_2	2.7	69	56	—	—

a. DN：donor number。DN 越大，亲核性越强，即碱性越强。

Masuda 等[7]1991 年研究了吡咯单体上取代基对电化学聚合的影响，他们研究的单体包括无取代基的吡咯、3-甲基吡咯和 3-辛基吡咯，使用的电解液是 0.1 mol·L^{-1} 单体、0.05 mol·L^{-1} 支持电解质（四乙基铵盐）、PC（溶剂）电解液，采用 0.5 mA·cm^{-2} 恒电流密度聚合，聚合温度控制在 5℃以及−20℃。电化学聚合电量达到 0.8 C/cm^2 时得到的 PPy 膜的电导率大于 200 S·cm^{-1}。他们发现这样制备的导电聚吡咯薄膜的电导率，无取代基的导电聚吡咯膜电导率最高（超过 200 S·cm^{-1}），带甲基取代基的聚（3-甲基吡咯）的电导率较低，带较大的辛基取代基的聚（3-辛基吡咯）的电导率最低[6]。

2.1.3　在水溶液中的电化学氧化聚合

1. 支持电解质阴离子的影响

由于吡咯的电化学氧化聚合电位比较低，只有 0.7 V(*vs.* SCE)左右，所以吡咯可以在水溶液中进行电化学聚合。可以在水溶液中电化学聚合也是导电聚吡咯的优点之一。水是廉价和环保的溶剂，水可以溶解各种盐形成水溶液，并且很容易往水溶液中添加酸或者碱来调节电解液的 pH 值。因此便于研究电解液中电解质阴离子和电解液 pH 值等因素对吡咯电化学聚合反应的影响。

吡咯聚合电解液中支持电解质阴离子的类型和性质对制备的导电聚吡咯的电导率、形貌和力学性质等都有重要影响。表 2.3 给出了水溶液中支持电解质阴离子对聚吡咯电导率、密度等的影响[8]。可以看出，由于阴离子的不同，得到的聚吡咯膜电导率会有很大差别，强酸酸根和表面活性剂阴离子电解液中得到的导电聚吡咯的电导率比较高，比如使用含有具有表面活性剂功能的对甲苯磺酸根阴离子的电解液，制备的导电聚吡咯薄膜的电导率可以达到 $10^2\,\mathrm{S}\cdot\mathrm{cm}^{-1}$ 量级。

表 2.3　水溶液中支持电解质阴离子对制备的聚吡咯膜电导率和密度的影响[8]

支持电解质	聚吡咯膜的性质		
	电导率/$(\mathrm{S}\cdot\mathrm{cm}^{-1})$	真实密度/$(\mathrm{g}\cdot\mathrm{cm}^{-3})$	表观密度/$(\mathrm{g}\cdot\mathrm{cm}^{-3})$
$HClO_4$	20～30	1.575	0.52
$NaClO_4$	—	1.558	0.36
$NaBF_6$	12	1.540	0.38
KPF_6	12	1.549	0.46
TsOH	60～200	1.368	1.24
TsONa	60～200	1.364	1.25
$NaNO_3$	4～30	1.516	1.25
H_2SO_4	10	1.532	1.26
Na_2SO_4	15～20	1.524	1.27
KCl	46	—	—
KBr	21	—	—
$K_3F_3(CN)_6$	19	—	—

支持电解质阴离子的影响表现在两个方面：一方面是直接参与吡咯电化学聚合过程，这在后面聚合反应机理部分还要深入讨论；另一方面是以对阴离子形式掺杂到导电聚吡咯中，进而通过与氧化的聚吡咯主链的相互作用影响聚吡咯的电导率。一般情况下，对阴离子碱性越强(共轭酸酸性越弱)，制备的导电聚吡咯电

导率越低。因此制备高电导率的聚吡咯膜都使用强酸的酸根阴离子和表面活性剂阴离子。

除了阴离子类型之外，电解液中阴离子浓度对制备的导电聚吡咯的性质也有重要影响[9-13]。如果阴离子浓度低于 $0.1\ mol\cdot L^{-1}$，制备的聚吡咯膜电导率也比较低，电解液阴离子浓度在 $0.2\sim1.0\ mol\cdot L^{-1}$ 较为合适。表 2.4 列出了聚合电解液阴离子种类和支持电解质浓度对制备的导电聚吡咯膜力学性能的影响[13]。

表 2.4　支持电解质种类及浓度对制备的 PPy 力学性能的影响[13]

支持电解质种类	由不同浓度 $(mol\cdot L^{-1})$ 电解质制备的 PPy 的力学性能/MPa					
	0.2	0.5	1.0	2.0	3.0	4.0
TsONa	43.9	54.2	73.8	56.9	—	—
KCl	11.9	—	17.7	18.0	17.1	14.3
NaClO$_4$	1.6	2.3	2.6	4.4	5.5	2.2
NaNO$_3$	5.7	—	9.1	12.3	—	14.3

前已述及，电解液溶剂的亲核性对吡咯电化学聚合过程会有重要影响[5]，需要选用亲核性弱的溶剂。而水的亲核性还是比较强的，但水溶液有一个突出的特点，就是可以通过调节 pH 值来控制其亲核性。Wernet 等[6]认为，吡咯聚合水溶液适宜的 pH 值为 $2<pH<5.5$。钱人元等[14,15]发现，在缓冲溶液中，$pH>4$ 时吡咯就不能聚合了，合适的 pH 值范围为 $2\leqslant pH\leqslant3.5$。如果 pH 太低，即酸性太强，则易生成吡咯的低聚物，制备的聚吡咯膜的电导率也会下降[16]。

2. 表面活性剂添加剂的影响

大量的实验结果表明，对甲苯磺酸根（TsO$^-$）等表面活性剂阴离子是水溶液中电化学聚合吡咯的优良支持电解质阴离子[8-10,17,18]，在其电解液中制备的聚吡咯膜电导率高、力学性能好。其对聚合过程的影响机理可能是：表面活性剂阴离子易吸附到沉积聚吡咯膜的阳极上，从而阻止了亲核性水分子与聚吡咯链生成缺陷结构[18]。

除了表面活性剂阴离子外，非离子型表面活性剂添加剂也有助于高力学强度和高电导率聚吡咯膜的制备[19,20]。李永舫等使用非离子表面活性剂 OP10（分子结构见图 2.4）作为添加剂，在对甲苯磺酸钠水溶液中制备出了拉伸强度达 127 MPa 的导电聚吡咯膜（图 2.5）[20]。表 2.5 列出了在吡咯电化学聚合电解液中非离子表面活性剂添加剂对制备的 PPy 膜电导率和力学性能的影响[21]。可以看出，在添加各种非离子表面活性剂的电解液中聚合制备的导电聚吡咯薄膜的力学性能都有明显提高，并且聚吡咯薄膜的表面都比较光滑或者是非常光滑。

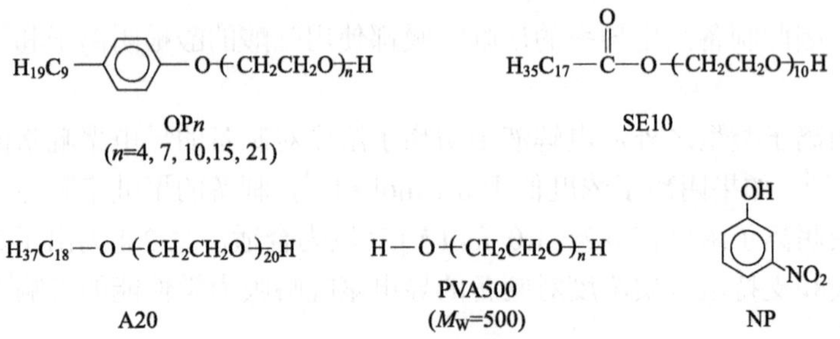

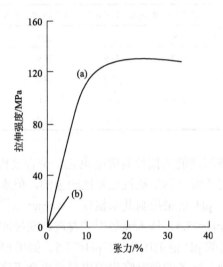

图 2.4　一些非离子表面活性剂的分子结构

图 2.5　表面活性剂添加剂对制备的导电聚吡咯膜力学拉伸性能的影响

(a) PPy(TsO⁻, OP10)(在含表面活性剂 OP10 的电解液中制备的聚吡咯薄膜)；(b) PPy(TsO⁻)(作为对比的是在无表面活性剂添加剂电解液中制备的聚吡咯薄膜)

表 2.5　非离子表面活性剂作为添加剂对制备的 PPy 膜电导率和力学性能的影响

非离子表面活性剂	PPy 膜表面形貌	PPy 膜电导率 /(S·cm⁻¹)	PPy 膜力学强度 /MPa	PPy 膜断裂拉伸 /%
无	粗糙	94.0	24.0	5.0
OP4	光滑	48.3	25.4	6.3
OP7	非常光滑	84.1	60.8	16
OP10	非常光滑	92.2	68.4	18
OP15	非常光滑	89.8	64.3	16
OP21	非常光滑	113.2	67.0	20
A20	光滑	126.6	66.3	17

续表

非离子表面活性剂	PPy 膜表面形貌	PPy 膜电导率 /(S·cm^{-1})	PPy 膜力学强度 /MPa	PPy 膜断裂拉伸 /%
SE10	光滑	76.7	58.7	8.0
PVA500	粗糙	48.8	22.8	4.7
NP	粗糙	51.2	15.2	5.0

注：PPy 膜的电化学聚合条件为 15℃、1 mA·cm^{-2} 的恒电流密度下聚合；电解液含 0.1 mol·L^{-1} 吡咯单体和 0.01 mol·L^{-1} 各种添加剂的 1 mol·L^{-1} TsONa 中性水溶液。

在 2.2.1 节已经提到，吡咯的电化学聚合可以通过控制工作电极的电流(恒电流)或者是控制工作电极的电位(恒电位或循环线性电位扫描)来进行。控制电流或者电位的大小对电化学聚合过程也有重要影响。电化学聚合吡咯合适的电位是不超过 0.75 V[通常控制在 0.65～0.70 V(*vs.* SCE)]。对于恒电流聚合，通常情况下，聚合电流密度控制在 1～2 mA·cm^{-2} 比较合适。

温度对吡咯的电化学聚合过程也有影响。一般在较低的温度下(低于 20℃)制备的聚吡咯薄膜电导率和力学强度都比较高。李永舫等研究了吡咯在硝酸钠水溶液中电化学聚合时温度对制备的导电聚吡咯电导率的影响，发现控制聚合温度为 30℃、15℃、0℃、–10℃下聚合得到的导电聚吡咯 PPy(NO$_3^-$)的电导率分别是 9.2 S·cm^{-1}、19.6 S·cm^{-1}、41.1 S·cm^{-1} 和 24 S·cm^{-1} [22]。可见，温度控制在 0～15℃的较低温度下获得的聚吡咯膜电导率最高。

2.1.4　电化学聚合反应机理和反应速率方程

要深入认识吡咯的电化学聚合过程，解释不同制备条件对聚合过程的影响，就必须了解其聚合反应机理。

根据吡咯氧化聚合的特点，以及生成的聚合物量与所消耗的电量成正比的实验事实，很自然地会想到阳离子自由基聚合机理[23]。Genies 等首先图示了这种阳离子自由基聚合机理(见图 2.6)。按照这种机理，吡咯单体首先被氧化成阳离子自由基，并与其他阳离子自由基耦合，同时脱掉两个质子形成二聚体。二聚体又可被氧化成阳离子自由基，并与其他阳离子自由基耦合，从而使聚合链增长……形成的聚吡咯共轭链同时又会被氧化成对阴离子掺杂状态。

阳离子自由基机理虽然可以解释许多实验现象，但对水溶液 pH 值的影响不能予以很好的解释。钱人元等发现，如果在吡咯聚合时加入质子捕捉剂，则聚合反应立即停止，在 pH > 7 的缓冲溶液中吡咯也不能进行氧化聚合[14,15,24]。据此，他们提出了吡咯单体首先质子化的阳离子自由基聚合机理(图 2.7)[14]。这种机理认为吡咯单体在氧化成阳离子自由基之前，必先经过质子化这一过程。这种质子化机理除了能解释 pH 值对吡咯聚合过程的影响外，还能解释聚吡咯链上普遍存在的氢过剩问题[8,25]以及存在质子酸掺杂结构等实验现象[26-30]。

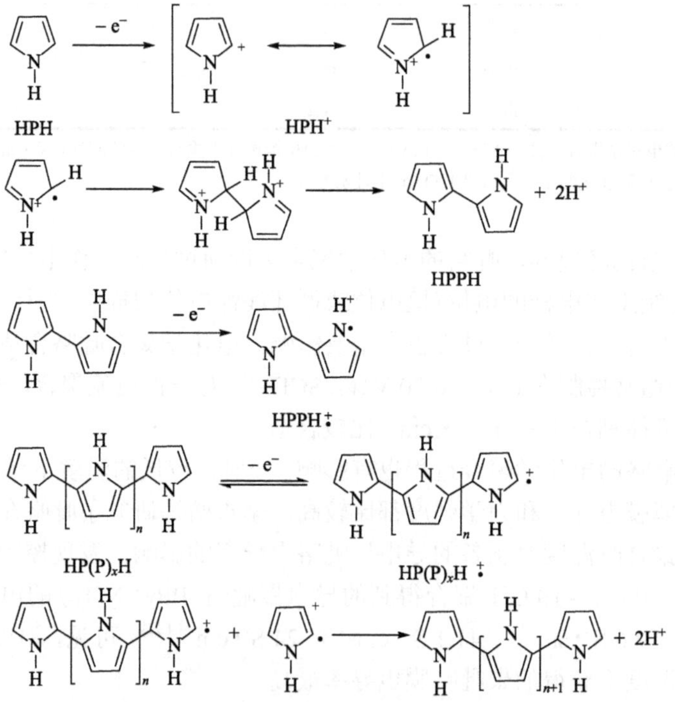

图 2.6 吡咯电化学氧化聚合的阳离子自由基聚合机理[23]

上述两种机理在许多方面都是成功的，但还存在一个缺陷：没有考虑到电解液阴离子对吡咯聚合过程的影响。其实，许多实验结果表明，阴离子参与了吡咯的聚合过程[8,31-34]。Zotti 等[12]认为在吡咯电化学聚合过程中，阳离子自由基可能先与阴离子形成中性离子对，然后离子对再相互耦合而形成聚合物链。

李永舫等深入研究了电解液阴离子对吡咯电化学聚合过程的影响。他们设计了几个实验来证明电解液阴离子参与了吡咯的电化学聚合反应，并研究了电解质阴离子的种类对制备的导电聚吡咯中对阴离子掺杂度的影响，同时在含有相同浓度的两种支持电解质(具有不同阴离子)水溶液中进行吡咯的电化学聚合，研究两种不同阴离子的竞争掺杂情况[33]。电化学聚合的条件是：含 0.1 mol·L^{-1} 吡咯、0.2 mol·L^{-1} 支持电解质(两种阴离子竞争掺杂时浓度各为 0.1 mol·L^{-1})的 pH 3 水溶液，于 2 mA·cm^{-2} 恒电流密度下聚合，工作电极为铂片电极，制备的聚吡咯膜的厚度为 20～30 μm。

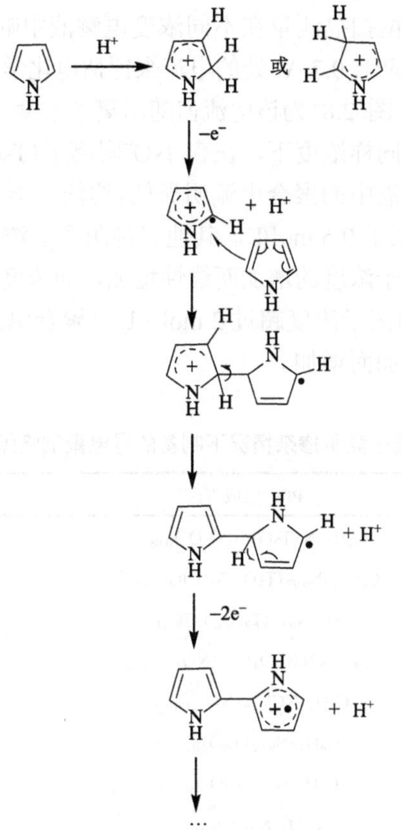

图 2.7　吡咯首先质子化的阳离子自由基聚合机理

表 2.6 列出了在不同阴离子电解液中以及两种阴离子竞争掺杂情况下制备的导电聚吡咯膜的组成和电导率[33]。可以看出，电解液阴离子对制备的聚吡咯的掺杂度和电导率有重要影响，对甲苯磺酸根（TsO⁻）阴离子的掺杂度（0.34）最高，对应的导电聚吡咯膜的电导率也最高，达到 64 S·cm⁻¹。而硝酸根（NO₃⁻）阴离子的掺杂度（0.22）最低，对应的导电聚吡咯膜的电导率也最低，只有 8 S·cm⁻¹。如果从阴离子的大小和形状来判断，应该是硝酸根更容易掺杂，但是其掺杂度反而较低，说明阴离子可能参与了聚合过程。更有趣的是，在存在两种阴离子的竞争掺杂中，对甲苯磺酸根的掺杂度比其他几种阴离子高出一倍左右，而另外几种阴离子的掺杂度比较接近。说明尺寸较大的对甲苯磺酸根在吡咯电化学聚合过程中反倒有掺杂的优势，进一步说明了阴离子参与了吡咯的电化学聚合过程。李永舫又研究了电解液阴离子浓度对吡咯电化学聚合速率的影响，使用的电解液为 $0.1\ mol \cdot L^{-1}$ 吡咯和不同浓度（$0.2 \sim 4.0\ mol \cdot L^{-1}$）支持电解质的水溶液（pH 2），通过从 0.2 V 至

1.4 V($vs.$ SCE)线性电位扫描测量在不同浓度电解液中吡咯氧化聚合反应电流随电位变化的曲线。取对应于 0.7 V 处的电流来评估电化学氧化聚合的速率(反应电流与反应速率成正比),图 2.8 为该电流值随阴离子浓度(支持电解质浓度)变化的曲线[35]。可以看出,在同样浓度下,在含 TsO⁻阴离子(TsONa)的电解液中聚合反应电流比其他几种电解液中的聚合电流明显低(约低一半)。更加有趣的是,在浓度较低时(TsO⁻的浓度低于 0.5 mol/L,其他三种阴离子浓度低于 1 mol·L⁻¹)聚合电流(反应速率)随阴离子浓度的增加而线性增加,而浓度较高时(TsO⁻的浓度超过 1 mol·L⁻¹,其他三种阴离子浓度超过 2 mol·L⁻¹)聚合电流(反应速度)达到饱和,不再随阴离子浓度的增加而增加。

表 2.6 在两种阴离子竞争掺杂情况下制备的导电聚吡咯膜的组成和电导率[33]

掺杂阴离子	PPy 组成 a	电导率/(S·cm⁻¹)
TsO⁻, NO₃⁻	$C_4H_{3.2}N(TsO)_{0.19}(NO_3)_{0.08}$	43
TsO⁻, ClO₄⁻	$C_4H_{3.09}N_{0.97}(TsO)_{0.23}(ClO_4)_{0.1}$	42
TsO⁻, Cl⁻	$C_4H_{3.2}N_{0.97}(TsO)_{0.27}Cl_{0.11}$	66
ClO₄⁻, NO₃⁻	$C_4H_{2.99}N(ClO_4)_{0.13}(NO_3)_{0.14}$	21
Cl⁻, NO₃⁻	$C_4H_{3.5}NCl_{0.16}(NO_3)_{0.18}$	23
TsO⁻	$C_4H_{3.2}N_{0.99}(TsO)_{0.34}$	64
ClO₄⁻	$C_4H_{3.1}N_{0.98}(ClO_4)_{0.3}$	11
Cl⁻	$C_4H_{3.1}N_{0.99}Cl_{0.28}$	13
NO₃⁻	$C_4H_{3.1}N(NO_3)_{0.22}$	8

a. 源自 C、H、N、O、S、Cl 等元素分析的结果。

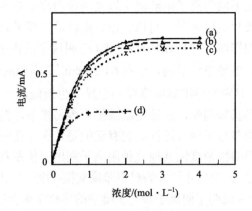

图 2.8 电解液中阴离子浓度对吡咯电化学氧化聚合反应电流的影响(电位为 0.7V)
(a) NaClO₄; (b) NaNO₃; (c) KCl; (d) TsONa

　　鉴于以上所述阴离子对聚合过程以及阴离子浓度对聚合反应速度的影响，在 Zotti 等离子对机理的基础上，李永舫提出了阴离子参与吡咯电化学聚合过程的机理[35]，见反应式(2.2)～式(2.7)。为表达方便，式中的 H-N-H 表示吡咯环，两边的 H 代表吡咯环与 N 原子两边的两个 C 相连的 α 位氢原子。首先吡咯单体(H-N-H)吸附到电极表面形成吸附态吡咯(H-N-H)$_{ad}$[反应式(2.2)]，然后吸附态的吡咯单体被氧化成阳离子自由基，同时电解液中的阴离子与阳离子自由基结合形成中性的由阳离子自由基与阴离子结合的络合物 A$^-$(H-N-H)$_{ad}^{+\bullet}$[反应式(2.3)]，两个中性络合物相互耦合形成吡咯二聚体 H-N-N-H，同时脱掉两个阴离子和两个质子[反应式(2.4)]。此后二聚体又会被吸附到电极上发生类似单体的氧化反应、生成与阴离子结合的络合物，进一步耦合使聚吡咯主链延长，最后生成沉积在电极上的导电聚吡咯薄膜。

$$(\text{H-N-H}) \underset{k_{-1}}{\overset{k_1}{\rightleftharpoons}} (\text{H-N-H})_{ad} \tag{2.2}$$

$$(\text{H-N-H})_{ad} - e^- + A^- \xrightarrow{k_2} A^- (\text{H-N-H})_{ad}^{+\bullet} \tag{2.3}$$

$$2\left[A\text{-}(\text{H-N-H})_{ad}^{+\bullet}\right] \xrightarrow{k_3} (\text{H-N-N-H}) + 2A^- + 2H^+ \tag{2.4}$$

$$(\text{H-N-N-H}) - e^- + A^- \xrightarrow{k_4} A^- (\text{H-N-N-H})_{ad}^{+\bullet} \tag{2.5}$$

$$A^-(\text{H-N-N-H})_{ad}^{+\bullet} + A^- (\text{H-N-H})_{ad}^{+\bullet} \xrightarrow{k_5} (\text{H-N-N-N-H}) + 2A^- + 2A^+ \tag{2.6}$$

$$(\text{H-N-N-N-H}) - e^- + A^- \xrightarrow{k_6} (\text{H-N-N-N-H})^+ A^- \tag{2.7}$$

　　这一反应机理中单体的氧化步骤[式(2.3)]是整个反应的控制步骤，因为吡咯二聚体和聚合物的氧化电位会随着聚合程度的增加而显著降低[吡咯单体的氧化聚合电位在 0.65～0.70 V(vs. SCE)，而聚吡咯的氧化电位降低到–0.2 V(vs. SCE)]。吸附过程[式(2.2)]则可以认为在整个电化学聚合反应过程中基本上处于平衡状态。同时，由于吡咯的电化学聚合是在比较高的氧化电位[0.70 V(vs. SCE)左右]，所以在工作电极上应该存在电解液中的阴离子与吡咯单体的竞争吸附。根据这一反应机理，再将阴离子在工作电极上的吸附用 Langmuir 吸附等温式来表示，李永舫推导出了吡咯电化学聚合速率方程[35]：

$$I = \frac{k[\text{Py}][A^-]}{1 + k_p[\text{Py}] + k_A[A^-]} \tag{2.8}$$

其中，I 为反应电流(反应速率)；$[\text{Py}]$、$[A^-]$ 分别为吡咯单体和阴离子的浓度；k

为反应速度常数，k_p 和 k_A 分别为吡咯和阴离子的吸附常数，k、k_p、k_A 都应是电位和温度的函数。当阴离子浓度很低时，在分母中 $k_A[A^-]$ 比前面两项之和小很多，如果将其忽略不计，则反应电流与阴离子浓度成正比；当阴离子浓度很高时，在分母中 $k_A[A^-]$ 比前面两项之和大很多，如果将前面两项忽略不计，则分子分母上的阴离子浓度项 $[A^-]$ 可以消除，反应电流与阴离子浓度无关。从式(2.8)推导出的阴离子浓度在两种极端情况下反应电流与阴离子浓度的关系与前面提到的实验结果相吻合[35-38]，说明这一阴离子参与的阳离子自由基聚合机理的合理性。

2.1.5　纳米结构导电聚吡咯的电化学制备

纳米结构具有高的比表面积和高的电化学活性，纳米结构电极材料受到广泛关注，纳米结构导电聚合物也引起了重视，近年来研究者用不同方法制备了纳米结构的导电聚合物，其中就包括纳米结构导电聚吡咯材料[39-41]。

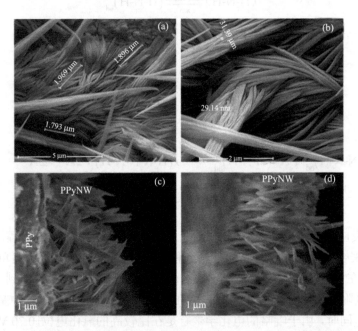

图 2.9　铂电极上的 p 型掺杂导电聚吡咯纳米线(Pt|PPyNW)的 SEM 照片

(a),(b)俯视图；(c),(d)横断面图像

Ramíreza 等[39]使用介孔氧化硅模板通过电化学聚合在 Pt 工作电极上直接得到了导电聚吡咯纳米线(PPyNW)。他们使用的电解液是含 0.01 mol·L^{-1} 双重蒸馏吡咯和 0.1 mol·L^{-1} Bu$_4$NPF$_6$ 的无水乙腈有机电解液。他们首先通过循环伏安扫描在电极上沉积一层 PPy 薄膜[扫描电位范围是–1.20～1.40 V(*vs.* Ag/AgCl)，

电位扫描速率 0.100 V·s⁻¹，扫描 3 周］，然后在 PPy 膜上通过恒电位电解方法制备一层介孔氧化硅模板，接下来使用上面制备 PPy 的方法（有机电解液中循环伏安扫描）在介孔氧化硅模板的纳米通道内生长 PPyNW，除去氧化硅模板就得到了沉积在铂电极上的导电聚吡咯纳米线膜 Pt|PPyNW[39]（见图 2.9）。这种 PPyNW 具有稳定和可逆的电化学还原再氧化性能，其充放电性能的充电容量比常规方法沉积的 PPy 膜高出 360 倍。

Pillier 等[40]通过吡咯单体在高浓度弱酸阴离子和低浓度的非酸阴离子的水溶液中无模板电化学聚合，制备了 PPy 纳米线阵列（见图 2.10）。

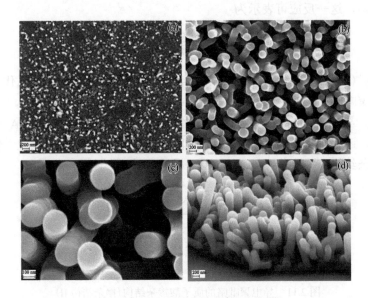

图 2.10 PPy 纳米线阵列的 SEM 图

先在 0.15 mol·L⁻¹ Py+0.2 M K₂HPO₄ +10⁻³ mol·L⁻¹ LiClO₄ 水溶液中于 0.75 V (vs. SCE) 恒电位下聚合 600 s,得到 (a)；再在 0.15 mol·L⁻¹ Py+0.2 mol·L⁻¹ LiClO₄ 水溶液中于 0.75 V (vs. SCE) 恒电位下聚合 50 s 得到(b)～(d)。其中，(a)～(c) 为俯视图,(d) 为从侧面(60°)观察的图

2.2 导电聚吡咯的电化学性质

导电聚吡咯几个可能的应用领域（例如化学电源、电色显示、修饰电极、电化学传感器等）都与其可逆的氧化-还原特性密不可分。同时，其电化学氧化-还原过程是一类新型的电化学掺杂/脱掺杂反应。因此，深入研究其过程和规律，无论对于发展电化学理论，还是促进导电聚吡咯的实际应用都是非常重要的。

一般地，导电聚合物存在 p 型（氧化）电化学掺杂/脱掺杂和 n 型（还原）电化学掺杂/脱掺杂反应。对于聚吡咯，因其 p 型掺杂电位较低，仅–0.2 V(*vs.* SCE)左右，比吡咯单体氧化聚合电位(0.7 V 左右，*vs.* SCE)低得多，所以聚吡咯在电化学聚合的同时已被氧化到 p 型掺杂状态。另外，根据聚吡咯中性态在波长 405～410 nm 左右的 $\pi \rightarrow \pi^*$ 吸收，其能带宽度应为 3 eV 左右，这样，其 n 型掺杂/脱掺杂电位就应低于–3.2 V(*vs.* SCE)，在这样低的电位下将首先发生电解液还原这一副反应，因此很难观察到聚吡咯的 n 型掺杂/脱掺杂过程。实际上，迄今尚无实现聚吡咯 n 型电化学掺杂的报道。同时，聚吡咯的稳定状态是其 p 型掺杂导电态，所以，聚吡咯的电化学研究主要是研究其 p 型掺杂态的还原(脱掺杂)和再氧化(掺杂)过程。一般地，这一反应可表示为

$$PPy^+(A^-) + e^- \underset{\text{p型掺杂}}{\overset{\text{脱掺杂}}{\rightleftharpoons}} PPy^0 + A^- \tag{2.9}$$

其中，$PPy^+(A^-)$ 代表氧化态(p 型)、对阴离子 A^- 掺杂的聚吡咯，PPy^0 代表中性态(本征态)聚吡咯。

其实，导电聚吡咯除了具有主链被氧化对阴离子掺杂的 $PPy^+(A^-)$ 结构(见图 2.1)外，还存在质子酸掺杂结构[28](见图 2.11)。导电聚吡咯的电化学性质也与这两种掺杂结构有关。

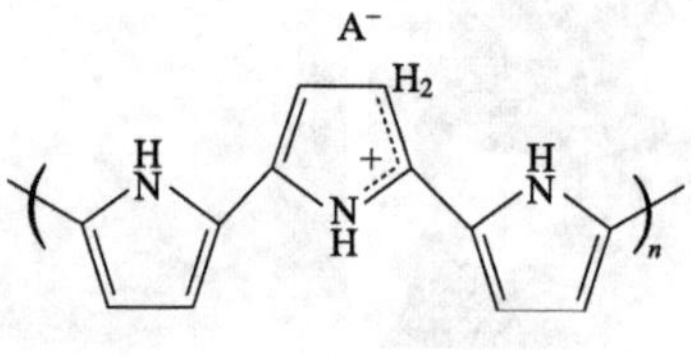

图 2.11 导电聚吡咯的质子酸掺杂结构(掺杂结构 II)

2.2.1 导电聚合物电化学的几种重要的研究方法

为了便于后面的讨论以及方便读者对电化学性质的理解，这里首先介绍在导电聚合物电化学性质研究中常用的电化学研究方法。

研究导电聚吡咯的电化学性质常用的方法有循环伏安法、原位光谱电化学法以及电化学石英晶体微天平(EQCM)法等。

1. 循环伏安法

循环伏安法(cyclic voltammetry，CV)是最常用的电化学研究方法，它是一种控制电位的电化学测量方法。图 2.12 给出控制电位的电化学测量的装置示意图，需要一个控制电位的恒电位仪(potentiostat)，一个装有三个电极[工作电极(WE)、对电极(CE)和参比电极(RE)]的电解池和一台记录电流随电位变化曲线的记录

仪。测量时控制工作电极与参比电极之间的电位(E)、测量工作电极和对电极之间流过的电流(i)。现代的电化学仪器把恒电位仪和控制电位、测量电流的电路和记录仪的功能复合在一起，并使用计算机采集、存储和处理实验数据。循环伏安法就是在工作电极和参比电极之间施加三角波信号（重要参数包括扫描的电位范围、线性电位扫描的速度等），同时测量工作电极与对电极之间流过的电流信号，获得电流随电位变化的曲线——循环伏安曲线(cyclic voltammogram)。从循环伏安图可以获得被研究对象的电化学氧化-还原电位、电化学反应的可逆性等重要信息。

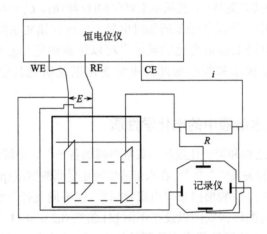

图 2.12　控制电位的电化学测量装置示意图

2. 原位光谱电化学法

原位光谱电化学法(*in situ* spectro-electrochemical method)就是在控制一定的电极电位的条件下，测量被研究对象的吸收光谱、红外(IR)光谱和电子自旋共振(ESR)等的测量分析方法。在进行原位光谱电化学测量时，对电解池和电极会有一些特殊的要求，电解池的设计要方便进行光谱测量，电极也必须能满足光谱测量的要求。比如在测量导电聚合物电极电化学原位吸收光谱时，工作电极必须使用透明导电电极。

由于导电聚合物电化学反应过程中往往伴随分子结构、吸收光谱和电子自旋结构的变化，所以原位光谱电化学是研究导电聚合物电化学反应中伴随的结构变化和反应机理的有力手段。

3. 电化学石英晶体微天平

电化学石英晶体微天平法(electrochemical quartz crystal microbalance, EQCM)是使用石英晶体上镀金膜为工作电极,通过测量在电化学反应过程中该电极上石英晶体频率的变化获得电极上沉积物质量变化的一种重量分析方法。石英晶体频率变化(Δf)与电极上沉积物质量变化(Δm)之间的关系见式(2.10)，又称 Sauerbrey 关系。

$$\Delta f = -2f_0^2\Delta m/A(\rho\eta)^{1/2} = -C_f\Delta m \tag{2.10}$$

其中，f_0 为石英晶体电极发生电化学反应之前的频率，Δf 为电化学反应前后石英晶体频率的变化，Δm 为电化学反应前后电极上的质量变化，A 为石英晶体电极面积，η 为石英晶体的剪切模量(数值为 2.947×10^{10} N·m^{-2})，ρ 为石英晶体的密度(数值为 2.648 g·cm^{-3})，C_f 为表观质量敏感系数，当使用的是室温下 5 MHz 的 AT-cut 石英微晶片(一种厚度剪切式石英晶片，其频率主要在 MHz 级)时，$C_f = 56.6$ Hz·μg^{-1}·cm^{-2}。式(2.10)中负号表明石英晶体频率增加时电极上的沉积物质量降低。

EQCM 测量电极上质量变化的灵敏度可以达到纳克(ng)量级，是一种测量导电聚合物电化学掺杂和脱掺杂过程重量变化以及研究其电化学反应机理的重要方法。

2.2.2 聚吡咯在水溶液中的电化学性质

导电聚吡咯的还原和再氧化过程与聚吡咯膜制备条件、电解液的种类和对阴离子的类型等有密切的关系[37-38, 42-50]，在水溶液中时还受到酸碱度(pH 值)的影响[48-50]。图 2.13 为 PPy(NO_3^-)(硝酸根掺杂导电聚吡咯膜)在不同支持电解质(不同阴离子)的 pH 4 水溶液中的循环伏安图以及在不同 pH 值的 0.2 mol·L^{-1} NaNO$_3$ 水溶液中的循环伏安图[49]。这些循环伏安实验都是从 0.3 V 开始电位扫描，电位往负方向(电位降低)一直扫描到–0.9 V，这时电极上发生掺杂态 PPy(NO_3^-)的还原并伴随对阴离子 NO_3^- 的脱掺杂[反应式(2.9)的正向反应]。然后从–0.9 V 往正方向扫描到 0.3 V，完成一个循环。正向扫描过程伴随着聚吡咯膜的再氧化和电解液中阴离子的掺杂。可以看出，在弱酸性电解液中，第一次的还原反应与电解液中的阴离子无关，都发生相同的聚吡咯还原和 NO_3^- 对阴离子脱掺杂反应。但是，再氧化过程则与电解液中的阴离子种类密切相关，电解液中如果是 NO_3^- 或者 Cl$^-$ 等负一价和体积较小的阴离子，则再氧化过程可逆；从 ClO_4^- 到 SO_4^{2-} 再到 TsO$^-$ 阴离子再氧化的可逆性越来越差，到 TsO$^-$ 阴离子已完全不可逆。这与再氧化时伴随着阴离子的掺杂(嵌入)相一致。由于大体积的 TsO$^-$ 阴离子不能嵌入聚吡咯膜中，所以脱掺杂后的聚吡咯膜不能发生再氧化反应。

除了电解液阴离子会影响导电聚吡咯的电化学还原/再氧化过程外，电解质水溶液的 pH 值对导电聚吡咯的电化学还原和再氧化过程也有重要影响。在中性水溶液中，聚吡咯的电化学过程较酸性水溶液中复杂[27,49,51]。李永舫等发现，硝酸根掺杂的聚吡咯存在两步还原过程，其循环伏安图见图 2.13(b)中曲线②。这两步还原过程分别与前面提到的两种掺杂结构[主链氧化对阴离子掺杂结构(图 2.1)和质子掺杂结构[28][（图 2.11）]相对应。其实聚吡咯在酸性水溶液中也存在对应于这两种掺杂结构的两个还原和再氧化过程，只不过在酸性水溶液中这两步还原过程的电流峰弥合在了一起。图 2.14 的电化学原位吸收光谱可以清楚地说明这两步电化学还原过程[27]，电位从 0.28 V 降到–0.3 V，530 nm 左右的吸收峰变化不大，而主要是近红外吸收随电位的降低而下降，当电位低于–0.3V 之后，530 nm 左右的峰随电位的进一步降低而迅速下降。

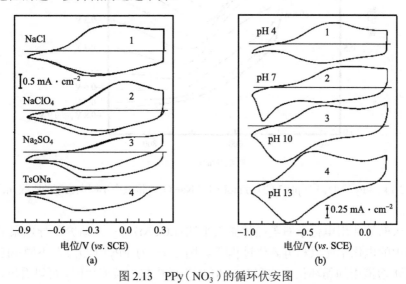

图 2.13　PPy（NO$_3^-$）的循环伏安图

(a) 在 pH 4，0.2 mol·L^{-1} 不同支持电解质水溶液中；(b) 在不同 pH 值，0.2 mol·L^{-1} NaNO$_3$ 水溶液中

如果导电聚吡咯膜中的对阴离子为 TsO$^-$ 等大阴离子，则由于对阴离子脱掺杂困难，会导致还原电位负移，并且还原时发生的不是对阴离子的脱掺杂，而是电解液中阳离子的掺杂[52-54]；再氧化时则发生掺杂阳离子的脱掺杂。

$$PPy^+(A^-) + e^- + M^+ \Longleftrightarrow PPy^0(M^+A^-) \tag{2.11}$$

在碱性水溶液中，聚吡咯膜本身的掺杂结构不稳定，其掺杂阴离子会发生与亲核性很强的 OH$^-$ 离子的交换，电化学还原和再氧化将伴随着 OH$^-$ 的脱掺杂和再掺杂[50]。但是，如果水溶液碱性太强，或者是浸泡时间太长，将会发生聚吡咯共轭链结构的降解和破坏，导致其导电性和电化学性质的降低和丧失。

聚吡咯在水溶液中进行循环伏安扫描时，其高端电位不能超过 0.5 V（vs. SCE），否则氧化掺杂态聚吡咯将会发生不可逆的氧化降解反应，使其失去导电性和电化学活性。这一氧化降解反应也与溶液 pH 值有关，在碱性水溶液中更容易发生，发生氧化降解反应的电位随溶液 pH 值的增加（碱性增强）而降低[50]。

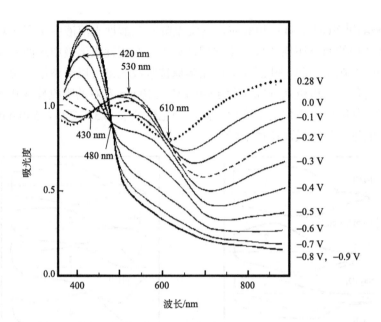

图 2.14 PPy(NO$_3^-$)在 pH 3 的 0.5 mol·L^{-1} NaNO$_3$ 水溶液中不同电位下的吸收光谱

李永舫等使用电化学石英晶体微天平法(EQCM)进一步研究了导电聚吡咯在水溶液中的电化学还原和再氧化过程[46]。图 2.15 为 PPy(NO$_3^-$)在不同 pH 值的 NaNO$_3$ 水溶液中的循环伏安图和 EQCM 频率随电极电位变化图,可以看出,在酸性水溶液中,导电聚吡咯在电位从 0.2 V (vs. SCE)[或者是 0.3 V (vs. SCE)]往负方向扫描而发生还原反应时,EQCM 频率随电位的降低(还原反应的进行)而升高,表明导电聚吡咯膜的重量在降低,这与其还原过程伴随对阴离子脱掺杂[反应(2.9)]相一致。

在中性水溶液中,如前所述,导电聚吡咯从 0.2 V 到-0.9 V(vs. SCE)的还原过程出现两个还原峰。有趣的是,从 0.3 V 到-0.3 V (vs. SCE)对应的 EQCM 频率上升,表明电极重量的降低(对阴离子脱掺杂),而从-0.3 V 到-0.9 V(vs. SCE)对应的频率转而下降[图 2.15(b)],这一实验结果支持了聚吡咯的第二步还原过程伴随阳离子的嵌入反应(反应 2.10)这一反应机理。再根据还原反应中频率变化对应的重量变化,李永舫等[46]认为是发生了水合阳离子(H$_2$O·Na$^+$)的掺杂。

在碱性(pH 12)水溶液中,PPy(NO$_3^-$)也表现出可逆的电化学还原再氧化特性,其循环伏安图的形状与在酸性水溶液中相似,不过对应的还原电极电位有 0.1 V 左右的负移[图 2.15(c)]。但是其 EQCM 频率变化特性与酸性电解液中有显著不同,而是与在中性电解液中类似,只是频率变化的幅度比在中性水溶液中时小很多。PPy(NO$_3^-$)在碱性水溶液中将发生对阴离子的交换,原来的硝酸根对阴离子

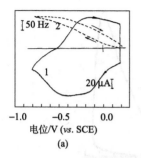 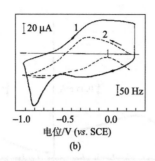 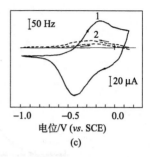

图 2.15　PPy(NO$_3^-$)在不同 pH 值的 0.2 mol·L^{-1} NaNO$_3$ 水溶液中的循环伏安图(曲线 1)和 EQCM 频率随电极电位变化图(曲线 2)

(a)pH 3 酸性水溶液；(b)pH 7 中性水溶液；(c)pH 12 碱性水溶液

NO$_3^-$ 将被溶液中的 OH$^-$ 阴离子所交换，电化学反应之前 PPy(NO$_3^-$)变为 PPy(OH$^-$)，发生的电化学反应是 PPy(OH$^-$)的还原和再氧化，并且此时聚吡咯中仍然存在两种掺杂结构，这时可以表示为 PPy(Ⅰ)$^+$(OH$^-$)PPy(Ⅱ)。它的两步电化学还原过程可以表示为[46]

0.2～–0.3 V:

$$PPy(Ⅰ)^+(OH^-)PPy(Ⅱ)·H_2O + e^- \longrightarrow PPy(Ⅰ)^0PPy(Ⅱ)·H_2O + OH^- \quad (2.12)$$

–0.3～–0.9 V:

$$PPy(Ⅰ)^0PPy(Ⅱ)·H_2O + e^- + Na^+ \longrightarrow PPy(Ⅰ)^0PPy(Ⅱ)H(OH^-)Na^+ \quad (2.13)$$

上面讨论的都是从导电聚吡咯在水溶液中的平衡电极电位[0.2～0.3 V (*vs.* SCE)]向低电位方向扫描研究其还原和再氧化过程。如果向高电位方向扫描，则导电聚吡咯会发生过氧化降解反应。图 2.16 为 PPy(NO$_3^-$)在 pH 3、0.2 mol·L^{-1} NaNO$_3$ 水溶液中–0.9～1.1 V (*vs.* SCE)电位范围内的循环伏安图[55]，在 0.3～–0.9 V (*vs.* SCE)电位范围内是可逆的电化学还原和再氧化过程，但是从 0.3 V (*vs.* SCE)往正方向扫描时在 1.0 V (*vs.* SCE)左右出现一个很强的氧化电流峰，再还原时该氧化电流峰不可逆。经过 0.3～1.1 V (*vs.* SCE)的循环电位扫描后，导电聚吡咯的电化学活性消失，表明在 1.0 V 左右的氧化反应使导电聚吡咯发生了不可逆的结构变化。并且，发生这种过氧化反应的电位与电解液的 pH 值密切相关，在碱性电解液中过氧化电位明显降低，在 pH 12 的水溶液中这种过氧化电流峰位置移到了 0.3 V 左右(见图 2.17[55])，表明在碱性水溶液中导电聚吡咯更容易发生过氧化降解反应。

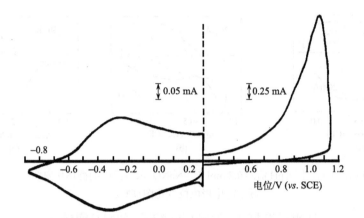

图 2.16　PPy（NO$_3^-$）在 pH 3、0.2 mol·L^{-1} NaNO$_3$ 水溶液中于-0.9～1.1 V（*vs.* SCE）
电位范围内的循环伏安图

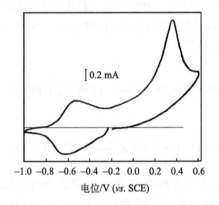

图 2.17　PPy（NO$_3^-$）在 pH 12、0.2 mol·L^{-1} NaNO$_3$ 水溶液中于-1.0～0.6 V（*vs.* SCE）
电位范围内的循环伏安图

　　李永舫等通过电化学原位吸收光谱（electrochemical *in situ* absorption spectra）测量和反应前后的红外光谱测量研究了这一过氧化反应的机理和伴随的结构变化。图 2.18 为 PPy（NO$_3^-$）在不同 pH 值的 0.2 mol·L^{-1} NaNO$_3$ 水溶液中不同电位下测量的原位吸收光谱[55]。可以看出，在酸性水溶液中，电极电位超过 0.6 V 时掺杂导电态聚吡咯的特征近红外吸收开始下降，表明开始发生过氧化降解反应。而在中性和碱性水溶液中，这一近红外吸收下降的起始电位分别降低到 0.4 V 和 0.2 V。随着电极电位的进一步升高，聚吡咯的近红外吸收完全消失，表明发生了完全的过氧化降解反应。对比发生过氧化反应前后样品的红外光谱（图 2.19）发现，发生了过氧化反应的样品在 1700 cm^{-1} 波数附近出现了碳基的特征峰，说明过氧化反应中有碳基生成。这一生成的碳基应该是在吡咯单元的 β-C 上[55]，同时聚吡咯发生了脱掺杂。过氧化后的聚吡咯失去了导电性。

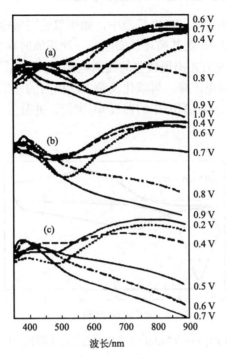

图 2.18　PPy（NO_3^-）在不同 pH 值的 0.2 mol·L^{-1} $NaNO_3$ 水溶液中于不同电位下
测量的原位吸收光谱

(a) pH 2；(b) pH 7；(c) pH 12

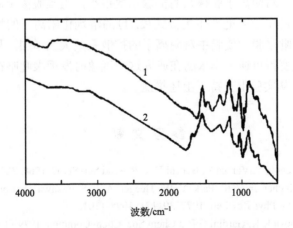

图 2.19　导电聚吡咯过氧化前后的红外光谱

曲线 1：未发生过氧化反应；曲线 2：发生过氧化反应后

2.2.3 聚吡咯在有机电解液中的电化学性质

在乙腈或碳酸丙烯脂等有机电解液中，如果聚吡咯膜电极也是在这类有机电解液中用电化学法制备的，则其循环伏安图第一次还原时存在一个较高的过电位，直到−0.6 V（$vs.$ SCE）左右才出现较强的还原电流，然后电流上升很快，在−0.8 V左右出现一个强的还原电流峰，再氧化及第二次以后的还原和再氧化循环伏安图与在酸性水溶液中的[图 2.13（b）中的曲线②]类似，并且反应具有很好的可逆性，如图 2.20 所示[56]。

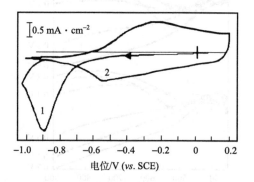

图 2.20　PPy（ClO_4^-）在 0.5 mol·L^{-1} $NaClO_4$ PC 电解液中的循环伏安图[56]

图中数字为扫描循环次序

这一现象引起了不少研究人员的注意。一般认为，聚吡咯在有机电解液中发生第一次还原时，对阴离子脱掺杂的扩散系数很小，很难脱掺杂而进入有机电解液中，须到较负的电位才能发生类似式(2.11)的溶剂化阳离子的掺杂，同时溶剂分子随之进入聚吡咯膜，使膜中对阴离子的扩散系数大大增加，从而使后面的再氧化和还原过程变得可逆。李永舫在研究这一现象时发现聚吡咯在第一次还原后发生了膨胀[56]，从实验上支持了上述推测。

参 考 文 献

[1] Dall'Olio A, Dasccola Y, Varcca V, Bocchi V. C R Acad Sci–Ser C, 1968, 267: 433.

[2] Chiang C K, Fincher Jr C R, Park Y W, Heeger A J, Shirakawa H, Louis E J, Gau S C, MacDiarmid A G. Phys Rev Lett, 1977, 39(17): 1098-1101.

[3] Diaz A F, Kanazawa K K, Gardini G P. J Chem Soc–Chem Commun, 1979, (14): 635-636.

[4] Salmon M, Diaz A F, Logan A J, Krounbi M, Bargon J. Mol Cryst Lig Cryst, 1982, 83: 1297-1308.

[5] Ouyang J Y, Li Y F. Polymer，1997, 38(8): 1971-1976.

[6] Wernet W, Monkenbusch M, Wegner G. Mol Cryst Liq Cryst, 1995, 118: 193.

[7] Masuda H, Kaeriyama K. J Mater Sci, 1991, 26: 5637-5643.

[8] Qian R Y, Qiu J J. Polym J, 1987, 19(1): 157-172.

[9] Satoh M, Kanato K, Yoshino K. Synth Met, 1986, 14(4): 289-296.

[10] Shen Y Q, Qiu J J, Qian R Y, Carneiro K. Makromol Chem, 1987, 188(9): 2041-2045.

[11] Otero T F, Santamaria C. Electrochim Acta, 1992, 37(2): 297-307.

[12] Zotti G, Schiavon G, Zecchin S, Sannicolo F, Brenna E. Chem Mater, 1995, 7(8): 1464-1468.

[13] Li Y F, Yang J. J Appl Polym Sci, 1997, 65: 2739-2744.

[14] Qian R Y, Pei Q B, Huang Z T. Makromol Chem, 1991, 192(6): 1263-1273.

[15] Pei Q B, Qian R Y. J Electroanal Chem, 1992, 322(1-2): 153-166.

[16] Park D S, Shim Y B, Park S M. J Electrochem Soc, 1993, 140: 2749.

[17] Qian R Y, Qiu J J, Shen D Y. Synth Met, 1987, 18(1-3): 13-18.

[18] John R, John M J, Wallace G G, Zhao H// Mackay R A, Texter J. Electrochem Colloids Dispers, New York: VCH, 1992: 225-234.

[19] Kupila E L, Kankara J. Synth Met, 1993, 55(2-3): 1402-1405.

[20] Ouyang J Y, Li Y F. Polymer, 1997, 38(15): 3997-3999.

[21] Li Y F, Ouyang J Y. Synth Met, 2000, 113: 23-28.

[22] Li Y F, He G F. Synth Met, 1998, 94: 127-129.

[23] Genies E M, Bidan G, Diaz A F. J Electroanal Chem, 1983, 149(1-2): 101-113.

[24] Qian R Y, Li Y F, Yan B Z, Zhang H M. Synth Met, 1989, 28: C51-C58.

[25] Street G B// Skotheim T A, Dekker M. Handbook of Conducting Polymers. New York: CRC Pr I Llc, 1986: 268-272.

[26] Qian R Y, Pei Q B, Li Y F. Synth Met, 1993, 61(3): 275-278.

[27] Li Y F, Qian R Y. J Electroanal Chem, 1993, 362: 267-272.

[28] Li Y F, Qian R Y, Imaeda K, Inokuchi H. Polym J, 1994, 26: 535-538.

[29] Li Y F, Ouyang J Y, Yang J. Synth Met, 1995, 74: 49-53.

[30] Ouyang J Y, Li Y F. Synth Met, 1995, 75: 1-3.

[31] Ouyang J Y, Li Y F. Polym J, 1996, 28(9): 742-746.

[32] Bi X T, Yao Y X, Wan M X, Wang P, Xiao K, Yang Q, Qian R Y. Markromol Chem, 1985, 186(5): 1101-1108.

[33] Li Y F, Fan Y F. Synth Met, 1996, 79(3): 225-227.

[34] Schiovon G, Zotti G, Comisso N, Berlin A, Pagani G. J Phys Chem, 1994, 98(18): 4861-4864.

[35] Li Y F. J Electroanal Chem, 1997, 433: 181-186.

[36] Otero T F, Rodriguez J. Synth Met, 1993, 55(2-3): 1436-1440.

[37] Otero T F, Rodriguez J. Electrochim Acta, 1994, 39(2): 245-253.

[38] Otero T F, Olazabal V. Electrochim Acta, 1996, 41(2): 213-220.

[39] Ramírez A M R, Gacitúa M A, Ortega E, Díazc F R, del Valle M A. Electrochem Commun，2019, 102: 94-98.

[40] Debiemme-Chouvy C, Fakhry A, Pillier F. Electrochim Acta, 2018, 268: 66-72.

[41] Hryniewicz B M, Lima R V, Wolfart F, Vidotti M. Electrochim Acta, 2019, 293: 447-457.

[42] Kudoh Y. Synth Met, 1996, 79(1): 17-22.

[43] Lee J Y, Kim D Y, Kim C Y. Synth Met, 1995, 74(2): 103-106.

[44] Kim C Y, Kim D Y, Lee J Y// Shi L, Zhu D. Polymers and Organic Solids. Beijing: Science Press, 1997: 322-332.

[45] Qian R Y// Salaneck W R, Lundstron I, Ranby B. Conjugated Polymers and Related Materials: The Interconnection of Chemical and Electronic Structure. Oxford: Oxford University Press, 1993: 161-169.

[46] Li Y F, Liu Z F. Synth Met, 1998, 94: 131-133.

[47] Shapiro J S, Smith W T. Polymer, 1997, 38(22): 5505-5514.

[48] Li Y F, Imaeda K, Inokuchi H. Polym J, 1996, 28(7): 559-562.

[49] Li Y F, Qian R Y. Synth Met, 1989, 28: C127-C132.

[50] Li Y F, Qian R Y. Synth Met, 1988, 26: 139-151.

[51] Genies E M, Pernaut J M. J Electroanal Chem, 1985, 191(1): 111-126.

[52] Shimidzu T, Ohtani A, Iyoda T, Honda K. J Elelctroanal Chem, 1987, 224(1-2): 123-135.

[53] Tsai E W, Jiang G W, Rajeshwar K. J Chem Soc–Chem Commun, 1987, (23), 1776-1778.

[54] Zhou Q X, Kolaskie C J, Miller L L. J Electroanal Chem, 1987, 223(1-2): 283-286.

[55] Li Y F, Qian R Y. Electrochim Acta, 2000, 45: 1727-1731.

[56] Li Y F. Electrochim Acta, 1997, 42: 203-210.

第 **3** 章

导电聚苯胺的电化学制备和电化学性质

自从 1985 年 MacDiarmid 等发表"聚苯胺：金属态和绝缘体之间互变"的论文之后[1]，聚苯胺就成为被广泛研究的导电聚合物之一。这是由于它具有合成简单、成本低、电导率较高以及可逆的氧化-还原性质、快速的电致变色性和环境稳定性等优点。这些优点使聚苯胺具有广泛的应用前景，例如用于可充放电电池[2,3]、超级电容器[4,5]和电致变色器[6,7]等的电极材料、金属防腐[8,9]、催化剂[10,11]和催化剂载体[12-14]、传感材料[15,16]、酶的固定材料[17, 18]和磁性材料[19-21]等。聚苯胺的合成、性质、应用和发展方向已被广泛评论[22-29]。

3.1 聚苯胺的电化学制备

聚苯胺的电化学制备通常是在强酸(盐酸、硫酸、高氯酸和四氟硼酸)溶液中进行，这样制备的聚苯胺具有高的电导率和高的电化学活性[30-37]；苯胺在弱酸和中性溶液中经电化学氧化所得的产物，其电导率低和电化学活性差，而且聚合速度非常慢[38-40]；在碱性水溶液中苯胺经电化学氧化只能形成低聚物，其电导率很低且电化学活性很差。由于苯胺的电化学聚合和吡咯的电化学聚合一样是通过阳极氧化实现的，所以阳极材料应该是惰性材料[铂、金、碳、石墨或石墨烯和半导体透明电极(比如 ITO 和 FTO 等)]。

循环伏安法、恒电位法和恒电流法通常用于聚苯胺的电化学合成。循环伏安法的优点是快速，且能提供很多有价值的苯胺聚合信息，但不适用于大量合成，因当电位循环时在辅助电极上也能形成聚苯胺。恒电位法适用于聚苯胺的大量合成。恒电流法能给出电位与时间的关系，但在无电催化情况下，电位会随电解时间的延长而升高，过高的阳极电位会引起产物的过氧化。

3.1.1 循环伏安法

循环伏安法和恒电位法都是控制电位的电化学方法。电化学法使用的电解池需要三电极体系，包括工作电极、参比电极和对电极。控制工作电极与参比电极之间的电位，测量流经工作电极和对电极的电流。

苯胺的电化学聚合需要在酸性水溶液中进行，电化学循环伏安法进行的苯胺氧化聚合通常使用两块铂片分别作为工作电极和辅助电极，饱和甘汞电极(SCE)作为参比电极。代表性的电解液为 0.2 mol·L^{-1} 苯胺和 0.5~1.0 mol·L^{-1}HCl、HNO$_3$ 或者 H$_2$SO$_4$ 水溶液。图 3.1(a)为在 0.2 mol·L^{-1} 苯胺和 0.6 mol·L^{-1} H$_2$SO$_4$ 水溶液中的铂片电极上苯胺电化氧化聚合的循环伏安图，电位扫描速率为 60 mV·s^{-1}。在第 1 次电位从负电位向正电位方向扫描时，循环伏安曲线上在 1.03 V 处出现了一个氧化峰(曲线 1)，此峰是由苯胺氧化聚合而引起的。随着循环次数的增加，这个峰向负电位方向移动(峰电位降低)；在第 3 次循环时，此峰移到 0.77 V(曲线 3)，最后，此峰的电位不随循环次数而变，但峰电流随电位扫描次数的增加而增加。当电位反向扫描时，在曲线 1~6 上都出现了两个还原峰，其峰电流也随循环次数的增加而增加，这是由于电极表面生成的聚苯胺的量在增加，这两个还原峰是由生成的氧化掺杂态聚苯胺的还原而引起的。而苯胺的氧化聚合反应本身是不可逆的，生成的聚苯胺在其还原时不可能出现解聚的还原峰。

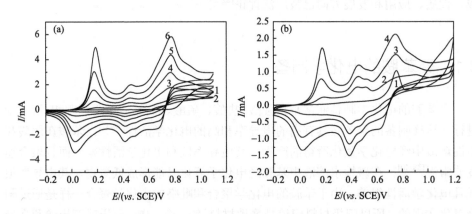

图 3.1   在 0.2 mol·L^{-1} 苯胺和 0.6 mol·L^{-1} H$_2$SO$_4$ 水溶液中不同工作电极上苯胺电化学氧化聚合的循环伏安图

(a) 铂片为工作电极；(b) 石墨烯为工作电极。图中曲线上的编号代表循环的次序

图 3.1(a)苯胺电化学氧化聚合的循环伏安图表明，苯胺聚合的氧化峰电位随循环次数的增加而朝负电位方向移动，而氧化聚合电流(即反应速率)随扫描次数

的增加而增大，这是电催化反应的特征。在苯胺溶液中没有外加催化剂，所以苯胺的电催化聚合是自催化反应[41]，电极上沉积的聚苯胺本身就是催化剂。

在相同的溶液中，当使用石墨烯为工作电极、采用循环伏安法研究苯胺电化学氧化聚合时，第 1 次电位扫描时苯胺聚合的氧化峰电位就出现在较低的 0.76 V[42]，该电位与铂电极上第 3 次扫描后的电位(0.77 V)基本一致。在随后的循环中，此电位保持不变，但电流也随循环次数的增加而增大 [图 3.1(b)]。石墨烯电极中含有自由基[42]，自由基可能引发了苯胺的聚合，从而导致了在石墨烯电极上第 1 次循环伏安扫描时苯胺的氧化聚合电位低于铂片电极上的电位。上面提到的铂片电极上的自催化聚合反应也可能是由第 1 次循环伏安扫描时沉积的聚苯胺链上的自由基引发的。

苯胺在 1 mol·L^{-1} HCl 溶液中的电化学原位电子自旋共振(ESR，又称电子顺磁共振，或简称顺磁共振)研究表明，当电位首次从负电位向正电位扫描时，在 0.90～1.07 V (*vs.* Ag/AgCl) 电位范围内，在工作电极 Pt 丝上检测到一个微弱的 ESR 信号，这意味着苯胺在此电位范围内被氧化产生了阳离子自由基[43]。所以说苯胺在酸溶液中的电化学聚合是由阳离子自由基引发的。这应该与第 2 章讨论的吡咯阳离子自由基聚合有一定的类似性。

3.1.2　恒电位法

根据苯胺电化学氧化的循环伏安曲线(图 3.1)，苯胺的聚合电位应在 0.75～1.07 V (*vs.* SCE)，所以恒电位法合成聚苯胺的电位选在这个电位范围内。图 3.2(a) 是苯胺在 0.9 V (*vs.* SCE) 下的恒电位氧化聚合时的电流-时间(*I-t*) 曲线，使用的电解液也是 0.2 mol·L^{-1} 苯胺和 0.6 mol·L^{-1} H$_2$SO$_4$ 的水溶液。电解时溶液保持静止。从图 3.2(a) 可以看出，氧化聚合电流随时间而上升，这是恒电位氧化电催化的特征。在一个无对流的静止电解液中进行恒电位电解时，由于存在电极极化，电流(即反应速率)应随时间连续地下降[44]，这是由于电极表面反应物的浓度会随着反应的进行而下降，从而导致反应电流随反应时间而降低。图 3.2(a) 中反应电流随时间升高的现象表明，苯胺的恒电位氧化聚合是一个典型的自催化聚合反应，即电解开始后生成的聚苯胺会催化和促进其后的苯胺氧化聚合反应，从而使聚合反应电流随时间而增加。

3.1.3　恒电流法

苯胺的电化学氧化聚合也可以在一定氧化电流下进行。图 3.2(b) 为苯胺在 0.2 mol·L^{-1} 苯胺和 0.6 mol·L^{-1} H$_2$SO$_4$ 水溶液中恒电流氧化聚合的电位随时间变化曲线。恒电流氧化聚合时电解液也保持静止。从图 3.2(b) 可以看出，恒电流聚合时电位随时间下降。通常的恒电流氧化聚合(电解)反应的电极电位都会随时间而升高，这也是由于反应后电极附近的单体浓度降低。图 3.2(b)的恒电流氧化聚合的电极电位随反应时间而降低进一步说明了苯胺的电化学氧化聚合反应是一种电化学自催化反应。

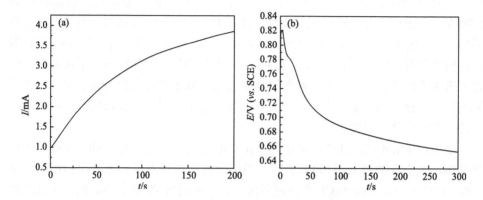

图 3.2　(a)苯胺在 0.2 mol·L^{-1} 苯胺和 0.6 mol·L^{-1} H_2SO_4 水溶液中恒电位[0.9 V (*vs.* SCE)]氧化聚合的电流(*I*)随时间(*t*)变化曲线；(b)苯胺的恒电流氧化聚合的电极电位随时间的变化曲线

　　上述结果说明，苯胺在强酸水溶液中的电化学氧化聚合是一个自由基催化的电化学自催化反应，这里的自由基应该是苯胺氧化时产生的阳离子自由基，氧化聚合生成的导电聚苯胺中存在这种自由基。

　　不同的电化学聚合条件(包括电极、电解液阴离子、电化学聚合方法等)对制备的导电聚苯胺的形貌有重要影响。MacDiarmid 等发现[34]，Pt 电极在氟硼酸电解液中，恒电位[0.7 V (*vs.* SCE)]电化学聚合得到的聚苯胺膜表面为比较平坦的微球形貌，而在 ITO 导电玻璃电极上、在高氯酸电解液中恒电流(电流密度 50 μA·cm^{-2})电化学聚合制备的聚苯胺膜形貌呈纤维状(图 3.3)[34]。

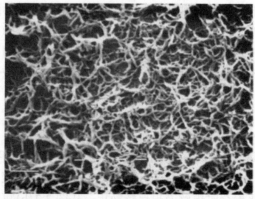

图 3.3　ITO 导电玻璃电极在高氯酸电解液中恒电流密度(50 μA·cm^{-2})下制备的聚苯胺膜表面 SEM 形貌

3.2 聚苯胺的结构式

考虑到聚苯胺的质子化-去质子化、氧化-还原和高的分子量[45]，MacDiarmid 等提出了在强酸溶液中合成的掺杂态导电聚苯胺[emeraldine salt（ES），翠绿亚胺盐]的结构式[图 3.4（a）][46-48]、质子酸掺杂（ES）-脱掺杂[即碱式聚苯胺，emeraldine base（EB），翠绿亚胺碱]的结构转换的反应式[图 3.4（b）]以及氧化掺杂态 ES 结构-还原脱掺杂的还原中性态聚苯胺[leucoemeraldine base（LB），无色翠绿亚胺碱]结构变化的反应式[图 3.4（c）][28,34]。聚苯胺在强酸溶液中发生质子化(质子酸掺杂)反应，生成导电态的质子酸掺杂的 ES 结构聚苯胺，它的电导率与制备条件相关，一般约为 5 S·cm^{-1}，最高能超过 100 S·cm^{-1}；ES 结构聚苯胺在强碱溶液中会发生脱质子化(脱质子酸)。脱质子化的 EB 结构聚苯胺基本上是绝缘体，它的电导率仅为 10^{-11} S·cm^{-1} 量级[1]。

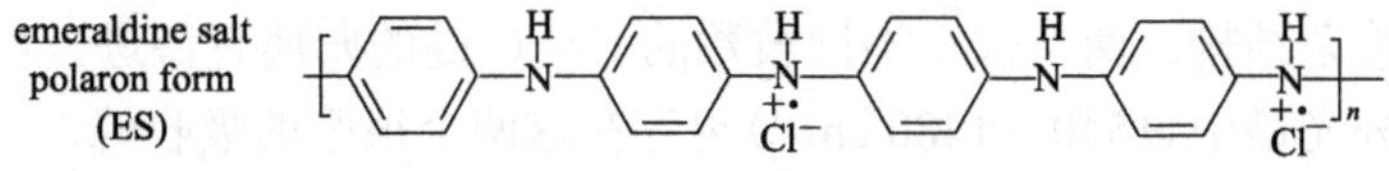

(a) 掺杂态导电聚苯胺结构式

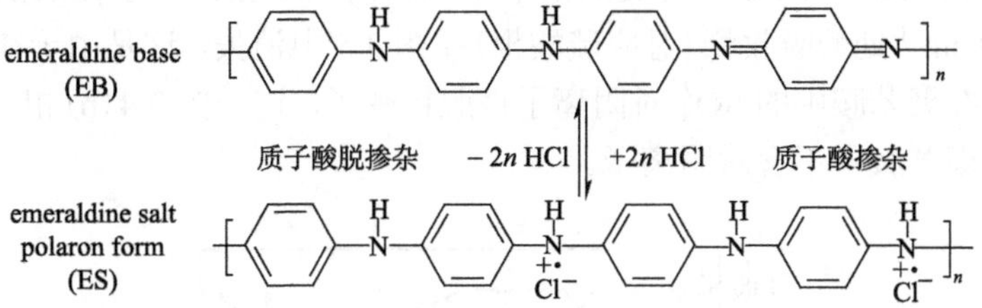

(b) 去质子化(EB)-质子化(ES)结构转换

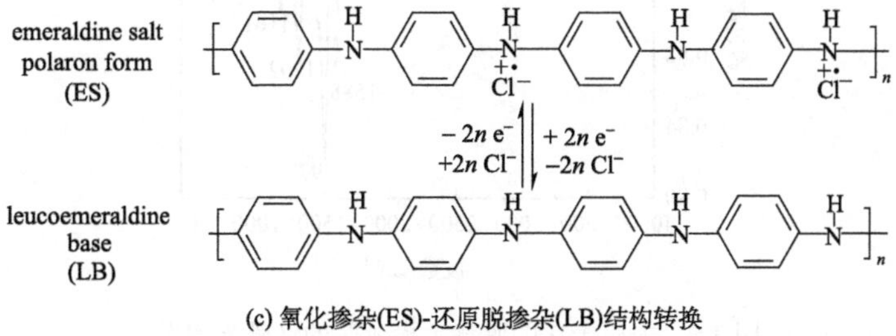

(c) 氧化掺杂(ES)-还原脱掺杂(LB)结构转换

图 3.4 聚苯胺的结构式及结构转换

苯胺的化学氧化聚合和电化学氧化聚合所得到的产物是氧化掺杂态导电聚苯胺(翠绿亚胺盐，ES)，它含有对阴离子。我们通常说的导电聚苯胺即翠绿亚胺盐(ES)。去质子化的脱掺杂聚苯胺(翠绿亚胺碱，EB)和还原后的无色透明脱掺杂聚苯胺(无色翠绿亚胺碱，LB)都是绝缘体。掺杂态导电聚苯胺在氧化剂或高电位下进一步氧化的产物称为过氧化聚苯胺碱(pernigraniline base，PNB)。50%氧化本征聚苯胺就是上面提到的去质子化的翠绿亚胺碱(EB)。

在盐酸溶液中合成的聚苯胺其红外光谱显示了下列化学键的存在：N—H(约 3460 cm^{-1})，C—H 拉伸振动(约 2960 cm^{-1})，C＝C 拉伸振动(约 1580 cm^{-1}，可能是醌环)，C＝C(约 1490 cm^{-1}，可能是苯环)，C—N 拉伸振动(约 1300 cm^{-1})和 C—H 变形振动(800 cm^{-1})[49]。在硫酸溶液中合成的聚苯胺，其红外光谱与盐酸溶液中合成的聚苯胺基本相似，但在约 1100 cm^{-1} 处出现了一个很强的吸收峰，它归属于 SO$_4^{2-}$ 对阴离子[50]。这是在苯胺聚合时，SO$_4^{2-}$ 离子掺杂到聚苯胺中的结果。红外光谱中检测到的这些化学键与上述聚苯胺的结构式相符，而且也证实了聚苯胺的质子酸掺杂结构。两个位于不同波数的 C＝C 键的归属有待进一步论证，因为苯酚的红外光谱中(1540～1480 cm^{-1})也存在这两个很强的吸收峰。

在 0.2 mol·L^{-1} 苯胺和 0.6 mol·L^{-1}H$_2$SO$_4$ 溶液中用电化学方法合成的聚苯胺，用蒸馏水清洗、烘干后，浸泡在 2 mol·L^{-1} NaOH 溶液中，搅拌 10h 得到去质子化的聚苯胺(EB)。图 3.5 是硫酸溶液中合成的聚苯胺去质子化后的红外光谱图，约 1100 cm^{-1} 处的吸收峰(对应硫酸根)在图 3.5 中消失，这是由于在去质子化过程中掺杂在聚苯胺中的 SO$_4^{2-}$ 对阴离子被脱掺杂了。这与图 3.4(b)相一致，即去质子化后的聚苯胺中不含对阴离子。

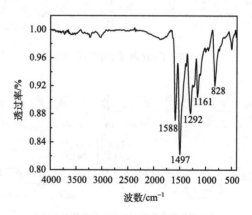

图 3.5　去质子化的脱掺杂聚苯胺的红外光谱图

　　图 3.6 是盐酸溶液中不同聚合速率条件下合成的两个聚苯胺样品聚苯胺-A(谱线 1)和聚苯胺-B(谱线 2)的电子自旋共振(ESR)谱[51]。聚苯胺-A 的聚合速率高于聚苯胺-B。ESR 实验所用的两个聚苯胺样品的量相等。从图 3.6 可看到 ESR 谱线由对称的单线构成,无超细结构。谱线 1 和 2 的峰-峰宽度 ΔH_{pp} 分别为 3.90 G 和 3.91 G。它们的不成对自旋密度分别为 8.12×10^{19} g^{-1} 和 6.77×10^{19} g^{-1};g 值均为 2.0055,这个值接近于自由电子的 g 值。这一结果说明聚苯胺中含有极化子(电荷载流子)或自由基。

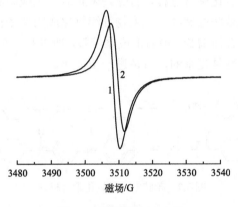

图 3.6　聚苯胺的 ESR 谱

　　聚对苯亚胺碱(pernigraniline base,PNB)(即过氧化聚苯胺碱)在二氧杂环己烷(dioxane)溶液中测得的 ESR 谱中,出现了三条不对称的谱线;而它的固态 ESR 谱(0.05% PNB + KBr)中却变成三条等距离的氮的超细共振谱线,这说明聚苯胺中的自由基位于氮原子上[52]。

　　穆绍林等用毛细管电泳法测定了溶于二甲基甲酰胺(DMF)中的聚苯胺的离子迁移率。在外电场作用下,蓝色溶液的界面向负极方向移动[53],这意味着聚苯胺溶于 DMF 形成的蓝色溶液带有正电荷。这一结果与氧化掺杂态聚苯胺[翠绿亚胺盐(ES)]的结构式一致。他们测得,该溶液中聚苯胺离子的迁移率为 2×10^{-8} $m^2 \cdot s^{-1} \cdot V^{-1}$,约是 K^+ 迁移率 的 1/4。

3.3　苯胺的电化学聚合反应机理

　　苯胺的聚合机理是很复杂的。大多数研究者认为,在强酸溶液中苯胺聚合第一步是苯胺氧化生成阳离子自由基[54]。在含有 20 mmol · L^{-1} 苯胺和 1 mol · L^{-1} HCl

的电解液中，穆绍林等使用原位 ESR-电化学方法研究了苯胺聚合时的 ESR 信号随电位的变化。扫描电位的范围为 0.00～1.07 V (*vs.* Ag/AgCl)，电位从 0.00 V 向正电位方向扫描。首次扫描时，观察到微弱的 ESR 信号[43]，这说明在苯胺氧化聚合时有自由基即极化子的形成。

根据苯胺在硫酸溶液中阳极氧化的研究，Mohilner 等首先提出了苯胺的氧化是一个 ECE(electrochemical-chemical-electrochemical)反应，即一个连续的电化学–化学–电化学反应[54]。这个反应机理得到了 Zotti 等的支持[55]。

整个苯胺电化学氧化聚合过程，首先是苯胺氧化生成阳离子自由基，接着阳离子自由基耦合生成苯胺低聚物，低聚物继续氧化成阳离子自由基，苯胺链伴随着阳离子自由基的耦合而增长，最后形成聚苯胺，所以是一个 ECE 反应(图 3.7)。苯胺的电化学氧化机理是复杂的，有待进一步证实。

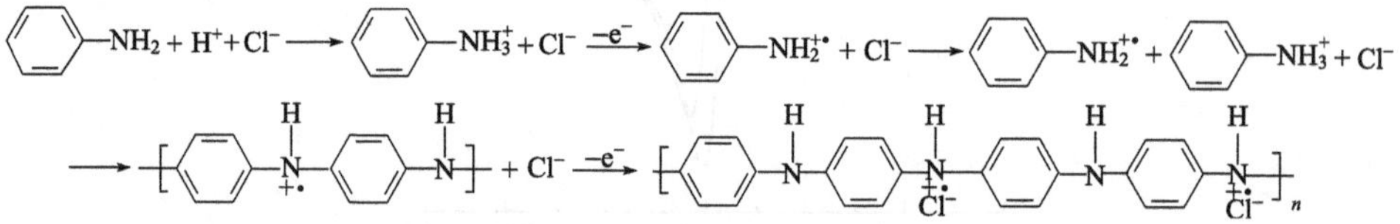

图 3.7　苯胺电化学氧化聚合机理

3.4　聚苯胺的电导率和导电机理

化学法和电化学法制得的聚苯胺的电导率通常为 5 S·cm^{-1} 左右[47]。苯胺的电化学聚合过程受聚合条件(包括电解液的酸度、电解液阴离子、温度和电极电位等)的影响，因而电化学聚合条件也影响聚苯胺的电化学氧化–还原性质和其电导率[56]。在苯胺的氟硼酸水溶液中电化学氧化聚合制得的聚苯胺的电导率约为 7 S·cm^{-1}。在 10～45℃范围内，其电导率随温度下降而下降，表现出半导体性质[57]。

在相同的酸度(pH 2)但含有不同阴离子的水溶液中合成的聚苯胺(电解液中的阴离子为制备的导电聚苯胺的对阴离子)，其电导率与掺杂的对阴离子密切相关。在 HCl/KCl 溶液中电化学聚合制备的导电聚苯胺(Cl$^-$为对阴离子)其电导率比在酒石酸、磷酸和对苯二甲酸溶液中制备的聚苯胺的电导率高 60%[58]。测定电导时的电极电位控制在 0.30 V (*vs.* SCE)，在此电位下聚苯胺处于氧化掺杂的 ES 状态。在磷酸溶液中合成的聚苯胺，当酸与苯胺的浓度比为 6 时制备的聚苯胺的电导率约为 40 S·cm^{-1}[59]，是盐酸中合成的聚苯胺电导率的 8 倍。

反式结构导电聚乙炔的导电电荷载流子是孤子(soliton)；而聚苯胺的导电电荷载流子是极化子(polaron)。正(负)极化子具有自旋，两个极化子结合在一起形成双极化子(bipolarons)，双极化子的自旋为零[29]。双极化子能转变为极化子[43]。聚苯胺的导电是通过极化子晶格实现的[60]。

在苯胺的原位 ESR-电化学聚合过程的研究中可以观察到聚苯胺的极化子和双极化子发生相互转化的现象[43]，当电位从 0 V (vs. Ag/AgCl)向正电位方向扫描到 1.07 V 时发生苯胺的电化学聚合形成导电聚苯胺。此时停止施加聚合电位后，可以发现其 ESR 信号迅速增强，这说明聚苯胺上的双极化子会自发转变为极化子。当电位下降到 0.48 V 时，聚苯胺的电位到达稳定值，这时 ESR 信号强度也几乎不变[43]。原位 ESR-电化学的实验结果证实，Pt 电极上苯胺的电化学聚合，当电位高于 0 V (vs. Ag/AgCl)时开始生成极化子，当电位高于 0.9 V 时，同时有双极化子生成。双极化子是不稳定的，而极化子是稳定的，所以，聚苯胺自由基是非常稳定的[43]。

聚苯胺的原位 ESR-电导率测量揭示了 ESR 信号强度和电导率随电位的变化，也提供了聚苯胺中存在两种不同自旋的证据[57,60,61]。在低电位下，ESR 信号强度及电导率远高于高电位下的 ESR 信号强度和电导率。前者归结于高的极化子密度，后者应该是极化子转变成了双极化子[62]。

3.5　纳米结构聚苯胺的电化学制备

纳米材料具有巨大的比表面，用纳米材料构成的电极可降低甚至防止电极的极化，这对电极反应非常有利，所以纳米材料的制备在电化学领域中非常重要。有许多因素影响纳米结构聚苯胺的电化学制备，例如苯胺单体浓度和酸浓度、支持电解质、聚合时间、电极材料、温度和聚合速率等，在这些因素中，聚合速率是最重要的因素之一。电化学制备的优点是很容易通过控制聚合电流或者是聚合电位来控制苯胺的聚合速率。同时，模板法也是制备纳米材料常用的方法。

多种模板可以用来制备纳米结构聚苯胺[63]。Zhao 等采用多孔阳极氧化铝(AAO)膜作模板，通过循环伏安法[−0.2～1.2 V (vs. Ag/AgCl)]制得有序的平均直径为 80 nm 的聚苯胺纳米纤维[64]。Choi 和 Park 使用分子模板通过循环伏安法[−0.1～0.9 V (vs. Ag/AgCl，饱和 KCl 溶液)]合成了纳米纤维和纳米环结构的聚苯胺，纳米纤维的直径约 85 nm，环的半径约 535 nm，纤维的长度约为 3.4 μm[65]。在此方法中，2-巯基苯胺(thiolated aniline)单体被作为分子模板，电解时间通过循环次数控制。

制备纳米结构聚苯胺的电化学氧化聚合方法有：循环伏安法、恒电位法和恒电流法。

1. 循环伏安法

穆绍林等采用循环伏安法制备了纳米结构聚苯胺,在相同的循环次数条件下,研究了电位扫描速率($6\ mV \cdot s^{-1}$、$12\ mV \cdot s^{-1}$、$30\ mV \cdot s^{-1}$ 和 $60\ mV \cdot s^{-1}$)对苯胺电化学聚合的影响[66]。扫描的电位范围为$-0.1 \sim 0.92\ V$ (vs. SCE)。苯胺溶液中含磺化二茂铁,它带正电荷,分子较大。在电位循环扫描时,磺化二茂铁有规律地掺杂和去掺杂,有利于聚苯胺纳米结构的形成。扫描电镜结果显示,4 种扫描速率下制得的聚苯胺均为纳米纤维,但它们的直径和长度随扫描速率的增加分别变小和变短:扫描速率为 $6\ mV \cdot s^{-1}$ 时,纤维的平均直径为 130 nm, 长度为 300 nm $\sim$ 2.6 μm;扫描速率为 $60\ mV \cdot s^{-1}$ 时,纤维的平均直径为 80 nm, 长度为 270 nm $\sim$ 1.1 μm。电解时当电位从负电位向正电位方向扫描时,Pt 片电极表面首先形成聚苯胺核,接着核生长。较低的扫描速率,有利于核的生长,导致纤维直径较粗;较高的扫描速率,有利于聚苯胺核的形成,导致纤维直径变细。X 射线衍射结果表明,聚苯胺的结晶度随纳米纤维直径的减小而有序增加。等重量的聚苯胺的 ESR 测量结果证实,ESR 信号强度随纤维直径的减小而减弱,同时 ESR 信号的峰-峰间距 ΔH_{pp} 变宽。

2. 恒电位法

在苯胺的盐酸溶液中,于外加磁场 780 mT、恒电位[$0.7\ V$(vs. SCE)]下,苯胺聚合可以得到聚苯胺纳米颗粒,其直径为 95 nm, 这些颗粒均匀地覆盖在电极铂片的表面;当无外加磁场条件下聚合,生成的聚苯胺呈片状,而且尺寸很大[67,68]。

图 3.8(a)是在含有 $0.2\ mol \cdot L^{-1}$ 苯胺和 $0.6\ mol \cdot L^{-1}\ H_2SO_4$ 的溶液中用恒电位法制得的聚苯胺膜形貌图。工作电极为石墨片,电位控制在 $0.90\ V$ (vs. SCE)。沉积在石墨片上的聚苯胺膜的表面结构由直径为 $40 \sim 74$ nm、长度为 $270 \sim 1830$ nm 的纳米纤维构成。在同样的实验条件下,沉积在电极 Pt 片上的聚苯胺膜的形貌见图 3.8(b),它的形貌类似于图 3.8(a),只是纤维更粗一些($75 \sim 130$ nm)。

Delvaux 等使用含 $0.3\ mol \cdot L^{-1}$ 苯胺和 $1\ mol \cdot L^{-1}$ HCl 的电解液,采用多孔性纳米聚碳酸酯作模板,在 $0.8\ V$ (vs. Ag/AgCl)下电解,制得了纳米结构的聚苯胺。它的电导率高于用通常方法合成的聚苯胺的电导率[69]。

3. 恒电流法

一个典型的采用恒电流制备纳米结构聚苯胺的方法是在无模板电极上于不同电流密度下进行连续电化学氧化聚合[70]。首先是在大电流密度下电解苯胺溶液,在电极表面生成聚苯胺核,用作聚苯胺进一步生长的种子。接着在较低的电流密度下继续电解,最后一步是在更低的电流密度下电解。所得的聚苯胺是纳米线,直径小于 100 nm。在离子液体存在下,电解苯胺和 HCl 的溶液,在恒电流下也可制得聚苯胺纳米纤维[71],所得纳米纤维的长度为 $50 \sim 500$ nm,直径为 $10 \sim 40$ nm。

其中，离子液体既作为支持电解质又作为掺杂剂。

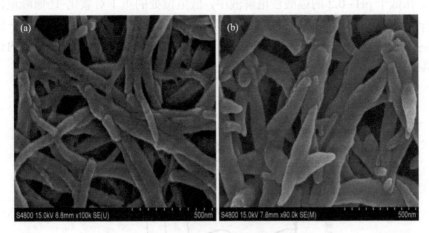

图 3.8 聚苯胺的扫描电镜形貌

(a) 聚苯胺/石墨片；(b) 聚苯胺/Pt 片

上述三种制备纳米结构聚苯胺的电化学方法共同特点是：首先要在大电流密度下，即在高的聚合速率下制备大量的聚苯胺核，这些核是聚苯胺进一步生长的种子。然后控制电解时间，就很容易制备纳米结构的聚苯胺。化学法制备纳米结构聚苯胺的原理也是这样，即首先要聚合速度快，生成大量的聚苯胺核。界面法合成纳米结构聚苯胺就是一个化学法制备纳米结构聚苯胺的例子[51]。

3.6 聚苯胺的电化学性质

3.6.1 电化学氧化-还原循环伏安特性

聚苯胺在酸性(低于 pH 2.0)水溶液中表现出可逆的氧化-还原特性，图 3.9 是氯离子掺杂的聚苯胺[PAn(Cl⁻)]在不同 pH 值盐酸(不同 HCl 浓度)溶液中的循环伏安图[34]，在–0.2~1.0 V (*vs.* SCE)电位范围内有两对氧化-还原峰。当电解液的 pH 值从 pH 2 变到 pH 1，在 0.15~0.20 V 区间的第 1 个氧化峰(及其对应的还原峰)几乎没有变化，并且到 pH –0.29(1 mol·L⁻¹ HCl)峰的位置变化也很小(稍有负移)。但是第 2 个氧化峰及其相对应的还原峰的位置却强烈依赖于电解液的 pH 值，这对氧化-还原峰的峰电位随 pH 的增加明显向负电位方向移动[34](图 3.9)。MacDiarmid 等发现，聚苯胺高电位处的第 2 对氧化-还原峰 $E_{1/2}$[(氧化峰电位+还原峰电位)/2]在 pH –0.20~pH 4.0 范围内与 pH 值呈线性关系，斜率为–120 mV/pH unit*[34]。这一结果表明，聚苯胺电化学活性的电位范围随电解液 pH 值的升高而缩小。在低于 pH –0.2 的强酸性电解液中，低电位处的第 1 对氧化-还原峰电位也会随 pH 值的升高而负移（随酸度的进一步增强而正移，图 3.10）。这时氧化-还原峰 $E_{1/2}$ 在 pH –0.20（1.0 mol·L^{-1} HCl）至 pH –2.12（6.0 mol·L^{-1} HCl）范围内也与 pH 值呈线性关系，斜率为 –58 mV/pH unit[34]。

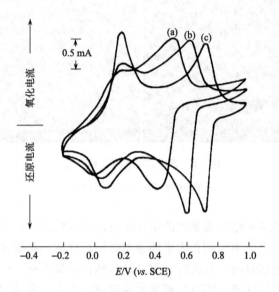

图 3.9　PAn（Cl$^-$）在不同 pH 值盐酸、NaCl 水溶液（Cl$^-$ 浓度保持 1 mol·L^{-1}）中的循环伏安图
(a) pH 2.0；(b) pH 1.0；(c) pH –0.2

当电位低于 –0.2 V（vs. SCE）时，聚苯胺被完全还原，完全还原型的聚苯胺 [leucoemeraldine base，LB，图 3.4（c）]是绝缘体[58]。在 pH 6 的水溶液中，聚苯胺的电化学活性和导电性几乎消失，这是由于掺杂态导电聚苯胺只能在酸性条件下才能稳定存在，在中性水溶液中将会发生质子酸的脱掺杂[图 3.4（b）]，成为 EB 结构聚苯胺，从而失去导电性和电化学活性。

图 3.11 是聚苯胺在 0.2 mol·L^{-1} H$_2$SO$_4$（pH 0.41）及 pH 4.0、pH 5.0 的 0.25 mol·L^{-1} Na$_2$SO$_4$ 水溶液中的循环伏安图。图中曲线 1 是在 0.2 mol·L^{-1} H$_2$SO$_4$ 水溶液中的循环伏安图。很明显，在图上有两对氧化-还原峰：第 1 对氧化-还原峰的氧化电位为 0.18 V，它的相应还原峰的电位为 –0.04 V；第 2 对氧化-还原峰的氧化电位为 0.67 V，它的还原峰为 0.59 V。在 –0.2 V 处，聚苯胺处于还原态，即无色翠绿亚胺碱[LB，图 3.4（c）]。所以，循环伏安图上的第 1 个氧化峰（0.18 V）归结于还

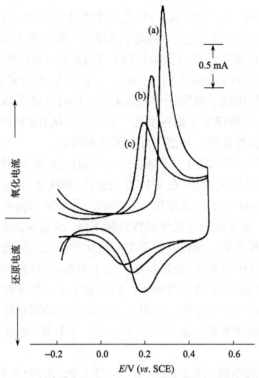

图 3.10　PAn(Cl⁻)在强酸性电解液中的第 1 对氧化–还原峰的循环伏安图

电位扫描速率 50 mV·s⁻¹。电解液 pH 值：(a) pH −2.12 (6.0 mol·L⁻¹ HCl)；(b) pH −1.05 (3.0 mol·L⁻¹ HCl)；(c) pH −0.2 (1.0 mol·L⁻¹ HCl)

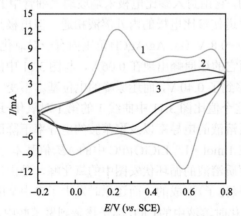

图 3.11　电解液 pH 值对聚苯胺循环伏安图的影响

电位扫描的速率为 60 mV·s⁻¹。曲线 1~3 对应的 pH 依次为 0.41，4.0 和 5.0

原态聚苯胺氧化成极化子，这已被 ESR-电化学测试证实[62]。在此氧化过程中聚苯胺主链被氧化，失去电子带正电荷，阴离子从溶液中掺杂进入聚苯胺成为导电聚苯胺的对阴离子，这种变化已被石英晶体微天平(QCM)-循环伏安实验所证实[72]。当电位从 0.18 V 继续向正电位方向扫描时，在 0.67 V 处出现了第 2 对氧化-还原峰，这是极化子被氧化成了双极化子的结果[62]，同时伴随着质子从聚苯胺进入溶液，QCM-循环伏安实验证实了这种变化[72]。当电位从 0.8 V 向负电位扫描时，氧化掺杂态导电聚苯胺被还原，导致了相应的还原峰。

图 3.11 中的曲线 2 和曲线 3 是聚苯胺分别在 pH 4.0 和 pH 5.0 的 0.25 mol·L^{-1} Na$_2$SO$_4$ 水溶液中的循环伏安图。在 pH 4.0 的溶液(曲线 2)中，仅留下一个氧化峰，它的电位明显地随 pH 升高向正电位方向移动，导致聚苯胺电化学活性下降，当 pH 5.0 时(曲线 3)，聚苯胺的电化学活性继续下降，这是因为在高的 pH 溶液中很容易发生质子酸的脱掺杂，导致其电导率和电化学活性的降低。

聚苯胺在水溶液中的氧化-还原反应有质子参加，所以它的电化学活性受质子浓度的影响。有机电解质溶液不含质子，但实验证实，聚苯胺在有机电解质中仍保持较高的电化学活性和稳定性，所以可用作锂电池的阴极材料，构成可充放电的电池[73-76]。聚苯胺在有机电解质溶液中只有一对氧化-还原峰[77]，与在质子酸溶液中有所不同。

图 3.12 为聚苯胺电极在 0.5 mol·L^{-1} LiClO$_4$/PC 溶液(有机电解液)中的循环伏安图。这里的聚苯胺电极是在含苯胺的硫酸水溶液中进行苯胺的电化学聚合，在 Pt 片电极形成的聚苯胺膜电极。参比电极是 Ag/AgCl 电极(饱和 KCl 溶液)，该参比电极是特制的，它由封入参比电极末端玻璃毛细管中的 Pt 丝构成。Pt 丝与玻璃之间形成的微通道使参比电极的内外溶液相通，但电极是不会漏液的。从图 3.12 可看出，在–0.2～0.8 V (vs. Ag/AgCl)范围内有一对氧化-还原峰，在 0.40 V 出现一个氧化峰，而它的还原峰出现在 0.06 V，与图 3.11 中的曲线相比，它的氧化峰电位从 0.18 V 移到了 0.40 V，而还原峰的电位基本不变。图 3.12 中两峰电位差 ΔE_p 是 0.34 V，这个值比图 3.11 中曲线 1 的第 1 对氧化-还原峰的 ΔE_p 要大。这是由于有机电解质溶液的电导率以及聚苯胺的电导率下降而引起的。图 3.12 中的 ΔE_p 值与聚苯胺在 1 mol·L^{-1} LiClO$_4$/PC 中的 ΔE_p 值基本一致[77]。

出现在有机电解质溶液的循环伏安图中的氧化峰，是由还原态的聚苯胺氧化成自由基阳离子(正极化子)形成的，而还原时发生了自由基阳离子可逆地被还原成还原态聚苯胺。氧化时溶液中的 ClO$_4^-$ 离子掺杂到聚苯胺中，它稳定了自由基阳离子。当电位从 0.4 V 继续向正电位方向扫描时，不像在水溶液中那样出现第 2 对氧化-还原峰。这是因为在高电位下的第 2 对氧化-还原峰是由质子引起的，所以在有机电解质溶液中这对氧化-还原峰消失，其结果是聚苯胺的电化学活性的电位范围缩小。

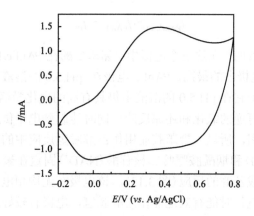

图 3.12 聚苯胺在 0.5 mol·L^{-1} LiClO$_4$/PC 溶液中的循环伏安图

电位扫描速率为 60 mV·s^{-1}

3.6.2 对阴离子的影响

聚苯胺中的掺杂阴离子称为对阴离子。聚苯胺的共轭主链带正电荷,掺杂的阴离子带负电荷,这使整个聚苯胺分子呈电中性。这意味着对阴离子的价数、电负性和离子的尺寸都会对聚苯胺的电导率和电化学性质产生影响。

在 0.2 mol·L^{-1} 苯胺和 1.2 mol·L^{-1}、3.4 mol·L^{-1}、6.8 mol·L^{-1} H$_3$PO$_4$ 溶液中,电化学合成的聚苯胺其电导率随酸浓度的增加而增加,最大值为 3.3 S·cm^{-1};在上述溶液中合成的聚苯胺在 pH 4.0 的 0.4 mol·L^{-1} Na$_2$SO$_4$ 溶液中、于 60 mV·s^{-1} 的扫描速率下仍有一对氧化-还原峰出现在循环伏安图中[78];而在 HCl 或 H$_2$SO$_4$ 溶液中合成的聚苯胺,在 pH 4 时,这对氧化-还原峰几乎消失。这是因为在磷酸溶液中聚合得到的聚苯胺掺杂的对阴离子为磷酸根离子,当聚苯胺发生氧化-还原反应时,磷酸根对阴离子在电极表面起到了调节 pH 的作用。

3.6.3 聚苯胺的电催化

穆绍林等使用循环伏安法、恒电位法和恒电流法研究了邻苯二酚在 Pt、PAn/Pt 和磺化聚苯胺(PAnFc/Pt)电极上的氧化情况[79],研究了聚苯胺对邻苯二酚氧化的催化活性(其中,PAnFc 是在苯胺、磺化二茂铁和硫酸溶液中合成的)[80]。在 pH 5 的 0.2 mol·L^{-1} 邻苯二酚、0.1 mol·L^{-1} 柠檬酸钠和 0.5 mol·L^{-1} NaCl 溶液中,循环伏安图上出现了一个氧化峰,电位在 0.27~0.35 V (vs. SCE) 之间。这说明邻苯二酚在这三个电极上都能发生氧化反应,根据循环伏安图上的氧化峰电流值,PAnFc/Pt 的催化活性(峰电流)是 Pt 电极上的 10 倍,是 PAn/Pt 电极上的 4.7 倍。邻苯二酚在这三个电极上的恒电位氧化的氧化峰电流值的大小顺序是[79]

$$I_{PAnFc/Pt} > I_{PAn/Pt} > I_{Pt}$$

恒电流氧化的结果表明，在这三个电极中，邻苯二酚在 PAnFc/Pt 电极上的氧化电位最低，而在 Pt 电极上的最高。PAnFc 电极在 pH 5.0 的溶液中对于邻苯二酚高的催化活性，是由于它在 pH 5.0 的溶液中仍具有高的电化学活性[80]。

聚苯胺能发生可逆的氧化和还原反应，同时能起到电子传递以及电极与溶液之间的质子交换作用，所以，聚苯胺能用作乙醇脱氢反应中的电子传递介质[81]。首先将脱氢酶(ADH)和烟酰胺嘌呤二核苷酸(NAD⁺)固定在聚苯胺膜中，用此电极催化乙醇脱氢生成乙醛的反应(图 3.13)。该电极在无均相电子传递介质存在的条件下，在较低的电位时能有效地催化乙醇脱氢，电极有较好的操作稳定性并防止了裸电极被溶液玷污。

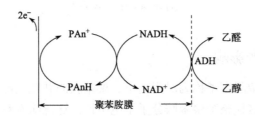

图 3.13　聚苯胺酶电极上乙醇催化脱氢反应示意图

聚苯胺也能有效地催化抗坏血酸[11,82]、过氧化氢[83]和没食子酸[84]等的电化学氧化反应，对这些反应的催化特性与上述对于邻苯二酚的催化氧化特性相似。甲醇[85,86]和肼[87]也能被 PAn/Pt 复合电极催化氧化，该复合电极的催化活性高于 Pt 片电极，这是由于 PAn 和 Pt 的协同催化效应。

亚硝酸盐有毒，对人体健康有害，所以，研究亚硝酸盐的还原具有重要意义。聚苯胺/碳纳米管复合物[88]和多孔纳米聚苯胺[89]能增强聚苯胺对亚硝酸盐的还原。

在上述电催化反应中，磺化聚苯胺(PAnFc)能直接催化 H₂O₂ 的氧化，这在生物化学中有着重要意义，因为很多酶催化反应都产生 H₂O₂，例如葡萄糖、半乳糖、尿酸、黄嘌呤、硫脲和肌氨酸等的酶催化反应。利用酶催化反应构成的生物传感器检出这些物质的浓度都是基于 H₂O₂ 氧化产生的电信号。PAnFc 催化氧化 H₂O₂ 的过程中，PAnFc 中的磺化二茂铁起到了传递电荷的作用，加速了 H₂O₂ 的氧化。

3.6.4　聚苯胺的电化学原位吸收光谱和电致变色效应

聚苯胺在电化学氧化-还原过程中伴随着吸收光谱的变化和颜色的变化，这称为电致变色效应。因在不同的电位下，聚苯胺处在不同的氧化-还原态，而不同的氧化-还原态具有不同的吸收光谱，这是电致变色的原因。图 3.14 显示了 PAn(Cl⁻)

在 1 mol·L^{-1} HCl 溶液中电化学氧化-还原过程中对应的聚苯胺颜色变化[34]。可以看出，聚苯胺膜的颜色随着电位的变化会有显著的变化：在–0.2 V 时是完全还原态，呈黄色；0.2～0.5 V 时是中间的氧化态(ES 导电态)，呈绿色；随着聚苯胺被进一步氧化，其颜色将变为蓝色，最后，被完全氧化，呈紫色。

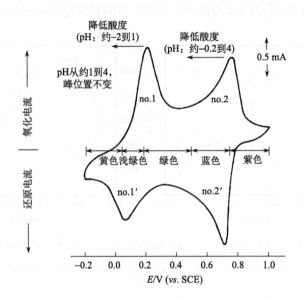

图 3.14 PAn(Cl$^-$)在 1 mol·L^{-1} HCl 溶液中电化学氧化-还原过程的循环伏安图和对应的聚苯胺颜色的变化

在 0.1 mol·L^{-1} H$_2$SO$_4$ 电解液中、Pt 片电极上电化学聚合制备的聚苯胺(PAn)膜，其颜色随电位也有类似的变化：电位在 0 V (*vs.* SCE)时，PAn 膜呈透明的黄色；电位在 0.6 V 时，膜变成蓝色[31]。聚苯胺的电致变色均须在酸溶液中进行，这是由于聚苯胺的电化学活性随 pH 的升高而下降，所以电解液 pH 值会影响它的电致变色性能。

电致变色的研究通常是将苯胺聚合在半导体透明电极上，如铟掺杂的氧化锡(indium-tin oxide，ITO)或用氟掺杂的氧化锡(fluorine-tin oxide，FTO)，用紫外-可见光谱仪测定它的吸收光谱。膜的厚度会影响聚苯胺的电致变色响应时间，所以膜的厚度以较薄为宜。图 3.15(a)为聚苯胺/ITO 电极(沉积在 ITO 透明电极上的聚苯胺膜)在 pH 3.0 的 0.25 mol·L^{-1} Na$_2$SO$_4$ 溶液中的吸收光谱随电位的变化。当电位控制在–0.2 V (*vs.* Ag/AgCl，饱和 KCl 溶液)，聚苯胺处于还原态，膜无色(曲线 1)，在可见区几乎没有吸收峰出现。当电位控制在 0.10 V 时，聚苯胺被氧化到对阴离子掺杂状态，主链上存在正极化子，在近红外区出现吸收峰，吸收峰的 λ$_m$ 出现在 860.5 nm，膜呈现淡黄绿色(曲线 2)。电位在 0.30 V 时，膜近红外吸收进一步增强，λ_m 为 820 nm，膜呈现黄绿色（曲线 3）。 电位在 0.50 V 时，λ_m 为 744 nm，膜呈绿色（曲线 4）。电位在 0.60 V 时，λ_m 在 581 nm，膜呈蓝色（曲线 5）。电位在 0.70 V 时，λ_m 是 530 nm，膜呈现淡紫色（曲线 6）。图 3.15（a）结果表明，吸收峰的位置随电位发生有规律而明显的变化，所以膜的颜色也随电位的变化而变化。这与聚苯胺在 pH 3.0 的溶液中具有很高的和可逆的电化学活性密切相关。

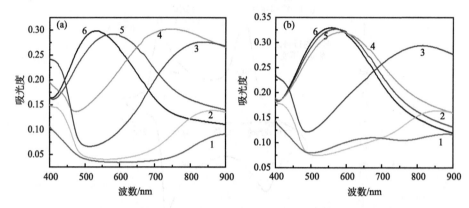

图 3.15　聚苯胺在 0.25 mol·L^{-1} Na$_2$SO$_4$ 中不同电位下的可见吸收光谱

(a) pH 3.0；(b) pH 4.0。曲线 1～6 对应电位依次为–0.20 V，0.10 V，0.30 V，0.50 V，0.60 V，0.70 V

图 3.15（b）是聚苯胺在 pH 4.0 的 0.25 mol·L^{-1}Na$_2$SO$_4$ 溶液中的吸收光谱随电位的变化。当电位从–0.20 V（曲线 1）增加到 0.50 V（曲线 4）时，吸收峰的位置随电位升高向短波方向移动，之后，电位继续升高，吸收峰的位置变化甚微，相应地，膜的颜色变化不明显。这是因为聚苯胺在此 pH 值的电解液中，循环伏安图上仅有一对氧化-还原峰，而且两峰之间的距离非常宽，这意味着聚苯胺的电化学氧化-还原的可逆性受到严重影响，使它的电化学活性明显下降。研究表明，若要得到明显的电致变色，溶液的 pH 值应控制在 3.0 以下。

穆绍林等测量了聚苯胺在 pH 6.4 的 0.2 mol·L^{-1}磷酸二氢钠溶液中、–0.20～0.60 V（$vs.$ SCE）电位范围内不同电位下的可见吸收光谱[90]。在–0.20 V 时，吸收峰的 λ_m 为 840 nm。随着电位从–0.20 V 向正电位方向变化，吸收峰的 λ_m 值向短波方向移动，在 0.60 V 时，λ_m 为 616 nm，所以膜的颜色随电位变化是非常明显的，即在此 pH 值的磷酸氢钠溶液中聚苯胺具有很好的电致变色效应，这与在 pH 3.0 的 Na$_2$SO$_4$ 溶液中的可见谱[图 3.15（a）]完全一样，这是因为磷酸氢钠溶液是能够保持溶液中质子浓度稳定的缓冲溶液，聚苯胺氧化时释放出的质子和还原时所需的质子能被电极表面的缓冲液中的质子及时调节。在 pH 4.57 的磷酸氢钠溶液中，当聚苯胺的电位在 0.00～0.60 V 变化时，吸收光谱随电位有序地变化：在

0.00 V 时，吸收峰的 λ_m 在 900 nm；在 0.60 V 时，λ_m 在 616 nm。在此光谱图上，出现了一个等吸收点，它对应的波长在 443 nm，即所有的光谱线在此相交[90]。等吸收点的出现，标志着聚苯胺中有两个发色基团，并且它们可以互变。

离子液体中合成的聚苯胺在 pH 5.0 的 Na_2SO_4 和 20%(v/v) 离子液体水溶液中的可见光谱随电位变化结果表明，当电位从 –0.10 V 变到 0.70 V ($vs.$ Ag/AgCl，饱和 KCl 溶液)时，吸收峰的 λ_m 从 890 nm 移到 509 nm，膜的颜色变化很明显[91]。比通常的聚苯胺在相同溶液和相同电位范围内的可见光谱随电位的变化要灵敏得多；在离子液体中合成的聚苯胺经 200 次循环后，仍保持着很好的电致变色性。

李永舫等[92]测量了沉积在 ITO 透明电极上的硝酸根掺杂导电聚苯胺 [PAn(NO_3^-)]在 pH 1.5、1 mol·L^{-1} $NaNO_3$ 水溶液中不同电位下的吸收光谱(图 3.16)，据此推测了聚苯胺电化学氧化-还原过程的机理。图 3.16 表明，在电位低于 –0.3 V ($vs.$ SCE)时，聚苯胺从 500 nm 一直到近红外区都没有吸收，其吸收峰在短于 400 nm 的紫外区。电位从 –0.3 V 升高到 0.2 V，在 800 nm 之后的近红外区出现吸收峰，并且随着电位的提高该近红外区吸收逐渐增强。但是，当电位超过 0.2 V 之后再进一步提高电位，近红外吸收开始减弱，同时在 600～700 nm 之间出现了一个新的吸收峰，到 0.7 V 时近红外吸收几乎消失，在 600 nm 左右出现一个强的吸收峰。他们根据吸收光谱随电位的变化以及在不同电位下碱处理前后(碱处理会引起聚苯胺的质子酸脱掺杂)吸收光谱的变化和电化学循环伏安图，推测了聚苯胺在酸性水溶液中的电化学氧化-还原反应机理[92]：在 –0.4 V，聚苯胺处于电导率

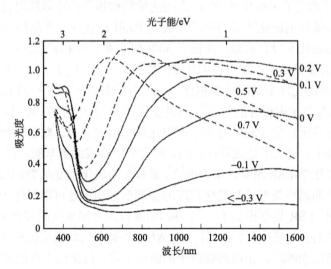

图 3.16 PAn(NO_3^-)在 pH 1.5、1 mol·L^{-1} $NaNO_3$ 水溶液中不同电位下的吸收光谱

图中曲线上的数字为控制电位值，参比电极为 SCE

062 | 导电聚合物电化学

很低的完全还原状态(leucoemeraldine base，LB)；从–0.4 V 到 0.28 V，还原态聚苯胺被氧化到高导电态的中间氧化态(emeraldine salt，ES),并伴随 NO_3^- 对阴离子掺杂；从 0.28 V 到 0.48 V，中间氧化态聚苯胺被进一步氧化并伴随 NO_3^- 对阴离子的进一步掺杂；从 0.48 V 到 0.7 V，氧化掺杂态的聚苯胺被进一步氧化到低导电态的完全氧化态，并伴随着 H^+ 和 NO_3^- 对阴离子的脱掺杂。

3.6.5 聚苯胺的原位电化学-电子自旋共振谱

电子自旋共振(ESR)测试结果证实，聚苯胺中含有自由基。从物理学的角度看，不成对电子的密度随温度而变化。所以，测定 ESR 信号强度与温度之间的关系能提供聚苯胺的导电机理信息。从电化学角度看，聚苯胺的自由基密度与它的氧化、还原程度有关，这涉及聚苯胺的分子结构变化。为了改变聚苯胺的氧化-还原态，需要控制聚苯胺的电极电位。不同的电位，就有不同的自由基密度。这就需要测定不同电极电位下的 ESR 谱，即原位电化学-ESR 谱。

无序的导电聚合物总的顺磁的磁化率通常表达为居里(Curie)和泡利(Pauli)两项磁化率的总和。

$$\chi_{总} = \chi_{Pauli} + \chi_{Curie} = \chi_{Pauli} + C/T$$

其中，C 是常数；Curie 磁化率与温度有关，它随温度的升高而下降；Pauli 磁化率与温度无关。

Heeger 等测定了 300 K 和 50 K 之间的樟脑酸掺杂的聚苯胺磁化率[93]，在此温度区间，聚苯胺的磁化率是与温度无关的 Pauli 磁化率。在高的温度下，Curie 磁化率对顺磁磁化率没有贡献，在低于 50 K 时，观察到 Curie 磁化率，这说明费米(Fermi)能级被单电子占据。说明在 50 K 时，电子-电子的相互作用能与近金属-绝缘体过渡的无序金属的热能相近。去质子化聚苯胺(即 EB)的 ESR 测量是在 15~475 K 温度范围内进行的[94, 95]。当温度从 75 K 上升到 475 K 时，去质子化聚苯胺的磁化率显示出类 Pauli 行为，即磁化率与温度无关。数据分析表明，在去质子化聚苯胺中，极化子是成对存在的。高氯酸中合成的聚苯胺，它的氧化程度、湿度及原位电化学-ESR 测量结果表明[96]，聚苯胺的氧化程度从 7%上升到 36%时，正电荷载流子的湿度随聚苯胺氧化程度的加剧而增加，这可用极化子晶格模型的结构予以证明。ESR 数据提供了 Curie 和 Pauli 自旋之间变换的强有力的证据，并揭示了聚苯胺的自旋密度、ESR 信号的 ΔH_{pp} 与聚苯胺的氧化程度之间的关系。当氧化程度超过 36%时，正电荷载流子的湿度下降，这是由于翠绿亚胺盐(ES)转变成翠绿亚胺碱(EB)。Long 等测定了不同掺杂剂(萘磺酸、水杨酸和钼酸)和不同掺杂程度的聚苯胺的磁化率与温度之间的关系。结果表明，在较低温度下的磁化率数据不能简单地用类 Curie 磁化率来描述，而在高温下的磁化率数据也不能简单地用类 Pauli 磁化率来解释，例如，顺磁磁化率随温度的下降而慢慢降低，这暗示着极化子与无自旋的双极化子共存，以及改变温度或掺杂程度可能会导致双极化子的形成。由测量结果还发现，直流磁化率强烈地依赖于外加磁场、掺杂剂种类和掺杂程度[97]。

原位电化学-ESR 谱的测量装置示意图见图 3.17[98]。由于 ESR 仪的测量窗口相当小，所以需要一个小型的电解池。该电解池由一根玻璃管构成，上部的外径为 5.9 mm，下部的直径为 3.7 mm。参考电极为 Ag/AgCl(饱和 KCl 溶液)电极。

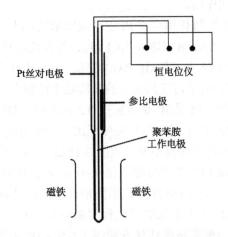

图 3.17　原位电化学-ESR 测量装置示意图

Glarum 和 Marshall 测量了聚苯胺在 0.5 mol·L^{-1} H$_2$SO$_4$ 溶液中的原位电化学-ESR 谱，结果显示，ESR 强度的最大值出现在 0.2 V (*vs.* SCE)[99]，这与它的循环伏安图上的第 1 个氧化峰电位相同。在此电位下，聚苯胺从绝缘体转变成导体；而在第 2 个氧化峰电位 0.8 V 处，ESR 信号强度明显下降，这表明聚苯胺从导体转变为绝缘体[99]。Yang 和 Lin 测定了不同的电位下，聚苯胺在 pH 0.49、pH 2.09、pH 3.96 和 pH 9 的溶液中的 ESR 谱[100]，聚苯胺的 g 值为 2.0036，它与电位无关。ESR 谱的峰与峰之间的线宽，即 ΔH_{pp} 值，随电位而变化。自旋密度的最大值所对应的电位与第 1 个氧化峰电位相同。根据实验结果，作者将聚苯胺的导电性归结于高速移动的自由基阳离子，即极化子，它们存在于循环伏安图中的第 1 个和第 2 个氧化-还原过程中[100]。Lapkowski 和 Geniés 报道了聚苯胺在四氟硼酸、高氯酸、硫酸、盐酸溶液中的循环伏安原位电化学-ESR 谱[101]，ESR 信号的强度随电位而变化，其结果是出现最强 ESR 信号的峰电位非常接近循环伏安图上的第 1 对氧化-还原峰的氧化峰电位。ESR 谱的强度随电位变化可用 Curie 自旋、Pauli 自旋和高电导率聚合物中的金属岛屿来解释。循环开始时 (–0.2 V, *vs.* Ag 丝) 形成

Curie 自旋,随后形成 Pauli 自旋。ClO_4^- 和 Cl^- 阴离子对形成 Pauli 自旋有利,其次是 BF_4^- 阴离子,SO_4^{2-} 和 HSO_4^- 阴离子仅能形成 Curie 自旋[101]。离子影响自旋是由于溶剂化的高聚物链的正电荷与溶液中溶剂化的阴离子相互作用的结果。由 0.2 mol·L^{-1} 苯胺分别溶在 1 mol·L^{-1} HCl、$HClO_4$ 和 H_2SO_4 中组成的三种电解液,用电位扫描法合成聚苯胺,使用 ESR 和循环伏安法研究掺杂阴离子的浓度对聚苯胺的顺磁性影响,聚苯胺顺磁性的变化与掺杂阴离子的浓度有关[102]。从所得的 ESR 谱和自旋密度-电位之间的关系,可认为阴离子浓度对聚合物链上的正电荷形成起到了非常重要的作用。

用界面聚合法将苯胺氧化聚合在 Pt 上形成聚苯胺,以 Pt(PAn/Pt)作为工作电极,铂丝为辅助电极,Ag/AgCl(饱和 KCl 溶液)作参比电极。为了方便,将界面聚合法制得的聚苯胺用 IP-聚苯胺(IP-PAn)表示。原位电化学-ESR 测量所用的电解池如图 3.17 所示[98]。电子自旋共振仪的微波功率控制在 2.0 mW,测量电位范围为$-0.10 \sim 0.80$ V。图 3.18 是 IP-聚苯胺在 0.2 mol·L^{-1} HCl 溶液中的 ESR 谱随电位的变化[98]。图 3.18 中的 ESR 信号强度正比于不成对电子密度,因 Pt 丝上的聚苯胺的重量在测量过程中保持不变。从图 3.18(a)~(c)可以看出,谱线由对称的 ESR 信号构成。ESR 信号的强度随电位从-0.10 V 上升到 0.30 V 而迅速增强,并在 0.30V 处达到最大[图 3.18(d)],之后随电位的继续升高而下降,直至电位上升到 0.80 V。前者是由于聚苯胺的氧化程度随电位上升而增强,导致不成对电子密度增加。这是因为聚苯胺循环伏安曲线上(图 3.19 曲线 1),第 1 个氧化峰电位出现在 0.23 V (*vs*. SCE),这个值接近于 Ag/AgCl(饱和 KCl 溶液)电极的电位 (0.30 V)。出现在图 3.18(d)中的 ESR 信号的最大值电位比通常合成的聚苯胺的电位要正[99,100]。当电位高于 0.30 V 时,ESR 信号强度先以较快速率下降,随后这种下降的趋势变慢,直到 0.80 V,在此电位范围内,聚苯胺中的极化子转变成双极化子。

ΔH_{pp} 值随电位的变化情况见图 3.20。首先,ΔH_{pp} 随电位的升高而下降,在 0.30 V 处,ΔH_{pp} 值达到最小值,在此电位下,聚苯胺表现出最高的 ESR 信号强度。当电位从 0.30 V 升高到 0.60 V,ΔH_{pp} 随电位的升高而增加,在 0.60 V 处,ΔH_{pp} 出现了最大值(这是由于 ESR 信号强度下降所致),但这个最大值仍低于-0.10 V 时的 ΔH_{pp} 值。当电位从 0.60 V 上升到 0.80 V 时,ΔH_{pp} 再次出现下降,这可能是由于聚苯胺在酸溶液和高电位下,Curie 自旋行为逐渐转变为 Pauli 自旋行为[103]。较高的 Pauli 顺磁化率通常被推断为较多的非定域极化子和移动的 Pauli 自旋数存在于聚苯胺中[104]。所以,当电位从 0.60 V 上升到 0.80 V 时,ΔH_{pp} 值下降的原因可能是由于较多的非定域极化子的形成。在$-0.10 \sim 0.80$ V 电位范围内,聚苯胺的 g 值为 2.0056,它不随电位而变化。

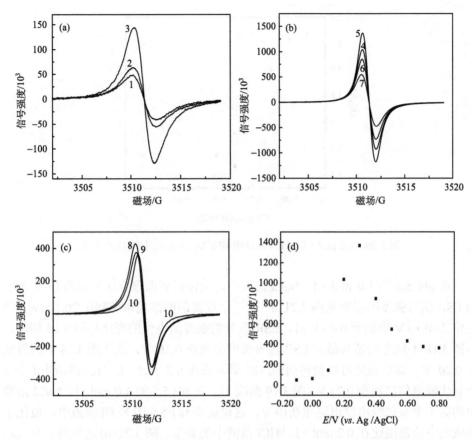

图 3.18　电位对界面聚合法合成的聚苯胺（IP-PAn）ESR 信号的影响

(a~c) ESR 谱；(d) 信号强度-电位图。曲线 1~10 对应电位依次为–0.10 V，0.00 V，0.10 V，0.20 V，0.30 V，
0.40 V，0.50 V，0.60 V，0.70 V 和 0.80 V

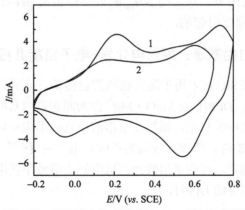

图 3.19　界面聚合法合成的 IP-PAn 循环伏安图

曲线 1：0.2 mol·L^{-1} HCl 溶液；曲线 2：1.0 mol·L^{-1} NaCl 溶液。pH=5.5

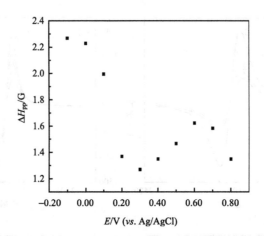

图 3.20 0.2 mol · L^{-1} HCl 溶液中 IP-PAn 的 ΔH_{pp} 与电位的关系

在 pH 5.5 的 1.0 mol · L^{-1} NaCl 溶液中，电位对界面聚合法制得的 IP-聚苯胺的 ESR 信号强度的影响见图 3.21 (a~c)[98]。仪器的微波功率控制在 20.1 mW。当电位从 -0.10 V 增加到 0.40 V 时，ESR 信号的强度随电位的变化与图 3.18 相似，与图 3.18 不同之处是其最大 ESR 信号强度出现在 0.10 V，这比图 3.18 中的值低了 0.20 V。该结果是可以预料到的：IP-聚苯胺在 0.2 mol · L^{-1} HCl 溶液中的第 1 个氧化峰电位出现在 0.23 V（图 3.19 曲线 1），在 pH 5.5 的 1.0 mol · L^{-1} NaCl 溶液中的第 1 个氧化峰电位出现在 0.10 V，这说明在 pH 5.5 的 NaCl 溶液中，极化子形成的电位范围比在 0.2 mol · L^{-1} HCl 溶液中的要窄。图 3.21 (d) 是界面聚合法制备的 IP-聚苯胺在 pH 5.5 的 1.0 mol · L^{-1} NaCl 溶液中的电位对 ΔH_{pp} 的影响。图 3.21 (d) 与图 3.20 之间的差异是最小的 ΔH_{pp} 值的电位从图 3.20 的 0.30 V 移到了图 3.21 (d) 的 0.10 V。这说明 ΔH_{pp} 的最小值也与 pH 有关。该差异是由聚苯胺不同的质子化程度引起的。

3.6.6 聚苯胺作自由基源：原位电化学-电子自旋共振谱

电子自旋共振 (ESR) 技术用于测定物质的自由基，研究自由基的性质。通常采用二苯间三硝基肼 (DPPH) 或 MgO · Mn^{2+} 作为测定自由基的参考标准。聚苯胺含有自由基，在空气中很稳定，虽然在水溶液中它的不成对电子密度随 pH 升高而下降，但在 pH≤8 时，仍保持较高的不成对电子密度[105]。另外，聚苯胺制备方便，价格便宜且稳定，可在水溶液和有机电解质溶液中使用。所以可用聚苯胺作自由基源来代替昂贵的 DPPH。

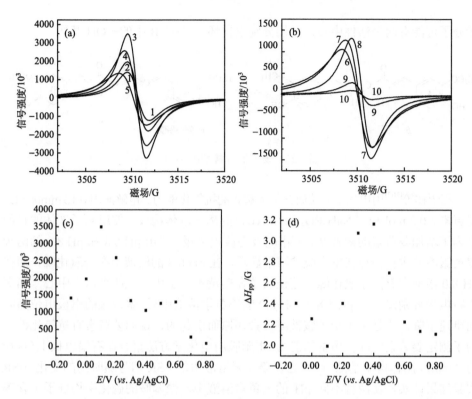

图 3.21 (a、b) 电位对界面聚合法合成的 IP-PAn ESR 信号的影响；(c) ESR 信号强度随电位的变化图；(d) ΔH_{pp} 与电位的关系

对于图 (a) 和图 (b)：$1.0\ mol \cdot L^{-1}\ NaCl$ 溶液，pH=5.5。曲线 1~10 对应电位依次为–0.10 V，0.00 V，0.10 V，0.20 V，0.30 V，0.40 V，0.50 V，0.60 V，0.70 V，0.80 V

　　抗氧化剂是生物化学中的一类重要化合物，它们包含在很多植物中。抗氧化剂起到清除自由基的作用，所以研究抗氧化剂清除自由基的能力就显得非常重要和特别有意义。电化学方法经常用来研究抗氧化剂的抗氧化能力，其原理是根据抗氧化剂氧化电位的高低来确定。电化学方法具有快速、正确和无需贵重仪器等优势，但单独使用电化学方法不可能直接判断清除的是否是自由基，所以较好的方法是将电化学方法和 ESR 技术联合使用来研究抗氧化剂的抗氧化活性和清除自由基的能力。

　　姜黄素是一种从姜黄属植物中提取的黄色色素，被广泛用作食物添加剂。姜黄素能够作为抗氧化剂是由于连接到苯环上的羟基的原因。姜黄素能抑制和清除活性氧、羟基自由基和二氧化氮自由基。抑制和清除自由基是抑制癌的出现和生长的主要策略，与人体健康紧密相关。姜黄素在溶液中存在酮-烯醇互变异构（图 3.22），与 pH 有关。在碱性溶液中姜黄素呈烯醇式。根据理论计算[106]，姜黄素分子可能有两个活性中心，它们分别来自环 A 和环 B 中的—OH 基团。

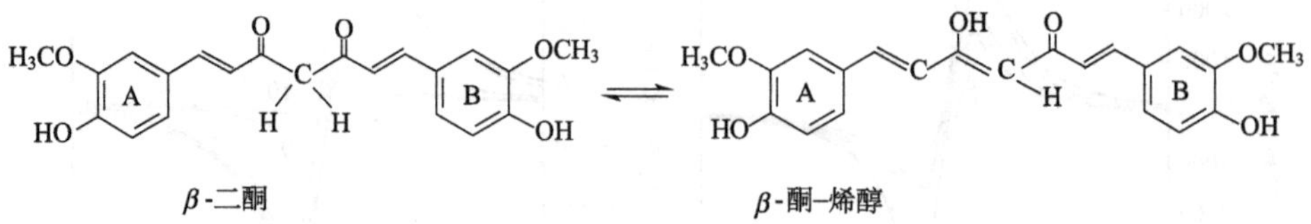

β-二酮 ⇌ β-酮–烯醇

图 3.22　姜黄素的酮–烯醇互变

穆绍林等[107]用电化学方法研究了姜黄素的抗氧化能力。电解液由 0.12 mmol·L^{-1} 姜黄素、0.2 mol·L^{-1} NaH$_2$PO$_4$ 和 8%(v/v) 的离子液体构成。使用离子液体的目的是为了增加姜黄素的溶解度。工作电极为玻碳电极，选用 pH 6.8 和 pH 8.0 的两种姜黄素溶液进行循环伏安实验。结果显示，在 pH 6.8 的溶液中有一氧化峰，而在 pH 8.0 溶液中有两个氧化峰。这证实了在姜黄素分子中存在两个活性中心。当聚苯胺电极分别浸入到 pH 6.8 和 pH 8.0 的姜黄素溶液中后，聚苯胺的电极电位随时间迅速下降，这是由于聚苯胺被姜黄素还原而引起的，说明姜黄素有抗氧化性。为了测定姜黄素清除自由基的能力，将苯胺用电化学方法聚合在石墨电极上(直径约 7 mm)，用作自由基源，研究它在姜黄素溶液中的 ESR 信号随时间的变化。ESR 实验结果证实，在两种不同 pH 的姜黄素溶液中，聚苯胺的磁化率均低于不含姜黄素的两个相应的 pH 溶液中的磁化率[107]。这说明，姜黄素不但具有抗氧化能力，而且能消除自由基。不过，ESR 结果显示，姜黄素的抗氧化能力和清除自由基的能力较弱。

3.7　苯胺共聚物的电化学制备和电化学性质

如前所述，聚苯胺具有较高的电导率和高密度的自由基、快速的电致变色性、可逆的电化学氧化-还原(掺杂-脱掺杂)特性和很好的环境稳定性。但是聚苯胺的这些性质只有在酸性电解液中才能保持，它的导电性、自由基和可逆氧化-还原性质在 pH 6 的溶液中就几乎消失了。另外，聚苯胺不溶于水和大多数有机溶剂，也不熔融，导致了聚苯胺加工的困难。

人们希望得到一种苯胺聚合物，它既能保持聚苯胺绝大部分的优良性质，又能拓宽聚苯胺保持电化学活性的 pH 范围，还能改善聚苯胺的溶解性等。将苯胺单体与带不同侧链的苯胺衍生物(含 pH 功能基团的苯胺衍生物)单体共聚，被证明是一种拓宽聚苯胺电化学活性的 pH 范围、改善聚苯胺溶解性的有效途径。

化学法和电化学法都可用来合成这类苯胺共聚物。由于反应物两单体浓度比对合成的共聚物的性质影响很大，而要确定两单体之间的最佳浓度比，需反复要进行多次试验。所以对合成一种新的共聚物，使用电化学法既方便、省时又能节约试剂，若干毫升溶液就可以开展电化学聚合的研究。这里主要介绍苯胺和含 pH 功能基团的苯胺衍生物的电化学聚合、电化学性质及其在生物电化学中的应用。

同一溶液中的两种不同单体，在不同的反应条件下，两者之间可能发生共聚生成共聚物，也有可能不发生共聚，反应的产物仅是两单体的均聚物 (homopolymer) 的混合物。所以，区分是共聚物还是均聚物的混合物对研究高聚物的共聚反应来说是一个最基本的问题，同时又是一个重要而有意义的问题。通常采用红外光谱和核磁共振来区分共聚物和均聚物的混合物。共聚物的红外光谱不同于均聚物的混合物的红外光谱，两单体共聚后，有新的键生成，在红外光谱中能看到这个新生成的键，而均聚物的混合物的红外光谱是两个单独的均聚物的红外光谱的叠加，所以用红外光谱很容易识别共聚物和均聚物的混合物。

1990 年，Yue 和 Epstein 等将聚苯胺浸入到发烟硫酸中，聚苯胺被磺化生成磺酸取代聚苯胺 (SPAn)，见图 3.23[108,109]。

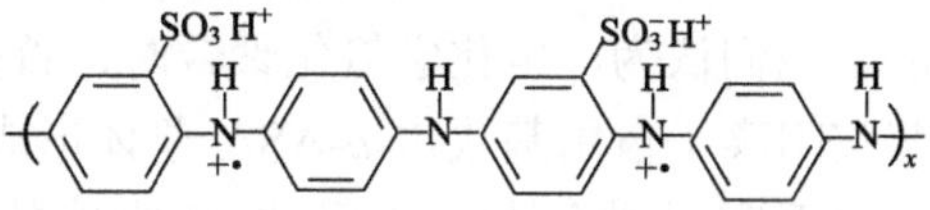

图 3.23　SPAn 的分子结构

它的电导率约为 0.1 S·cm^{-1}，在 pH<7.5 时，它的电导率与 pH 无关。苯磺酸是强酸，所以磺酸取代聚苯胺能自掺杂 (self-doping)，因此 SPAn 也称作自掺杂导电聚苯胺。在苯磺基的存在下，聚苯胺的溶解性得到了很大的改善，SPAn 能溶于 0.1 mol·L^{-1}NaOH 溶液中形成相应的盐。SPAn/Pt 电极在 1 mol·L^{-1} HCl 和 pH 3 缓冲溶液中的循环伏安图 (电位扫描速率为 50 mV·s^{-1}) 上有两对氧化-还原峰[109]，这与前面提到的聚苯胺的电化学性质类似。在 1 mol·L^{-1} HCl 电解液中，第 1 对氧化-还原峰的 $E_{1/2}$=0.28 V (vs. Ag/AgCl，饱和 KCl)，第 2 对氧化-还原峰的电位 $E_{1/2}$=0.77 V，这与聚苯胺的循环伏安特性基本相同。SPAn 的第 1 步和第 2 步氧化过程的结构变化可以用图 3.24 表示[109]。

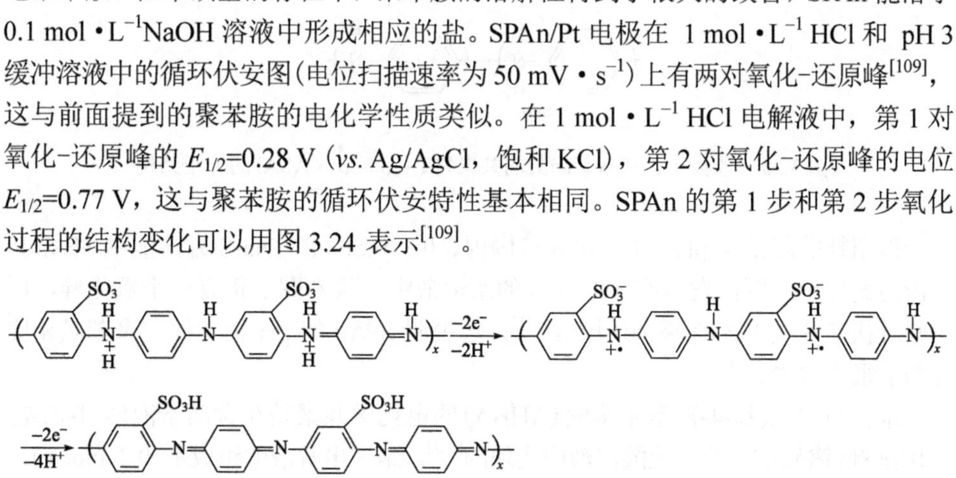

图 3.24　SPAn 两步电化学氧化的机理

3.7.1 苯胺与邻氨基苯磺酸的电化学共聚物

1994 年,Barbero 和 Kötz 报道了苯胺与邻氨基苯磺酸(o-ASA)的电化学共聚[110]。二者共聚得到 P(Ani-co-o-ASA)(图 3.25)。其实,邻氨基苯磺酸是一种苯胺的衍生物,也可以称为邻磺酸基苯胺,所以它可以与苯胺单体进行共聚。他们发现,单一的 o-ASA 很难发生电化学聚合,但是在电解液中添加少量苯胺单体后就可以发生 o-ASA 和苯胺的电化学共聚。他们在 0.05 mol·L^{-1} o-ASA 和 0.001 mol·L^{-1} 苯胺的电解液中,使用玻碳电极为工作电极,通过循环伏安法进行了 o-ASA 和苯胺的电化学共聚。他们首先在–0.2～1.0 V(vs. SCE)电位范围(扫描速率为 50 mV/s^{-1})进行 3 个循环的循环伏安扫描来启动反应,接着在–0.2～0.9 V 电位范围内继续电位循环扫描,这样就可以得到沉积在玻碳电极上的苯胺和邻氨基苯磺酸的共聚物 P(Ani-co-o-ASA)。图 3.26 为第 4 次循环(虚线)及之后(实线)的循环伏安图[110],在 0.8～0.9 V 对应的电流应该是单体氧化的电流,而–0.2～0.8 V 电位范围内的电流峰,应该是共聚物的电化学氧化–还原引起的。可以看出,共聚物氧化–还原电流随着循环次数的增加而增加(图 3.26),表明电极上沉积的苯胺共聚物的量随着循环次数的增加而增加。他们认为,电化学氧化聚合时,首先是苯胺被氧化形成阳离子自由基,然后苯胺阳离子自由基攻击 o-ASA 单体形成苯胺和 o-ASA 的二聚体。而二聚体比单体更容易被氧化,从而与其他单体反应形成共聚物。P(Ani-co-o-ASA)是一类阴离子自掺杂的导电聚合物,其对阴离子被共价连接在聚合物主链上。证据是沉积在玻碳电极上的苯胺和邻氨基苯磺酸共聚物的红外光谱图上出现了 SO$_3^-$ 基团(1023 cm^{-1},1081 cm^{-1})和 C—S 拉伸振动峰。P(Ani-co-o-ASA)可以溶于氨水中进行加工[110]。

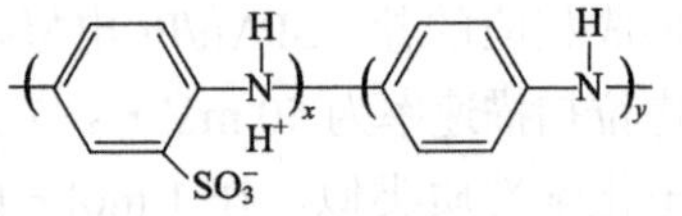

图 3.25 苯胺和邻氨基苯磺酸的共聚物 P(Ani-co-o-ASA)的分子结构

穆绍林等测量了 pH 5.0～10.6 范围内、0.3 mol·L^{-1} Na$_2$SO$_4$ 溶液中 SPAn/Pt 电极的循环伏安图,发现在 pH 10.6 的水溶液中,伏安图上仍有一个氧化峰,而还原时伏安曲线上还有两个还原峰[111],这说明 SPAn 的 pH 依赖性与聚苯胺相比得到了很大改善。

苯胺与 2-氨基-4-羟基苯磺酸(AHBA)的电化学共聚是在含离子液体 1-乙基-3-甲基咪唑鎓硫酸乙酯的硫酸溶液中实现的[112]。最适电解液的组成是 0.2 mol·L^{-1} 苯胺、0.012 mol·L^{-1}AHBA、2 mol·L^{-1} H$_2$SO$_4$ 和 30%(v/v)的离子液体,加入离子液体的目的是增加 AHBA 的溶解度。共聚物 P(Ani-*co*-AHBA) 的电导率为 0.45 S·cm^{-1}，在 pH<11.0 的 0.30 mol·L^{-1}Na$_2$SO$_4$ 溶液中具有很好的氧化-还原性质。固体 P(Ani-*co*-AHBA) 的 ESR 谱揭示，在蒸馏水中浸泡 24h 后的 ESR 谱线的峰-峰宽度 ΔH_{pp}(2.15G) 仅比未浸泡的 P(Ani-*co*-AHBA) 的 ΔH_{pp}(2.05G) 略有增宽，ΔH_{pp} 变化很小暗示着共聚物中的自由基受水影响较小，这就是为什么 P(Ani-*co*-AHBA) 在 pH 11.0 的水溶液中仍能保持较高的电化学活性的原因。

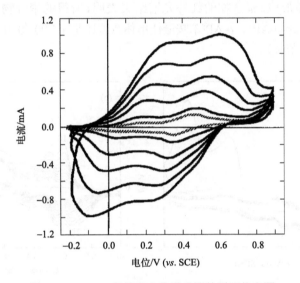

图 3.26　*o*-ASA 和苯胺电化学共聚的循环伏安图

采用玻碳工作电极，在 0.05 mol·L^{-1} *o*-ASA、0.001 mol·L^{-1} 苯胺水溶液中，先在−0.2～1.0 V 电位范围内扫描三周，然后在−0.2～0.9 V 电位范围内继续扫描。虚线是第 4 周的曲线，其他实线为每循环 10 周记录一次

3.7.2　苯胺与氨基苯酚的共聚物

邻氨基苯酚(*o*-AP) 也可以称作邻羟基苯胺，是羟基取代的苯胺衍生物。2004 年，穆绍林报道了苯胺与 *o*-AP 的电化学共聚反应[113]。图 3.27 为铂电极上 *o*-AP 和苯胺电化学共聚的循环伏安图。在 0.02 mol·L^{-1} *o*-AP、0.2 mol·L^{-1} 苯胺和 0.6 mol·L^{-1}H$_2$SO$_4$ 溶液中进行循环伏安扫描时，在第 1 次电位扫描伏安图上出现了两个氧化峰[图 3.27(a)]，峰电位分别是 0.63 V 和 0.93 V，电位在 0.63 V 的氧化峰是 *o*-AP 上羟基的氧化引起的，而 0.93 V 对应的是苯胺单体电化学氧化生成阳离子自由基进而发生电化学聚合的电流峰。在低电位出现的两对氧化-还原峰是苯胺和 *o*-AP 的共聚物 P(Ani-*co*-*o*-AP) 的氧化-还原峰。图 3.27(b) 是在 0.01 mol·L^{-1} *o*-AP、0.2 mol·L^{-1} 苯胺和 0.6 mol·L^{-1} H$_2$SO$_4$ 溶液中的循环伏安图，这里 *o*-AP 的浓度

降低了一半。第 1 次循环时，在正向扫描的伏安曲线上也出现了两个氧化峰，0.67 V 的氧化峰是由 o-AP 中的羟基的氧化而引起的，但它的峰电流比图 3.27(a) 中的峰弱；而 0.93 V 的氧化峰电位是由两单体中的氨基氧化而引起的，它的峰电位低于苯胺的氧化峰电位。图 3.27(b) 中曲线 2 上的最高氧化峰电位从 0.93 V(曲线 1) 移到了～0.72 V，此外图 3.27(b) 伏安图上的氧化-还原峰峰电流随循环次数的增加而增大，这说明，聚合反应是在自催化聚合下进行的。电解结束后观察到铂电极上有蓝色膜形成。聚合物的红外光谱结果表明，所得的聚合物是苯胺和 o-AP 的共聚物 P(Ani-co-o-AP)，o-AP/苯胺最佳单体浓度比是 1∶20 (0.01 mol·L^{-1} o-AP 和 0.2 mol·L^{-1} 苯胺)。

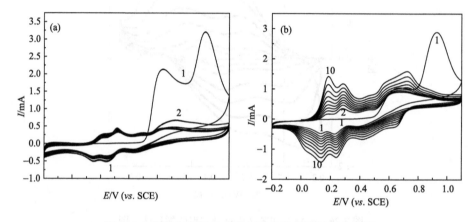

图 3.27　苯胺和邻氨基苯酚(o-AP)的共聚循环伏安图

(a) 溶液：0.02 mol·L^{-1} o-AP，0.2 mol·L^{-1} 苯胺和 0.6 mol·L^{-1}H$_2$SO$_4$；(b) 溶液：0.01 mol·L^{-1} o-AP，0.2 mol·L^{-1} 苯胺和 0.6 mol·L^{-1}H$_2$SO$_4$。曲线上的数字表示扫描循环次序，扫描速率为 60 mV·s^{-1}

　　P(Ani-co-o-AP) 在 pH 9.6 的 0.3 mol·L^{-1} Na$_2$SO$_4$ 溶液中的循环伏安图显示[113]，在–0.20～0.60 V 电位范围内，伏安曲线上仍有两对氧化-还原峰，说明 P(Ani-co-o-AP) 在 pH 9.6 的弱碱性溶液中仍然保持着电化学活性，这比聚苯胺的电化学活性的 pH 窗口宽得多。聚苯胺需要在低于 pH 5 的电解液中才能保持电化学活性[58]。共聚物 P(Ani-co-o-AP) 的电导率是 1.40 S·cm^{-1}[113]，比聚苯胺的电导率(5 S·cm^{-1})[34]稍低。P(Ani-co-o-AP) 的红外光谱在 1383 cm^{-1} 处出现了一个弱的吸收峰，但此峰在聚苯胺红外光谱中却不存在。酚类中的 C—O—H 变形振动出现在 1390～1310 cm^{-1} 区间，P(Ani-co-o-AP) 的红外光谱中的 1383 cm^{-1} 峰，应该是邻氨基苯酚中的羟基引起的。

　　Shah 和 Holze 测定了苯胺与 o-AP 形成的共聚物的紫外-可见光谱，发现进料中浓度低的 o-AP 反应液，在电化学氧化后能生成 P(Ani-co-o-AP)；而进料中浓

度高的 *o*-AP 反应液，在电化学反应开始阶段，通过两单体自由基之间交叉反应生成头-尾相连的二聚体或低聚物中间体。红外光谱证实，苯胺和 *o*-AP 共聚的光谱中出现一个 1402 cm^{-1} 吸收峰，峰的强度随进料中的 *o*-AP 浓度的增加而变得更显著，但这个峰不存在于聚苯胺光谱中。1402 cm^{-1} 的吸收峰对应酚中 C—O—H 的变形振动。*o*-AP 的红外光谱中，在 1400 cm^{-1} 处也有一个峰。因此，作者认为苯胺与 *o*-AP 发生了共聚，形成了共聚物 P(Ani-*co*-*o*-AP)[114-116]。

科研人员将紫外-可见光谱、红外光谱与电化学石英晶体天平(EQCM)相结合研究了苯胺与 *o*-AP 共聚，结果表明，两单体的共聚是通过单体间的—NH—基团的头-尾耦合形成的共聚物[117,118]。

苯胺与 *o*-AP 共聚物的结构式被推测如图 3.28 所示。

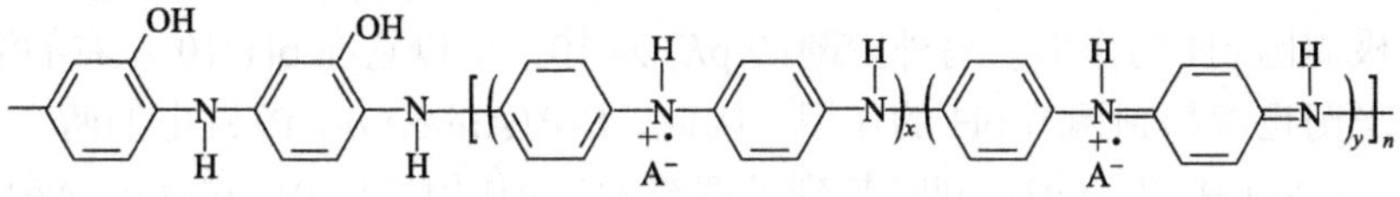

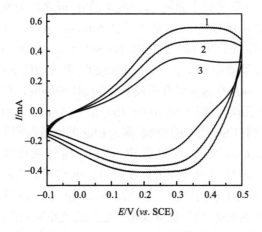

图 3.28　苯胺与邻氨基苯酚形成的共聚物 P(Ani-*co*-*o*-AP) 的结构式

穆绍林发现，二茂铁磺酸对于苯胺和 *o*-AP 在 Pt 电极上的循环伏安电化学共聚有显著的电催化作用，其催化特征是使它们的氧化聚合电位降低[119]。并且，电化学聚合在 Pt 电极上的共聚物呈网状的纳米纤维结构，纳米纤维随循环次数的增加而变粗：在 8 次循环后，纳米纤维的平均直径约为 70 nm，18 次循环后达到 107 nm。图 3.29 为在二茂铁磺酸催化下合成的 P(Ani-*co*-*o*-AP) 在不同 pH 值的

图 3.29　P(Ani-*co*-*o*-AP) 在不同 pH 值的 0.3 mol · L^{-1} Na$_2$SO$_4$ 溶液中的循环伏安图

电位扫描速率为 60 mV · s^{-1}。曲线 1：pH 6.0；曲线 2：pH 7.0；曲线 3：pH 9.0

0.3 mol·L^{-1} Na$_2$SO$_4$ 溶液中的循环伏安图[119]。可见，在 pH 6.0 和 pH 7.0 的溶液中，在 60 mV·s^{-1} 扫描速率下，有两对氧化-还原峰；在 pH 9.0 的溶液中，仍有一对氧化-还原峰，显然 P(Ani-*co-o*-AP)保持电化学活性的 pH 值范围与聚苯胺相比有显著的改善和拓宽。

将电化学聚合在 Pt 电极上的 P(Ani-*co-o*-AP)浸入到 12 mol·L^{-1} H$_2$SO$_4$ 中，20 min后形成磺化 P(Ani-*co-o*-AP)，即 S-P(Ani-*co-o*-AP)，它的电导率为 0.58 S·cm^{-1}[120]。循环伏安图显示，S-P(Ani-*co-o*-AP)在 pH 5.0～11.0 的 Na$_2$SO$_4$ 溶液中仍保持电化学活性。在 6 mV·s^{-1} 扫描速率下，在 0～0.55 V(*vs.* SCE)之间，在 pH 11.0 的 Na$_2$SO$_4$ 溶液中仍有两对氧化-还原峰，这是由于共聚物链上有两个 pH 功能基团——SO$_3$H 和——OH。磺酸是强酸，它的 pK_a 值为 7.2。共聚物中的酚能氧化成醌，醌能被还原成酚；酚的氧化-还原伴随着 S-P(Ani-*co-o*-AP)与溶液之间的质子交换，起到了调节电极周围 pH 的作用；另外，酚的 pK_a 为 10，所以它在 pH 10 左右的溶液中的电离平衡也能起到调节 pH 的作用。因此，S-P(Ani-*co-o*-AP)链上的两个 pH 功能基团，——SO$_3$H 和——OH，同时起到了调节 pH 的作用。与 P(Ani-*co-o*-AP)相比，S-P(Ani-*co-o*-AP)的 pH 依赖性得到了进一步改善。

苯胺和 *o*-AP 的共聚物 P(Ani-*co-o*-AP)在很宽的 pH 范围内仍保持着很好的氧化-还原性，这与导电聚合物的电化学性质及聚合物中的不成对电子密度密切相关，所以在不同 pH 和不同电位下，用原位电化学-ESR 方法测定了聚合在 Pt 丝电极上的 P(Ani-*co-o*-AP)的 ESR 谱，其结果见图 3.30 和图 3.31[121]。图 3.30(a)曲线 1 和 2 分别是 P(Ani-*co-o*-AP)在 0.20 mol·L^{-1} H$_2$SO$_4$ 和 pH 5.0 的 0.30 mol·L^{-1} Na$_2$SO$_4$ 溶液中的 ESR 谱。两种溶液中共聚物的 ESR 谱线均由对称的单线构成。很明显，曲线 1 的信号强度高于曲线 2，曲线 1 的峰-峰之间的宽度 ΔH_{pp}(2.0528G)比曲线 2 的 ΔH_{pp}(2.4438 G)窄，这是由于 P(Ani-*co-o*-AP)在 0.20 mol·L^{-1} H$_2$SO$_4$ 溶液中的电化学活性高于在 pH 5.0 的 Na$_2$SO$_4$ 溶液中的。P(Ani-*co-o*-AP)在 0.20 mol·L^{-1} H$_2$SO$_4$ 溶液中和在 pH 5.0 的 Na$_2$SO$_4$ 溶液中的 g 值分别是 2.0054 和 2.0056，即 P(Ani-*co-o*-AP)的 g 值几乎没有受到 pH 的影响，说明 P(Ani-*co-o*-AP)的电子结构没有受到影响。图 3.30(b1)～(b4)是 P(Ani-*co-o*-AP)在 0.20 mol·L^{-1} H$_2$SO$_4$ 溶液中的电位对 ESR 信号的影响。测定 ESR 的电位范围为 –0.10～1.30 V(*vs.* Ag/AgCl，饱和 KCl 溶液)。可以看出，ESR 信号强度随电位而变化，但 P(Ani-*co-o*-AP)在 1.30 V(曲线 16)仍有较强的 ESR 信号，这是不寻常的现象。说明在如此高的电位下极化子仍存在于 P(Ani-*co-o*-AP)中。由图 3.30(b1)～(b4)得到的 P(Ani-*co-o*-AP)的 ESR 信号强度与电位之间的关系表示在图 3.30(c)中，最高的信号强度出现在 0.30 V，比聚苯胺在 0.5 mol·L^{-1} H$_2$SO$_4$ 溶液中的高了 0.10 V[122, 123]。这说明 P(Ani-*co-o*-AP)在酸溶液中形成极化子的电位范围比聚苯胺宽，这有利于拓宽 P(Ani-*co-o*-AP)的氧化-还原电位范围。图 3.31 是 P(Ani-*co-o*-AP)在 pH 5.0

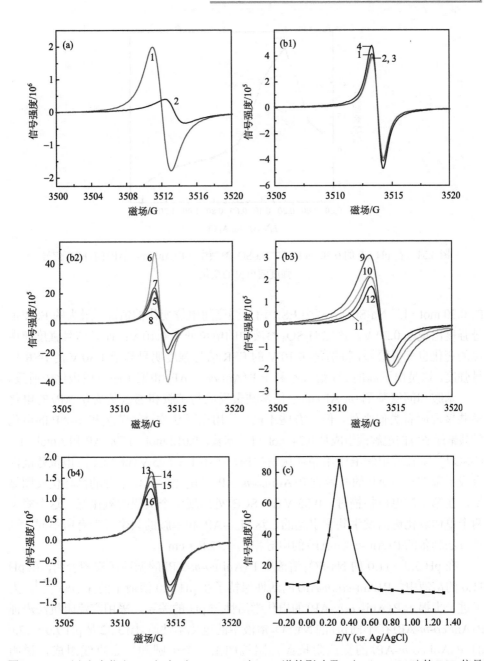

图 3.30　pH(a) 和电位 (b1~b4) 对 P(Ani-*co-o*-AP) ESR 谱的影响及 P(Ani-*co-o*-AP) 的 ESR 信号
强度与电位的关系曲线 (c)

(a) 中曲线 1 为 pH 0.41 的 0.20 mol·L^{-1}H$_2$SO$_4$ 溶液, 曲线 2 为 pH 5.0 的 0.30 mol·L^{-1}Na$_2$SO$_4$ 溶液; (b1)~(b4) 中曲线 1~16 对应电位依次为 −0.20 V、−0.10 V、0.0 V、0.10 V、0.20 V、0.30 V、0.40 V、⋯、1.30 V; (c) 采用 0.20 mol·L^{-1} H$_2$SO$_4$ 溶液

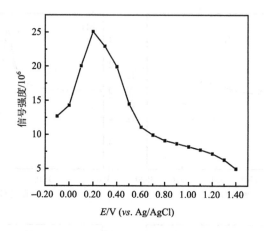

图 3.31 在 pH 5.0 的 0.30 mol · L^{-1} Na$_2$SO$_4$ 溶液中，P(Ani-*co*-*o*-AP) 的 ESR 信号
强度随电位的变化

的 0.30 mol · L^{-1} Na$_2$SO$_4$ 溶液中 ESR 信号强度随电位变化的情况，最大的 ESR 信号强度出现在 0.20 V，这比 H$_2$SO$_4$ 溶液中的电位低了 0.10 V；而且信号强度随电位的变化也变得缓慢，特别是–0.10 V 的 ESR 信号强度明显高于 1.30 V 的 ESR 信号强度。这是由于高的 pH 溶液不利于 P(Ani-*co*-*o*-AP) 和聚苯胺形成极化子所致。

苯胺和间氨基酚 (*m*-AP) 的电化学共聚反应与苯胺和邻氨基酚 (*o*-AP) 的电化学共聚反应有类似之处，但也有些不同。使用循环伏安法，苯胺和 *m*-AP 的电化学共聚最适宜的电解液组成是 0.34 mol · L^{-1} 苯胺、0.012 mol · L^{-1} *m*-AP 和 3 mol · L^{-1} H$_2$SO$_4$[124]。在此电解液中用循环伏安扫描，在–0.1~0.95 V (*vs.* SCE) 电位范围内合成了苯胺与 *m*-AP 的共聚物 P(Ani-*co*-*m*-AP)。电化学氧化聚合的循环伏安图显示，在第 1 次电位扫描时，0.85 V (*vs.* SCE) 处出现一个尖锐的氧化峰。这个峰是两个单体氧化进而发生共聚引起的，这与 *o*-AP 和苯胺的共聚行为有所不同。这种方法制备的 P(Ani-*co*-*m*-AP) 的电导率为 1.42 S · cm^{-1}。

在 pH 5.0~11.0 的 Na$_2$SO$_4$ 溶液中 P(Ani-*co*-*m*-AP) 的循环伏安图表明，在 pH 11.0 的溶液中，P(Ani-*co*-*m*-AP) 的活性保持了在 pH 5.0 溶液中的 41.7%[124]。为了进一步揭示 P(Ani-*co*-*m*-AP) 的电化学活性与 pH 的关系，采用交流阻抗法表征 P(Ani-*co*-*m*-AP) 在不同 pH 的 Na$_2$SO$_4$ 溶液中的电化学性质。图 3.32 是 pH 7.0~12.0 的 P(Ani-*co*-*m*-AP) 的交流阻抗图，阻抗图由一个半圆和一条直线组成，说明 P(Ani-*co*-*m*-AP) 在高频下的电化学反应由动力学控制，低频下由物质传递控制，电荷传递电阻 R_{ct} 随 pH 的升高而增大，这与 P(Ani-*co*-*m*-AP) 的循环伏安结果相一致。在循环伏安图上，P(Ani-*co*-*m*-AP) 的阳极峰和阴极峰电位随 pH 的增加分别向正电位和负电位方向移动，即两峰之间的距离随 pH 升高而增加。图 3.32(d) 是 P(Ani-*co*-*m*-AP) 在 pH 12.0 溶液中的阻抗图和当量电路的模拟图，很明显实验数据(圆)和模拟图的数据(实线)几乎完全重合，低频下直线与 x 轴的夹角为 $45°$ [124]。

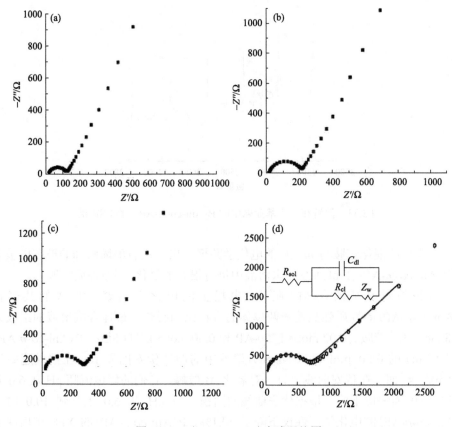

图 3.32 　P(Ani-*co-m*-AP)交流阻抗图

(a) pH 7.0；　(b) pH 9.0；　(c) pH 11.0；　(d) pH 12.0。0.30 mol · L^{-1} Na$_2$SO$_4$ 溶液，E=0.40 V (*vs.* SCE)

以过硫酸铵作为氧化剂合成 P(Ani-*co-m*-AP)的最适宜溶液组成与电化学合成 P(Ani-*co-m*-AP)的相同[124]。P(Ani-*co-m*-AP)(化学合成)溶解在二甲基亚砜中的 ESR 谱在 3265～3765G 的磁场范围内出现了六条分裂峰的 ESR 信号(图 3.33)，该信号强度随电场强度的增加而逐渐下降[125]。该结果与聚苯胺固体(在固体 KBr 中)的 ESR 谱不同。后者在 3445～3495G 磁场范围内出现了三个分裂峰，这是由自旋为 1 的 ^{14}N 引起的[52]。所以图 3.33 中的六个分裂峰是 P(Ani-*co-m*-AP)中存在两个距离较远的氮自由基的直接实验证据。在同一链上，两个自由基之间距离较大，能使两个自由基间的相互作用减弱，即两个自由基(极化子)能稳定存在，所以能被 ESR 谱检出。共聚物 P(Ani-*co-m*-AP)的结构式与 P(Ani-*co-o*-AP)的结构式(图 3.28)相似,这也与 MacDiarmid 提出的聚苯胺结构式[图 3.4(a),即翠绿亚胺盐,ES]相一致,在聚苯胺结构式中有两个相隔的自由基(极化子)。

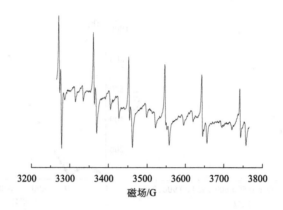

图 3.33 溶解在二甲基亚砜中的 P(Ani-*co-m*-AP) 的 ESR 谱

石墨烯能催化苯胺与 *m*-AP 的电化学共聚,聚合在石墨烯修饰的玻碳电极上的 P(Ani-*co-m*-AP)在 pH 9.0 的水溶液中仍有很好的氧化-还原性质[126]。

苯胺与对氨基酚(*p*-AP)在 Pt 电极上的电化学共聚,形成的共聚物 P(Ani-*co-p*-AP)的性质强烈地受两单体的进料比的影响,最佳合成溶液的组成为 $0.18 \ mol \cdot L^{-1}$ 苯胺、$0.02 \ mol \cdot L^{-1}$ *p*-AP 和 $0.50 \ mol \cdot L^{-1} \ H_2SO_4$。P(Ani-*co-p*-AP) 在不同 pH 的 $0.50 \ mol \cdot L^{-1} \ Na_2SO_4$ 溶液中的循环伏安图显示,在扫描速率为 $100 \ mV \cdot s^{-1}$ 时,在伏安曲线上有一对氧化-还原峰,它们的峰电流随 pH 从 6.0 升高到 10.0 而缓慢下降。根据伏安曲线的面积,当 pH 从 6.0 上升到 10.0 时,P(Ani-*co-p*-AP)的电化学活性仅下降了 40.1%。P(Ani-*co-p*-AP)的 XPS 谱出现了 S2p 的峰,这是由于阴离子 SO_4^{2-} 在共聚时掺杂到共聚物中了[127]。

苯胺与 2,4-二氨基酚(DAP)的电化学共聚是在 H_2SO_4 溶液和恒电位下完成的[128]。苯胺与 2,4-二氨基酚电化学共聚的最佳条件是电位控制在 0.75 V(*vs.* SCE),电解液的组成为 $0.20 \ mol \cdot L^{-1}$ 苯胺、$6 \ mmol \cdot L^{-1}$ DAP 和 $2.0 \ mol \cdot L^{-1} \ H_2SO_4$。共聚物 P(Ani-*co*-DAP)的核磁共振是在二甲基亚砜(DMSO-d6)溶液中测定的[128]。图 3.34 反映了 DAP 的浓度对合成的共聚物的 ^1H NMR 谱的影响。曲线 1、2 和 3 是样品 1、2 和 3 的 NMR 谱。5.80 ppm 的峰归属为 P(Ani-*co*-DAP)中的 NH 共振,这个峰也出现在 P(Ani-*co-m*-AP)的 NMR 谱图中[124]。图中 δ 为 6.99 ppm、7.07 ppm 和 7.16 ppm 的 1:1:1 的三重峰,是自由基·NH 的质子共振,这是由于 ^{14}N 的自旋量子数为 1,使与 ^{14}N 键连的质子成三条等高度的线。这三重峰在去质子化的 P(Ani-*co*-DAP)的 NMR 谱中几乎完全消失。该结果与质子化和去质子化的

P(Ani-*co-o*-AP) 的 ¹H NMR 谱一致[50]。7.26 ～ 7.45 ppm 分裂峰归属于 P(Ani-*co*-DAP) 芳环中的质子共振，苯胺单体芳环中质子的共振出现在 6.9～7.4 ppm[129]。酚在 DMSO 中的 OH 质子峰出现在 9.3 ppm[130]，图中 9.29 ppm 的峰相应于 P(Ani-*co*-DAP) 中的 OH 质子共振，这是 DAP 存在于 P(Ani-*co*-DAP) 中的一个重要证据。图 3.34 样品 2 的三重峰的信号强度 (曲线 2) 低于样品 1 和样品 3，也低于芳环中质子的信号强度，但 P(Ani-*co-o*-AP)[50] 和 P(Ani-*co-m*-AP)[124] 的三重峰信号强度都要比芳环中质子的信号强度要强。

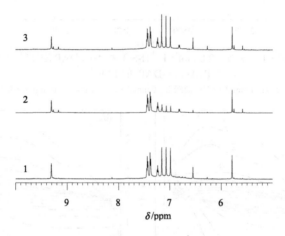

图 3.34　P(Ani-*co*-DAP) 的 ¹H NMR 谱

共聚物在 0.75 V 下合成，电解液由 0.20 mol·L⁻¹ 苯胺、2.0 mol·L⁻¹ H₂SO₄ 和不同浓度 DAP 组成：
曲线 1，4 mmol·L⁻¹；曲线 2，6 mmol·L⁻¹；曲线 3，10 mmol·L⁻¹

$\qquad$P(Ani-*co*-DAP) 三个样品的 ESR 测量是在相同质量 (10.0 mg) 下进行的[128]。图 3.35 是三个样品的 ESR 谱，它们均由对称的单线构成，曲线 1、2 和 3 的峰-峰谱线的宽度 ΔH_{pp} 分别是 7.8G、4.3G 和 7.2G。很明显，样品 2 的 ΔH_{pp} 值最小，而它的信号强度在三个样品中最强，样品 1 的信号强度最弱。这个变化顺序与 ΔH_{pp} 值的变化顺序刚好相反。因为 ESR 线宽度的增加伴随着 ESR 信号强度的下降。根据一阶导数的 ESR 谱，样品和 DPPH 的已知质量以及 DPPH 的自旋密度 (1.53×10^{21} 自旋数 g⁻¹)[131]，可得到 1～3 三个样品的自旋密度 (不成对电子密度) 依次为 5.66×10^{19}、7.44×10^{20} 和 6.78×10^{20} 自旋数 g⁻¹。三个样品的 g 值均为 2.0035，与单体浓度比无关。这说明 P(Ani-*co*-DAP) 的电子结构与合成共聚物所用的单体浓度比无关。

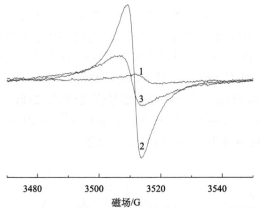

图 3.35 在 0.20 mol·L^{-1} 苯胺、2.0 mol·L^{-1}H$_2$SO$_4$ 和不同 DAP 浓度的溶液中电化学合成的 P(Ani-*co*-DAP)的 ESR 谱

曲线 1：4 mmol·L^{-1}；曲线 2：6 mmol·L^{-1}；曲线 3：10 mmol·L^{-1}

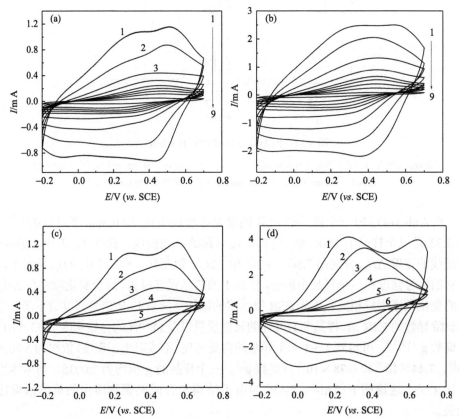

图 3.36 不同条件下合成的 P(Ani-*co*-DAP)在不同 pH 的 0.30 mol·L^{-1}Na$_2$SO$_4$ 溶液中的循环伏安图

曲线 1~9 对应 pH 依次为 4.0、5.0、6.0、…、12.0。电位扫描速率：60 mV·s^{-1}。P(Ani-*co*-DAP)是在含 0.20 mol·L^{-1} 苯胺、2.0 mol·L^{-1}H$_2$SO$_4$、不同浓度 DAP 的溶液中，于不同电位下合成的：(a) 4 mmol·L^{-1}DAP、0.75 V；(b) 6 mmol·L^{-1} DAP、0.75 V；(c) 10 mmol·L^{-1}DAP、0.75 V；(d) 6 mmol·L^{-1}DAP、0.80 V

图 3.36 中(a~c)的 P(Ani-co-DAP)样品是在 0.75 V 和不同单体浓度的溶液中合成的[128]。循环伏安图显示，在 pH 11.0 的溶液中，样品(a)和(b)仍有一对氧化-还原峰，但样品(b)的电化学信号高于样品(a)；而样品(c)在 pH > 8.0 的溶液中，它的氧化-还原峰已消失。这说明三个样品中(b)的电化学活性最高，(c)的电化学活性最低，这与 ESR 结果一致。样品(d)也是在 6 mmol·L⁻¹DAP 溶液中合成的，但电位控制在 0.80 V，如图 3.36(d)所示，它在 pH 9.0 时，伏安图上氧化-还原峰几乎消失。这说明电位对合成 P(Ani-co-DAP)的电化学性质影响很大。合成的 P(Ani-co-DAP)[样品(b)]的电导率为 0.26 S·cm⁻¹。

3.7.3　苯胺与氨基苯甲酸的共聚物

氨基苯甲酸也可以称作甲酸基苯胺，是一种甲酸基取代的苯胺，所以也可以与苯胺共聚得到甲酸基取代的聚苯胺衍生物，或者说是苯胺与氨基苯甲酸的共聚物。

Benyoucef 等使用 Pt 片为工作电极、在 0.1 mol·L⁻¹ HClO₄溶液中研究了苯胺与邻氨基苯甲酸的电化学共聚[132]，图 3.37 是共聚物的分子结构式。他们首先

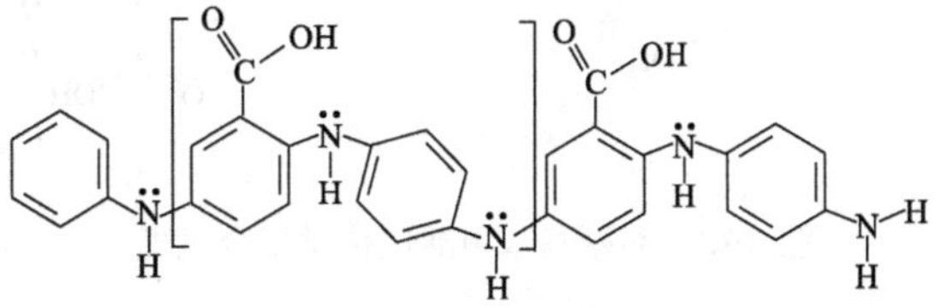

图 3.37　苯胺与邻氨基苯甲酸的共聚物的结构式

采用循环伏安法研究了 0.01 mol·L⁻¹ 邻氨基苯甲酸在 0.1 mol·L⁻¹ HClO₄ 的水溶液中的电化学聚合，扫描的电位范围为 0.06~1.20 V (vs. RHE)。第 1 次扫描时，在 1.20 V 处出现一个很强的氧化峰，在其后的循环伏安扫描中，该峰电流随扫描次数的增加而快速下降，这一强氧化峰是由邻氨基苯甲酸的电化学氧化聚合而引起的。从第 1 次循环的还原过程开始，在 0.06~0.90 V 范围内出现了 3 对氧化-还原峰，对应的应该是聚邻氨基苯甲酸的电化学氧化和还原[132]。他们接着用循环伏安法在 0.01 mol·L⁻¹ 邻氨基苯甲酸、0.3 mmol·L⁻¹ 苯胺和 0.1 mol·L⁻¹ HClO₄电解液中研究了苯胺与邻氨基苯甲酸的电化学共聚，扫描的电位范围为 0.06~1.25 V。第 1 次正向扫描时，在 1.20 V 出现了一个很强的氧化电流峰，这一电流峰对应于邻氨基苯甲酸和苯胺单体的氧化和它们的共聚。循环伏安图上 0.06~0.90 V 之间的氧化-还原电流对应于共聚物的电化学氧化和还原，此区间的氧化-还原电流随扫描次数的增加而增加，说明电极上沉积的共聚物随扫描次数的增加

而增加[132]。

他们依据苯胺电化学聚合反应的机理以及红外光谱的分析结果，推测了邻氨基苯甲酸电化学聚合以及邻氨基苯甲酸和苯胺电化学共聚的反应机理，如图 3.38 和图 3.39 所示[132]。他们认为，邻氨基苯甲酸电化学聚合以及邻氨基苯甲酸和苯胺电化学共聚的机理与苯胺电化学聚合类似，都是单体首先被氧化生成阳离子自由基，然后阳离子自由基耦合形成二聚体，二聚体再被氧化成阳离子自由基，再耦合是聚合物链的增长。

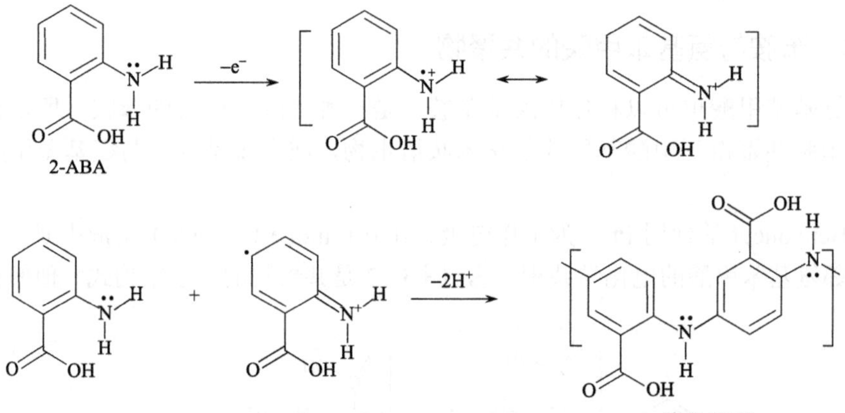

图 3.38　邻氨基苯甲酸电化学聚合机理

孔泳等使用循环伏安法[−0.2～1.1 V (*vs.* SCE)]，在玻碳电极上研究了对氨基苯甲酸和苯胺的电化学共聚，他们使用的电解液是含 0.02 mol·L^{-1} 对氨基苯甲酸、0.2 mol·L^{-1} 苯胺和 2 mol·L^{-1} H$_2$SO$_4$ 水溶液[133]。他们发现，此电化学共聚的循环伏安图与苯胺电化学聚合的循环伏安图类似，说明它们有类似的电化学聚合机理以及在酸性电解液中有类似的电化学性质。他们进而研究了苯胺和对氨基苯甲酸共聚物的电化学性质，发现共聚物在 pH<1.0 的酸性溶液中一直到 pH 10 的 0.3 mol·L^{-1} Na$_2$SO$_4$ 溶液中都具有很好的电化学氧化-还原活性，这比聚苯胺的电化学活性 pH 范围宽得多。他们用电化学石英晶体天平（EQCM）研究了苯胺和对氨基苯甲酸的共聚物的电化学掺杂-去掺杂过程（图 3.40）。比较 EQCM 频率-电位图和循环伏安图可以看出，当共聚物氧化时伴随着频率的下降（电极表面的聚合物膜重量增加），这说明共聚物氧化时溶液中的阴离子（SO$_4^{2-}$）掺杂到共聚物中，而在还原时，频率增大（电极表面的聚合物膜重量降低），这与对阴离子去掺杂一致[133]。

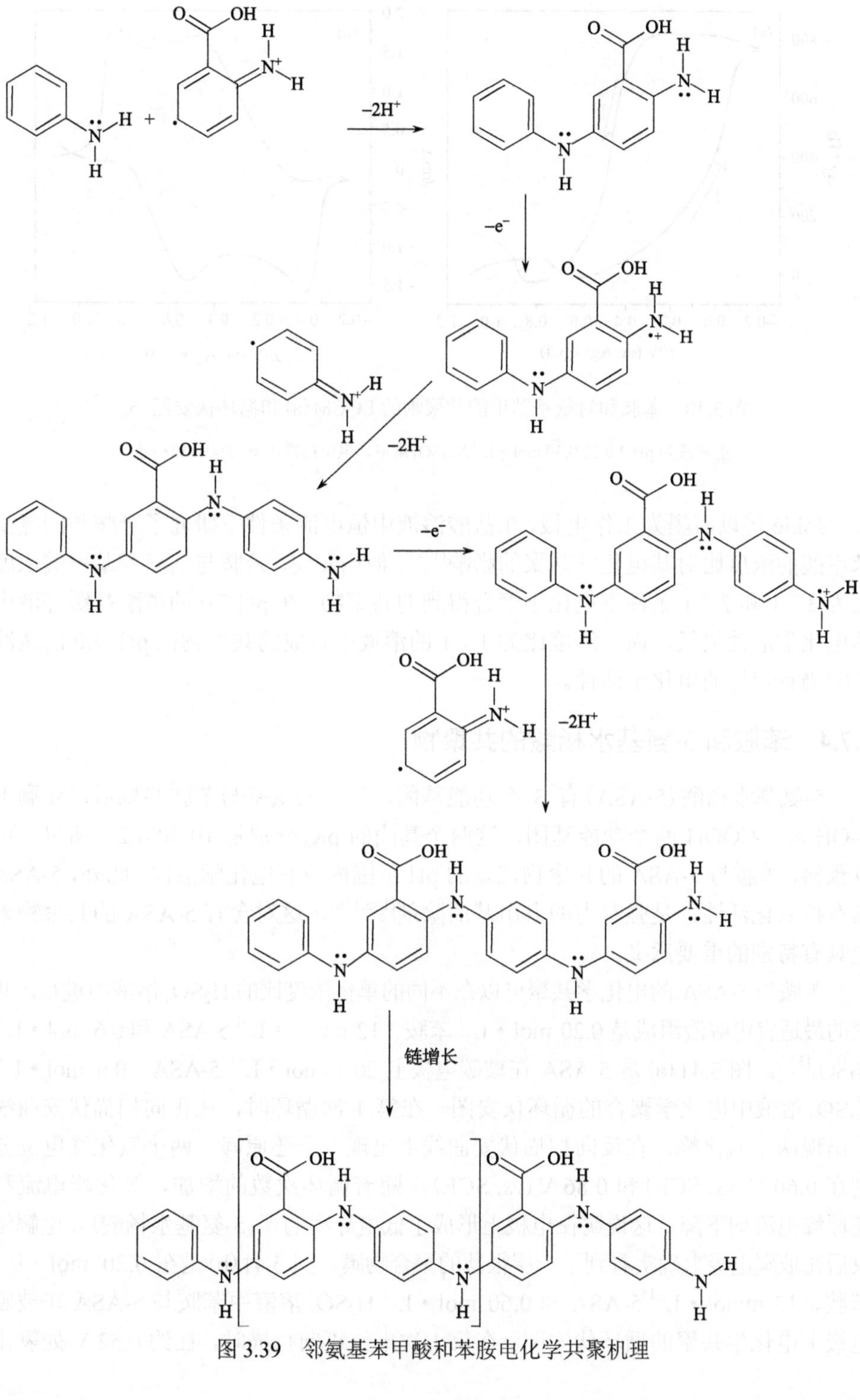

图 3.39 邻氨基苯甲酸和苯胺电化学共聚机理

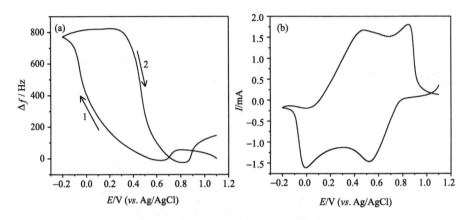

图 3.40　苯胺和对氨基苯甲酸共聚物的 EQCM(a)和循环伏安图(b)

电解液为 pH 3.0 的 0.30 mol·L^{-1}Na$_2$SO$_4$ 溶液，电位扫描速率为 60 mV·s^{-1}

Jokié 等以石墨为工作电极，在盐酸溶液中恒电流条件下研究了苯胺与间氨基苯甲酸的浓度比对其电化学共聚的影响[134]。他们发现，苯胺与间氨基苯甲酸浓度比为 3∶1 和 2∶1 条件下电化学聚合得到的共聚物，在 pH 7.0 的磷酸盐缓冲液中其电化学活性很低，而在浓度比为 1∶1 的溶液中合成的共聚物在 pH 7.0 的缓冲液中仍有较好的电化学活性。

3.7.4　苯胺和 5-氨基水杨酸的共聚物

5-氨基水杨酸(5-ASA)有 3 个功能基团，当它的氨基与苯胺共聚后，还剩下—OH 和—COOH 两个功能基团，这两个基团的 pK_a 分别是 10 和 4.2。所以，可以预料，苯胺与 5-ASA 的共聚物在宽的 pH 范围内应有电化学活性。此外，5-ASA 具有抗氧化活性，是强有力的自由基清除剂[135,136]，这对含有 5-ASA 的共聚物来说具有特别的重要意义。

苯胺与 5-ASA 的电化学共聚可以在不同的单体浓度比的 H$_2$SO$_4$ 溶液中进行。共聚的最适宜电解液组成是 0.20 mol·L^{-1} 苯胺、12 mmol·L^{-1} 5-ASA 和 0.6 mol·L^{-1} H$_2$SO$_4$[137]。图 3.41(a) 是 5-ASA 在玻碳电极上 20 mmol·L^{-1} 5-ASA、0.6 mol·L^{-1} H$_2$SO$_4$ 溶液中电化学聚合的循环伏安图。在第 1 次循环时，在正向扫描伏安曲线上出现两个氧化峰，在反向扫描伏安曲线上出现一个还原峰。两个氧化峰电位分别在 0.60 V(vs. SCE) 和 0.86 V(vs. SCE)。随着循环次数的增加，氧化峰电流和还原峰电流均下降，这说明在电极上形成了低电导率的聚(5-氨基水杨酸)，电解结束后在玻碳电极上确实看到了一层很薄的聚合物膜。图 3.41(b) 是在 0.20 mol·L^{-1} 苯胺、12 mmol·L^{-1} 5-ASA 和 0.60 mol·L^{-1} H$_2$SO$_4$ 溶液中苯胺与 5-ASA 在玻碳电极上电化学共聚的循环伏安图。在第 1 次电位正向扫描时，在约 0.52 V 处氧化电流开始升高(曲线 1),这是由 5-ASA 氧化生成二聚体或均聚物而引起的;在 0.99 V 处出现一个氧化峰,该峰电位比苯胺在 0.60 mol·L⁻¹ H₂SO₄ 溶液中的氧化聚合电位略低,应该是由 5-ASA 与苯胺的氧化共聚引起的。当电位向负电位方向扫时,在曲线 1 上出现了三个还原峰。曲线上的氧化峰电流和还原峰电流均随循环次数的增加而迅速增大,而且氧化峰的电位随循环次数的增加向负电位方向移动,这说明共聚是在自催化反应条件下进行的。

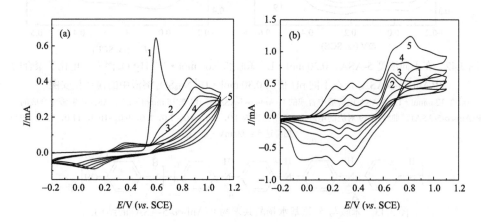

图 3.41　5-ASA 电化学聚合(a)、苯胺与 5-ASA 电化学共聚(b)的循环伏安图

(a)电解液为 20 mmol·L⁻¹ 5-ASA 和 0.60 mol·L⁻¹ H₂SO₄,电位扫描速率为 60 mV·s⁻¹;(b)电解液为 0.20 mol·L⁻¹ 苯胺、12 mmol·L⁻¹ 5-ASA 和 0.60 mol·L⁻¹ H₂SO₄,电位扫描速率为 60 mV·s⁻¹。曲线上的数字表示扫描循环次序

图 3.42 为不同浓度 5-ASA、0.20 mol·L⁻¹ 苯胺和 0.60 mol·L⁻¹ H₂SO₄ 溶液中电化学聚合的苯胺和 5-ASA 共聚物 P(Ani-co-5-ASA)(见图 3.43),在不同 pH 值的 0.30 mol·L⁻¹ Na₂SO₄ 溶液中的循环伏安图[137]。可以看出,在 12 mmol·L⁻¹ 和 15 mmol·L⁻¹ 5-ASA 溶液中合成的 P(Ani-co-5-ASA)在 pH 4.0~6.0 溶液中都有很好的电化学活性,循环伏安图上都有两对氧化-还原峰。而聚苯胺在 pH 4.0~6.0 范围内其电化学活性已完全消失。在 12 mmol·L⁻¹ 5-ASA 电解液中合成的 P(Ani-co-5-ASA)在 pH 12.0 的溶液中,循环伏安曲线上仍有一个氧化峰和两个还原峰[图 3.42(a)],说明其在碱性溶液中仍然有电化学活性,并且在 pH 12 溶液中连续循环扫描 63 次后,P(Ani-co-5-ASA)仍保持原来活性(pH 4.0 溶液中的活性)的 42.7%[137]。但是,在 15 mmol·L⁻¹ 5-ASA 电解液中合成的 P(Ani-co-5-ASA)在 pH 12.0 溶液中的电化学活性已很低[图 3.42(b)]。这说明单体浓度比对合成的共聚物性质有很大影响。

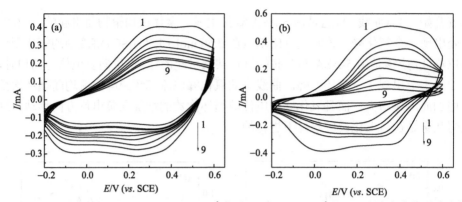

图 3.42　在不同浓度 5-ASA、0.20 mol·L⁻¹ 苯胺和 0.60 mol·L⁻¹ H₂SO₄ 溶液中电化学聚合的
P(Ani-*co*-5-ASA)，在不同 pH 值的 0.30 mol·L⁻¹ Na₂SO₄ 溶液中的循环伏安图

(a) 在 12 mmol·L⁻¹ 5-ASA 电解液中合成的 P(Ani-*co*-5-ASA)；(b) 在 15 mmol·L⁻¹ 5-ASA 电解液中合成的
P(Ani-*co*-5-ASA)。曲线 1~9 对应的电解液 pH 值依次为 4.0，5.0，6.0，7.0，8.0，9.0，10.0，11.0，12.0。电位
扫描速率：60 mV·s⁻¹

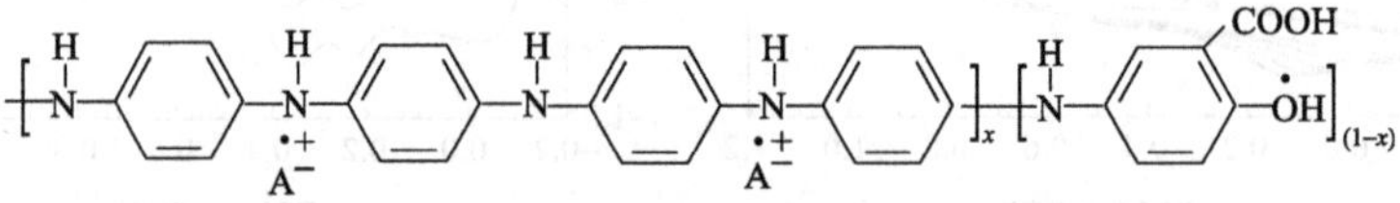

图 3.43　苯胺与 5-氨基水杨酸共聚物 P(Ani-*co*-5-ASA)的结构式

上述共聚物是在–0.2～1.2 V 的电位范围内合成的，为了了解合成电位对共聚物性质是否有影响，电解液仍为含 0.20 mol·L⁻¹ 苯胺、12 mmol·L⁻¹ 5-ASA 和 0.60 mol·L⁻¹H₂SO₄ 的溶液，而扫描电位范围设为–0.20～0.80 V，用循环伏安法制备 P(Ani-*co*-5-ASA)。它与 pH 的关系表示在图 3.44 中[137]。图 3.44(a) 的循环伏安图是在 0.20 mol·L⁻¹H₂SO₄ 溶液中得到的。很明显，在伏安图上出现了 4 对氧化-还原峰，这比聚苯胺(在相同溶液和相同电位扫描速率下)多了 1 对氧化-还原峰，这对增加导电聚合物的电容量有着重要作用。图 3.44(b)显示，共聚物在 pH 12.0 溶液中，在扫描速率为 60 mV·s⁻¹ 时，仍有两对氧化-还原峰出现在伏安图上，这在其他苯胺共聚物中尚未见到过。根据伏安曲线 1 和 9 的面积，当电极在从 pH 4.0 到 12.0 的溶液中连续循环 63 次后，P(Ani-*co*-5-ASA)在 pH 12.0 的溶液中仍保持原来(pH 4.0)活性的 62.4%，该结果比在–0.20～1.10 V 之间合成的共聚物要高。P(Ani-*co*-5-ASA)的电导率为 0.58 S·cm⁻¹[137]。

电位对 P(Ani-*co*-5-ASA)的 ESR 谱的影响见图 3.45。该实验是在 0.20 mol·L⁻¹ H₂SO₄ 溶液中测定的，电位顺序从–0.30 V (*vs.* Ag/AgCl，饱和 KCl 溶液)开始，到 0.50 V 结束[138]。可以看出，ESR 信号强度不但随电位变化，而且 ESR 谱线的形状也受到影响。曲线 5(0.10 V)有两个向上的峰和一个向下的峰，使曲线不对称。最强的 ESR 信号出现在 0.30 V(曲线 7)，那里有两个向上的峰(3510.0G 和 3513.3 G)

和一个向下的尖锐峰，3510.0 G 的峰的强度高于 3513.3 G 的。P(Ani-*co*-5-ASA)
的固体 ESR 谱没有超细结构，因固体中相邻自由基的相互作用，使谱线成单线。
据此可推断，图 3.45 中曲线 7 上的强峰(3510.0G)是由共聚物中苯胺氮原子上的
自由基引起的，因为共聚物中的苯胺量高于 5-ASA 的量。后者较弱的信号源于苯
氧自由基(PhO·)，因为苯酚氧化能生成苯氧自由基[139,140]。所以，3513.3 G 的峰
归属于 PhO·自由基，它是由于共聚物链上 5-ASA 的氧化形成的。苯胺与邻氨基
酚共聚物在 0.20 mol·L^{-1} H$_2$SO$_4$ 中的 ESR 谱显示，一个最强的 ESR 信号也出现
在 0.30 V，它有两个向上的峰(3510.7G 和 3513.5 G)和一个向下的峰[138]。3510.7 G
的峰强度高于 3513.5 G。这证实了图 3.45 中 3513.3 G 和苯胺与邻氨基酚共聚物中
的 3513.5 G 两个峰均由 PhO·自由基引起。苯酚氧化生成苯氧自由基，在共聚物
中的苯氧自由基是非常稳定的。

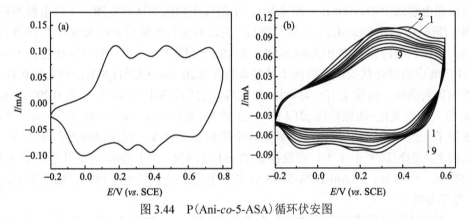

图 3.44　P(Ani-*co*-5-ASA)循环伏安图

(a) 0.20 mol·L^{-1} H$_2$SO$_4$ 溶液(pH 0.41)；(b) 不同 pH 的 0.30 mol·L^{-1} Na$_2$SO$_4$ 溶液，曲线 1～9 对应的电解液 pH
依次为 4.0，5.0，6.0，7.0，8.0，9.0，12.0。P(Ani-*co*-5-ASA)采用循环伏安法合成(−0.20～0.80 V，60 mV·s^{-1})

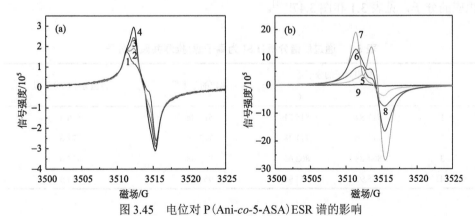

图 3.45　电位对 P(Ani-*co*-5-ASA)ESR 谱的影响

电解液为 0.20 mol·L^{-1} H$_2$SO$_4$ 溶液。曲线 1～9 对应的电位依次为−0.30，−0.20，−0.10，0.00，0.10，0.20，0.30，
0.40，0.50 V (*vs.* Ag/AgCl，饱和 KCl 溶液)

P(Ani-*co*-5-ASA)在 H$_2$SO$_4$ 溶液中的 ESR 谱揭示了有两种不同类的自由基（即·NH 和 PhO·）存在于 P(Ani-*co*-5-ASA)中，这是苯胺与 5-ASA 的共聚物在 pH 12.0 的水溶液中仍保持很高的电化学活性的原因之一。

3.7.5　苯胺与二苯胺、5-氨基水杨酸的电化学共聚

大部分有机导电聚合物是 p 型半导体，n 型有机导电聚合物相当少。这是因为大部分有机导电聚合物是通过化学氧化或电化学氧化制得的，而苯胺(Ani)、二苯胺(DPA)和 5-氨基水杨酸(5-ASA)的共聚物 P(Ani-*co*-DPA-5-ASA)，在高电位下是 p 型半导体，在低电位下是 n 型半导体。

Ani、DPA 和 5-ASA 共聚的最佳溶液组成是 0.20 mol·L^{-1} Ani、15 mmol·L^{-1} DPA、15 mmol·L^{-1} 5-ASA 和 0.6 mol·L^{-1} H$_2$SO$_4$ 水溶液[141]。由于 DPA 不溶于水，所以在电解液中加入 DMF。图 3.46(a)是溶液电解的循环伏安图，工作电极为石墨烯/玻碳电极(RGO/GC)。电解结束后，发现有棕色的膜覆盖在 RGO/GC 电极表面，该棕色膜即共聚物 P(Ani-*co*-DPA-5-ASA)。图 3.46(b1~b3)是共聚物在不同 pH 溶液中的循环伏安图：曲线 1 是共聚物在 0.20 mol·L^{-1} H$_2$SO$_4$ 溶液(pH 0.41)中的伏安曲线，曲线上有一对氧化-还原峰，它们分别位于 0.55 V 和 0.29 V(*vs.* SCE)。这对氧化-还原峰在 pH 4.0~13.3 的 Na$_2$SO$_4$ 溶液中消失(曲线 2~10)，但出现了一对新的氧化-还原峰，氧化峰电位约为 0.55 V，而还原峰约在–0.54 V，它们之间的距离大于 1 V；在这样宽的 pH 范围内，它们的峰电位几乎不受 pH 的影响。很明显，P(Ani-DPA-5-ASA)在高电位下是 p 型半导体，在低电位下是 n 型半导体。

穆绍林还用质谱测定了溶解在乙醇中的 P(Ani-*co*-DPA-5-ASA)的分子量。结果显示，共聚物中含有 4 种不同分子量的分子。根据测定的分子量，推测出 4 个相应的分子，见表 3.1 和图 3.47[141]。

表 3.1　通过质谱分析(ESI 为离子源)推测共聚物分子

分子	带电离子的分子量		测定的分子量	推测分子的分子量
	C$^+$	C$^-$		
1	517.84	515.71	516.84	516.5
2	773.76	771.48	772.76	772.6
3	864.88	862.65	863.88	863.6
4	955.92	953.91	954.92	954.6

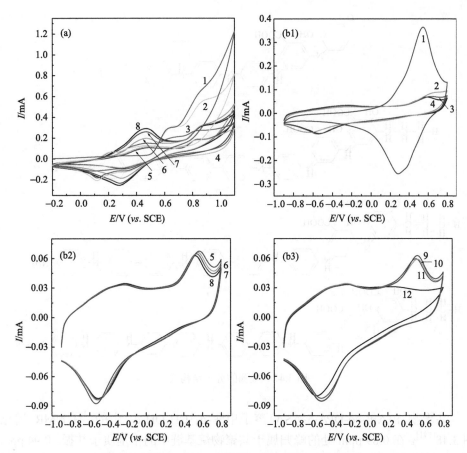

图 3.46 苯胺、二苯胺和 5-氨基水杨酸共聚的循环伏安图(a)及共聚物 P(Ani-*co*-DPA-5-ASA)
在不同 pH 溶液中的循环伏安图(b1～b3)

(a)中曲线 1～8 表示第 1～8 次循环。(b)中，曲线 1：0.20 mol·L⁻¹ H₂SO₄ 溶液；曲线 2～10：pH 4.0～12.0 的
0.30 mol·L⁻¹ Na₂SO₄ 溶液，pH 以 1 为单位递增；曲线 11：pH 13.3，0.30 mol·L⁻¹ Na₂SO₄ 和 0.1 mol·L⁻¹ NaOH
溶液；曲线 12：pH 13.3，0.1 mol·L⁻¹NaOH 溶液。电位扫描速率均为 60 mV·s⁻¹

图 3.47 中的分子 **1** 由 1 个苯胺单元、1 个 DPA 单元和 2 个 5-ASA 单元组成，
其中一个 5-ASA 单元在共聚过程中氧化成醌。分子 **2** 是由 1 个苯胺单元、2 个
DPA 单元和 3 个 5-ASA 单元组成，其中一个 5-ASA 的苯环在共聚过程中被打
开。分子 **3** 和分子 **4** 类似于分子 **2**，其差别是 2 个和 3 个苯胺单元分别在分子 **3** 和分
子 **4** 中。上述低聚物的分子结构中，三种单体对共聚物的氧化-还原反应起到了不
同的作用。在图 3.46(b)曲线 2～11 中的还原峰(约在 0.6 V)被归结为 DPA 的苯环
还原，而在 0.20 mol·L⁻¹ H₂SO₄ 溶液(曲线 1)的氧化-还原峰，是由共聚物中苯胺
的氧化-还原引起的，曲线 2～11 中的氧化峰(约在 0.6 V)也是由共聚物中苯胺的
氧化而引起的。共聚物中的 5-ASA 则起到了调节电极旁的 pH 的作用。

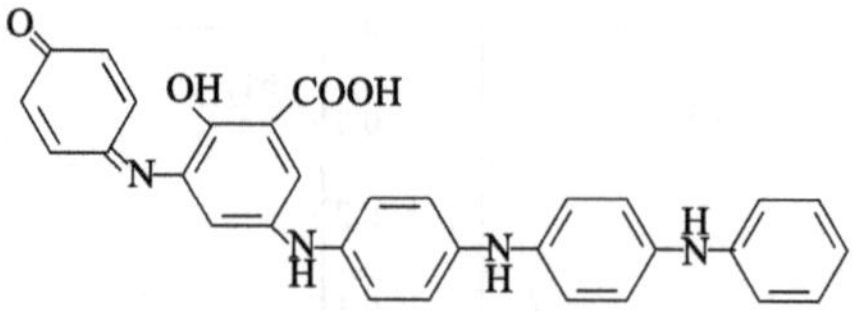

图 3.47 推测的分子结构式

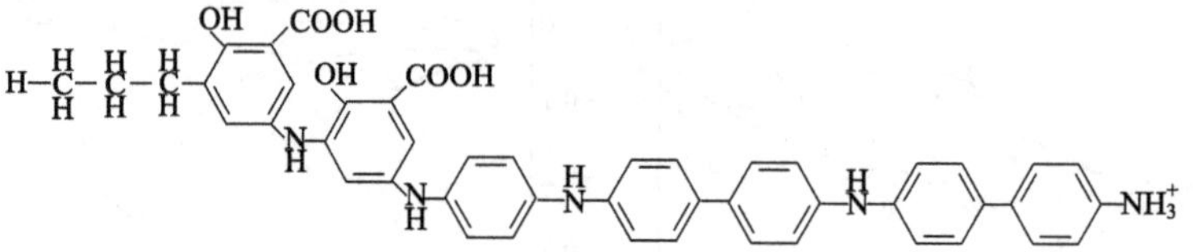

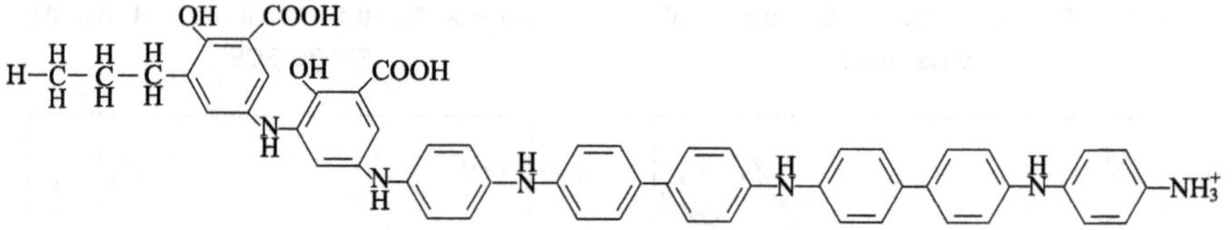

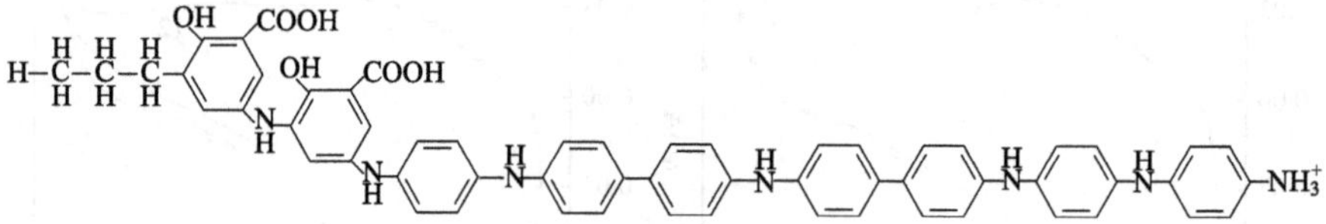

共聚物 P(Ani-*co*-DPA-5-ASA) 溶于甲醇-d_4(CH$_3$OH-d_4) 中的 ^{1}H NMR 谱见图 3.48[141]。在 0.89 ppm 处的峰归属于共聚物烷基链中的甲基质子共振;0.94 ppm 和 1.30 ppm 的两个峰分别属于 CH$_3$CH$_2$—CH$_2$— 和 CH$_3$—CH$_2$—CH$_2$—基团中的质子共振,2.85 ppm 和 2.99 ppm 的两个峰是由 DMF 上两个甲基的质子共振引起的,说明产物中 DMF 没有完全除去,这是因为反应物中 DMF 的浓度相当高;3.30 ppm 和 4.81 ppm 的两个强峰分别是由 CH$_3$OH-d_4 中的甲基质子和羟基中的质子共振引起的;在 7 ppm 附近的峰归属为芳环中的质子共振;7.96 ppm 归属于醌的质子共振。上述结果说明,共聚物中含有甲基和烷基,所以 P(Ani-*co*-DPA-5-ASA) 的 ^{1}H NMR 结果与推测分子的结构式一致。

ESR 谱证实,还原掺杂 (n 型半导体) 和氧化掺杂 (p 型半导体) 的 P(Ani-*co*-DPA-5-ASA) 中均有自由基存在[141],而在 pH 10.0 的 0.30 mol·L^{-1} Na$_2$SO$_4$ 溶液中,n 型半导体的还原型 P(Ani-*co*-DPA-5-ASA) 在可见光的照射下具有光电效应。

以上讨论的苯胺共聚物的电导率和保持电化学活性的 pH 值范围总结在表 3.2 中。

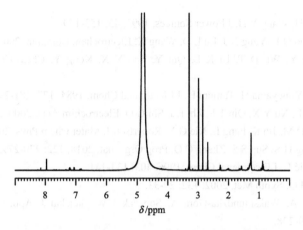

图 3.48 P(Ani-*co*-DPA-5-ASA)的 ^{1}H NMR 谱

表 3.2 聚苯胺和苯胺共聚物的电导率和保持电化学活性的 pH 值范围

单体	聚合物	电导率/(S·cm^{-1})	pH 值范围	参考文献
苯胺	PAn	5	pH<4	[34, 58]
苯胺,邻氨基酚(*o*-AP)	P(Ani-*co*-*o*-AP)	1.4	pH<9.6	[113, 119, 120]
苯胺,2-氨基-4-羟基苯磺酸(AHBA)	P(Ani-*co*-AHBA)	0.45	pH<11.0	[112]
苯胺,间氨基酚(*m*-AP)	P(Ani-*co*-*m*-AP)	1.42	pH<11.0	[124, 126]
苯胺,对氨基酚(*p*-AP)	P(Ani-*co*-*p*-AP)	—	pH<10.0	[127]
苯胺,2,4-二氨基酚(DPA)	P(Ani-*co*-DPA)	0.26	pH<11.0	[128]
苯胺,5-氨基苯磺酸(5-ASA)	P(Ani-*co*-5-ASA)	0.58	pH<12.0	[137]
苯胺,对氨基苯甲酸(*p*-ABC)	P(Ani-*co*-*p*-ABC)	—	pH<10.0	[133]

　　具有调节 pH 功能的基团的苯胺衍生物与苯胺共聚,所用的苯胺衍生物与苯胺的浓度比都低于 10%,虽然该浓度比相当低,但对共聚物的 pH 特性的影响却很大;与聚苯胺相比,共聚物明显地拓宽了 pH 的应用范围。这种有机导电共聚物类似于金属的合金。苯胺与具有调节 pH 功能的基团的苯胺衍生物共聚的结果,给出了一个有意义的启示,即将具有其他功能团的苯胺衍生物与苯胺共聚,有可能得到满足不同需求的导电聚合物新材料。

参 考 文 献

[1] MacDiarmid A G, Chiang J C, Halpern M, Huang W S, Mu S L, Somasiri N L D, Wu W Q, Yaniger S I. Mol Cryst Liq Cryst, 1985, 121: 173-180.

[2] MacDiarmid A G, Yang L S, Huang W S. Synth Met, 1987, 18: 393-398.

[3] Mu S L, Ye J H, Wang Y H. J Power Sources, 1993, 45: 153-159.

[4] Wang H L, Hao Q L, Yang X J, Lu L D, Wang X. Electrochem Commun, 2009, 11: 1158-1161.

[5] Li R J, Yang Y, Wu D T, Li K L, Qin Y, Tao Y X. Kong Y. Chem Commun, 2019, 55: 1738-1741.

[6] Kobayashi T, Yoneyama H, Tamura H. J Electroanal Chem, 1984, 177: 281-291.

[7] Zhao L, Zhao L, Xu Y X, Qiu T F, Zhi L J, Shi G Q. Electrochim Acta, 2009, 55: 491-497.

[8] Qiu C C, Liu D M, Jin K, Fang L, Xie G X, Robertson J. Mater Chem Phys, 2017, 198: 90-98.

[9] Zhu A P, Wang H S, Sun S S, Zhang C Q. Prog Org Coat, 2018, 122: 270-279.

[10] Mandić Z, Duić L. J Electroanal Chem, 1996, 403: 133-141.

[11] Mu S L, Kan J Q. Synth Met, 2002, 132: 29-33.

[12] Drelinkiewicz A, Waksmundzka-Góra A, Sobczak J W, Stejskal J. Appl Cataly A–General, 2007, 333: 219-228.

[13] Han J, Liu Y, Guo R. J Am Chem Soc, 2009, 131: 2060-2061.

[14] Yu L, Han Z, Ding Y H. Org Process Res Dev, 2016, 20: 2124-2129.

[15] Virji S, Kaner R B, Weiller B H. J Phys Chem B, 2006, 110: 22266-22270.

[16] Gong J, Li Y H, Deng Y L. Phys Chem Chem Phys, 2010, 12: 14864-14867.

[17] Mu S L, Xue H G, Qian B D. J Electroanal Chem, 1991, 304: 7-16.

[18] Mu S L, Kan J Q, Zhou J B. J Electroanal Chem, 1992, 334: 121-132.

[19] Long Y Z, Chen Z J, Shen J Y, Zhang Z M, Zhang L J, Xiao H M, Wan M X. J Phys Chem B, 2006, 110: 23228-23233.

[20] Tang B Z, Geng Y H, Lam J W Y, Li B S, Jing X B, Wang X H, Wang F S. Chem Mater, 1999, 11: 1581-1589.

[21] Wan M X, Zhou W X, Li J C. Synth Met, 1996, 78: 27-31.

[22] Geniès E M, Boyle A, Lapkowski M, Tsintavis C. Synth Met, 1990, 36: 139-182.

[23] Li C, Bai H, Shi G Q. Chem Soc Rev, 2009, 38: 2397-2409.

[24] Nambiar S. Yeow J T W. Biosens Bioelectron, 2011, 26: 1825-1832.

[25] Ćirić-Marjanović G. Synth Met, 2013, 177: 1-47.

[26] Baker C O, Huang X W, Nelson W, Kaner R B. Chem Soc Rev, 2017, 46: 1510-1525.

[27] Han J, Wang M G, Hu Y M, Zhou C Q, Guo R. Prog Polym Sci, 2017, 70: 52-91.

[28] MacDiarmid A G. Angew Chem Int Ed, 2001, 40: 2581-2590.

[29] Heeger A J. Angew Chem Int Ed, 2001, 40: 2591-2611.

[30] Bacon J, Adams R N. J Am Chem Soc, 1968, 90: 6596-6599.

[31] Diaz A F, Logan J A. J Electroanal Chem, 1980, 111: 111-114.

[32] Noufi R, Nozik A J, White J, Warren L F. J Electrochem Soc, 1982, 129: 2261-2265.

[33] Genies E M, Tsintavis C. J Electroanal Chem, 1985, 195: 109-128.

[34] Huang W S, Humphrey B D, MacDiarmid A G. J Chem Soc–Faraday Trans I, 1986, 82: 2385-2400.

[35] Wang B C, Tang J S, Wang F S. Synth Met, 1986, 13: 329-334.

[36] Genies E M, Lapkowski M. Synth Met, 1988, 24: 69-76.

[37] Mu S L, Chen C X, Wang J M. Synth Met, 1997, 88: 249-254.

[38] Eftekhari A, Afshani R. J Polym Sci Part A–Polym Chem, 2006, 44: 3304-3311.

[39] Karyakin A A, Strakhova A K, Yatsimirsky A K. J Electroanal Chem, 1994, 371: 259-265.

[40] Hong S Y, Park S M. J Phys Chem B, 2005, 109: 9305-9310.

[41] Mu S L, Kan J Q. Electrochim Acta, 1996, 41: 1593-1599.

[42] Chen W L, Mu S L. Electrochim Acta, 2011, 56: 2284-2289

[43] Mu S L, Kan J Q, Lu J T, Zhuang L. J Electroanal Chem, 1998, 446: 107-112.

[44] Bard A J, Faulkner L R. Electrochemical Methods: Fundamentals and Applications. New York: John Wiley & Sons, 2001: 45-46.

[45] Kolla H S, Surwade S P, Zhang X Y, MacDiarmid A G, Manohar S K. J Am Chem Soc, 2005, 127: 16770-16771.

[46] Chiang J C, MacDiarmid, A G. Synth Met, 1986: 13: 193-205.

[47] MacDiarmid A G, Chiang J C, Richter, A F, Epstein A J. Synth Met, 1987, 18: 285-290.

[48] Masters J G, Sun Y, MacDiarmid A G. Epstein A J. Synth Met, 1991, 41-43: 715-718.

[49] Tang J S, Jing X B, Wang B C, Wang F S. Synth Met, 1988, 24: 231-238.

[50] Zhang J, Shan D, Mu S L. J Polymer Sci Part A–Polym Chem, 2007, 45: 5573-5582.

[51] Mu S L. Synth Met, 2010, 160: 1931-1937.

[52] Long S M, Cromack K R, Epstein A J, MacDiarmid A G. Synth Met, 1994, 62: 287-289.

[53] Mu S L, Shen Y, Xue H G, Jiang Y X, Lin A A. Bull Electrochem, 1991, 7: 28-31.

[54] Mohilner D M, Adams R N, Argersinger W J. J Am Chem Soc, 1962, 84: 3618-3622.

[55] Zotti G, Cattarin S, Comisso N. J Electroanal Chem, 1987, 235: 259-273.

[56] Gholamian M, Contractor A Q. J Electroanal Chem, 1988, 252: 291-301.

[57] 穆绍林. 物理化学学报, 1988, 4: 14-19.

[58] Focke W W, Wnek G E, Wei Y. J Phys Chem, 1987, 91: 5813-5818.

[59] Yoon C O, Kim J H, Sung H K, Kim J H, Lee K. Synth Met, 1996, 81: 75-80.

[60] Wei X L, Epstein A J. Synth Met, 1997, 84: 791-792.

[61] Genoud F, Kruszka J, Nechtschein M, Santier, C, Davied S, Nicolau, Y. Synth Met, 1991, 43: 2887-2890.

[62] Zhuang L, Zhou Q, Lu J T. J Electroanal Chem, 2000, 493: 135-140.

[63] Eftekhari A. Nanostracted Conductive Polymers. Great Britain: John Wiley & Sons Lid, 2010: 37-39.

[64] Zhao Y C, Chen M, Xu T, Liu W M. Colloids Surf A, 2005, 257-258: 363-368.

[65] Choi S J, Park S M. Adv Mater, 2000, 12: 1547-1549.

[66] Mu S L, Yang Y F. Phys Chem B, 2008, 112: 11558-11563.

[67] Lv R G, Zhang S L, Shi Q F, Kan J Q. Synth Met, 2005, 150: 115-122.

[68] Kan J Q, Jiang Y, Zhang Y. Mater Chem Phys, 2007, 102: 260-265.

[69] Delvaux M, Duchet J, Stavaux P Y, Legras R. Synth Met, 2000, 113: 275-280.

[70] Liang L, Liu J, Windisch C F, Exarhos G J, Lin Y H. Angew Chem Int Ed, 2002, 41: 3665-3668.

[71] Deepa M, Ahmad S, Sood K N, Alam J, Ahmad S, Srivastava A K. Electrochim Acta, 2007, 52: 7453-7463.

[72] Orata D, Buttry D A. J Am Chem Soc, 1987, 109: 3574-3581.

[73] Genies E M, Syed A A, Tsintavis C. Mol Cryst Liq Cryst, 1985, 121 : 181-186.

[74] LaCroix J C, Diaz A F. J Electrochem Soc, 1988, 135: 1457-1463.

[75] Osaka T, Ogano S, Naoi K, Oyama N. J Electrochem Soc, 1989, 136: 306-309.

[76] Osaka T, Nakajima T, Shiota K, Momma T. J Electrochem Soc, 1991, 138: 2853-2858.

[77] Morita M, Miyazaki S, Tanoue H, Ishikawa M. J Electrochem Soc, 1994, 141: 1409-1413.

[78] Mu S L, Kong Y, Wu J. Chinese J Polym Sci, 2004, 22: 405-415.

[79] Mu S L, Shan D, Yang Y F, Li Y F. Synth Met, 2003, 135-136: 199-200.

[80] Shan D, Mu S L. Synth Mets, 2002, 126: 225-232.

[81] 穆绍林, 杨一飞. 物理化学学报, 2000, 16: 830-834.

[82] Zhang L, Dong S J. J Electroanal Chem, 2004, 568: 189-194.

[83] 穆绍林, 杨一飞, 谭志安. 物理化学学报, 2003, 19: 588-592.

[84] Mu S L. Synth Met, 2003, 139: 287-294.

[85] Niu L, Li Q H, Wei F H, Chen X, Wang H. Synth Mets, 2003, 139: 271-276.

[86] Guo S J, Dong S J, Wang E K. Small, 2009, 16: 1869-1876.

[87] Mullane A, Dale S E, Macpherson J V, Unwin P R. Chem Commun, 2004: 1606-1607.

[88] Guo M L, Chen J H, Li J, Tao B, Yao S Z. Anal Chim Acta, 2005, 532: 71-77.

[89] Luo X, Killard A J, Smyth M R. Chem Eur J, 2007, 13: 2138-2143.

[90] Mu S L, Liu J C. Chem J Internet, 1999, 1: 1-9.

[91] Mu S L. Electrochim Acta, 2007, 52: 7827-7834.

[92] Li Y F, Yan B Z, Yang J, Cao Y, Qian R Y. Synth Met, 1988, 25: 79-88.

[93] Sariciftci N S, Heeger A J, Cao Y. Phys Rev B, 1994, 49: 5988-5992.

[94] Kahol P K. Solid State Commun, 2002, 124: 93-96.

[95] Kahol P K, Raghunathan A, McCormick B J. Synth Met, 2004, 140: 261-267.

[96] Patil R, Harima Y, Yamashita K, Komaguchi K, Itagaki Y, Shiotani M. J Electroanal Chem, 2002, 518: 13-19.

[97] Long Y Z, Chen Z J, Shen J Y, Zhang Z M, Zhang L J, Xiao H M, Wan M X, Duvail J L. J Phys Chem B, 2006, 110: 23228-23233.

[98] Zhang F M, Mu S L. J Phys Chem B, 2010, 114: 16687-16693.

[99] Glarum S H, Marshall J H. J Phys Chem, 1986, 90: 6076-6077.

[100] Yang S M, Lin T S. Synth Met, 1989, 29: 227-234.

[101] Lapkowski M, Geniés E M. J Electroanal Chem Interf Electrochem, 1990, 279: 157-168.

[102] Kozieh K, hapkowski M, Genies E. Synth Met, 1997, 84: 105-106.

[103] Zhou Q, Zhuang L, Lu J T. Electrochem Commun, 2002, 4: 733-736.

[104] Yan X Z, Goodson T. J Phys Chem B, 2006, 110: 14667-14672.

[105] Mu S L, Chen C, Xue H G. J Electroanal Chem, 2014, 724: 71-79.

[106] Barzegar A. Food Chem, 2012, 135: 1369-1376.

[107] Chen C, Xue H G, Mu S L. J Electroanal Chem, 2014, 713: 22-27.

[108] Yue J, Epstein A J. J Am Chem Soc, 1990, 112: 2800-2801.

[109] Yue J, Wang Z H, Cromack K R, Epstein A J, MacDiarmid A J. J Am Chem Soc, 1991, 113: 2665-2671.

[110] Barbero C, Kötz R. Adv Mater, 1994, 6: 577-580.

[111] Li C M, Mu S L. Synth Met, 2005, 149: 143-149.

[112] Mu S L. J Phys Chem B, 2008, 112: 6344-6349.

[113] Mu S L. Synth Met, 2004, 143: 259-268.

[114] Shah A A, Holze R. Electrochim Acta, 2006, 52: 1374-1382.

[115] Shah A A, Holze R. Synth Met, 2006, 156: 566-573.

[116] Shah A A, Holze R. J Solid State Electrochem, 2006, 11: 38-51.

[117] Liu M L, Ye M, Yang Q, Zhang Y Y, Xie Q J, Yao S Z. Electrochim Acta, 2006, 52: 342-352.

[118] Mascaro L H, Berton A N, Micaroni L. Int J Electrochem, 2011, doi: 10. 4061/2011/292581.

[119] Mu S L. Electrochim Acta, 2006, 51: 3434-3440.

[120] Mu S L. Macromol Chem Phys, 2005, 206: 689-695.

[121] Yang Y F, Mu S L. J Phys Chem C, 2011, 115: 18721-18728.

[122] Glarum S H, Marshall J H. J Phys Chem, 1986, 90: 6076-6077.

[123] Glarum S H, Marshall J H. J Electrochem Soc, 1987, 134: 2160-2165.

[124] Zhang J, Shan D, Mu S L. Electrochim Acta, 2006, 51: 4262-4270.

[125] Mu S L, Chen C. J Phys Chem B, 2007, 111: 6998-7002.

[126] Kong Y, Zhou T, Qin Y, Tao Y, Wei Y. J Electrochem Soc, 2014, 161: H573-H577.

[127] Chen C X, Sun C, Gao Y H. Electrochim Acta, 2008, 53: 3021-3028.

[128] Mu S L, Zhang Y, Zhai J P. Electrochim Acta, 2009, 54: 3923-3929.

[129] Gill M T, Chapman S E, DeArmitt C L, Baines F L, Dadswell C M, Stamper J G, Lawless G A, Billingham N C, Armes S P. Synth Met, 1998, 93: 227-233.

[130] Pretsch E, Bühlmann P, Affolter C. Structure Determination of Organic Compounds–Tables of Spectra Data. Berlin: Springer-Verlag, 2000.

[131] Willard H H, Merritt L L, Dean J A. Instrumental Methods of Analysis. 5th edition. New York: D Van Nostrand Company, 1974: 251.

[132] Benyoucef A, Boussalem S, Ferrahi M I, Belbachir M. Synth Met, 2010, 160: 1591-1597.

[133] Kong Y, Sha Y, Xue S K, Wei Y. J Electrochem Soc, 2014, 161: H249-H254.

[134] Jokié B M, Džunuzović E S, Grgur B N, Jugović B Z, Trišovic, T L, Stevanović J S, Gvozdenović M M. J Polym Res, 2017, 24: 146.

[135] Allgayer H, Höfer P, Schmidt M, Böhne P, Kruis W, Gugler R. Biochem Pharmacol, 1992, 43: 259-262.

[136] Pearson D C, Jourd'heuil D, Meddings J B. Free Radic Biol Med, 1996, 21: 367-373.

[137] Mu S L. Synth Met, 2011, 161: 1306-1312.

[138] Mu S L. Synth Met, 2012, 162: 893-899.

[139] Baizer M M, Lund H. Organic Electrochemistry–An Introduction and A Guide. 2nd edition. New York, Basel: Marcel Dekker, Inc, 1983: 496-497.

[140] Cren-Olivé C, Hapiot P, Pinson J, Rolando C. J Am Chem Soc, 2002, 124: 14027-14038.

[141] Mu S L. Electrochim Acta, 2014, 144: 243-253.

第**4**章

导电聚噻吩的电化学制备和电化学性质

4.1 噻吩及其衍生物的电化学制备

聚噻吩是一种重要的光电活性共轭高分子聚合物，在共轭聚合物光伏材料、发光材料和导电聚合物等方面都有重要应用。聚噻吩可以通过噻吩单体的催化化学合成、化学氧化聚合以及电化学聚合来制备。与化学合成相比，电化学聚合具有如下突出的优点：无需催化剂，直接把掺杂态导电聚合物沉积在电极表面，可以通过聚合电量控制导电聚噻吩膜的厚度以及在电化学聚合的过程中可以进行导电聚噻吩的原位电化学表征。所以，电化学聚合对于开展导电聚噻吩的电化学应用和电化学表征非常重要。

与聚吡咯和聚苯胺的电化学聚合相比，聚噻吩的电化学聚合的最大特点是其单体的氧化聚合电位较高，电位需要高达 1.65 V (*vs.* SCE)，噻吩单体才能被氧化而发生聚合(见表 4.1)，与吡咯和苯胺 0.7~0.8 V 左右的氧化聚合电位相比高很多。因此，噻吩的电化学聚合不能在水溶液中进行，只能在有机电解液中进行，因为在如此高的电位，溶剂水本身将会被电解。另外，在高电位下电化学聚合制备的导电聚噻吩很容易发生过氧化降解反应，导致聚噻吩共轭结构的破坏和导电性的丧失。所以，噻吩的电化学聚合需要严格控制无氧条件(惰性气体保护)。

表 4.1 列出了噻吩单体和噻吩低聚物在乙腈电解液中的电化学氧化聚合电位和对应聚合物的氧化掺杂电位[1]。可以看出，噻吩低聚物二连噻吩的氧化聚合电位显著下降，从噻吩单体氧化聚合的 1.65 V 降低到了 1.20 V。同时，噻吩单体上的取代基对其氧化聚合电位也有明显影响，给电子(electron-donating)取代基(比如烷基、烷氧基等)也会使单体的氧化聚合电位降低，但是吸电子(electron-withdrawing)取代基(比如卤素等)会使其氧化聚合电位进一步升高。降低氧化聚合电位将有利于噻吩的电化学聚合,而提高电化学氧化聚合电位将进一步增加噻吩电化学聚合的难度。因此,取代基对噻吩电化学聚合过程的影响也是噻吩电化学聚合研究的一个主要内容。另外,从表 4.1 还可以看出,聚合物的氧化掺杂电位较单体的氧化聚合电位显著降低,降低幅度为 0.1～0.6 V。所以电化学氧化聚合制备的导电聚噻吩总是处于氧化掺杂状态。

表 4.1 各种噻吩衍生物单体的氧化聚合电位及对应聚合物的氧化掺杂电位[V(*vs.* SCE)][1]

噻吩衍生物	单体氧化聚合电位	聚合物氧化掺杂电位
噻吩 (thiophene, T)	1.65	1.1
二连噻吩 (2,2'-bithiophene, bT)	1.20	0.70
3-甲基噻吩 (3-methyl thiophene, 3-MeT)	1.35	0.77
3-溴噻吩 (3-bromothiophene, 3-BrT)	1.85	1.35
3,4-二溴噻吩 (3,4-dibromothiophene, 3,4-BrT)	2	1.45
3,4-二甲基噻吩 (3,4-dimethylthiophene, 3,4-MeT)	1.25	0.98
3,4-甲基乙基噻吩 (3,4-methyl-ethyl-thiophene, 3,4-MeEtT)	1.26	1.06
3,4-二乙基噻吩 (3,4-diethyl thiophene, 3,4-EtT)	1.23	1.10
3-甲硫基噻吩 (3-thiomethyl thiophene, 3-SCH$_3$T)	1.30	0.72

4.1.1　噻吩单体在乙腈等非水电解液中的电化学聚合

Tourillon 和 Garnier[2]最早开展了在乙腈(CH$_3$CN)电解液中由噻吩单体电化学聚合制备导电聚噻吩的研究。他们使用 Pt 工作电极在 1.6 V (*vs.* SCE)恒电位下进行电化学聚合,使用的电解液是含 0.01 mol·L^{-1} 噻吩、0.1 mol·L^{-1} (Bu)$_4$NClO$_4$ 的乙腈溶液(含约 0.01 mol·L^{-1} 水),电化学聚合前鼓氩气 15 min 除氧。他们得到的导电聚噻吩薄膜的电导率为 10～100 S·cm^{-1}。他们发现,氩气鼓气除氧非常重要,如果使用未经氩气除氧处理的电解液进行噻吩的电化学聚合,得到的聚噻吩的电导率只有约 0.1 S·cm^{-1}。这是因为如果有氧存在,在 1.6 V 高电位下电化学聚合制备的导电聚噻吩很容易发生过氧化降解反应,导致聚噻吩共轭结构的破坏和电导率的降低。

影响电化学氧化聚合的条件包括工作电极材料,电解液中的溶剂、支持电解质浓度和单体浓度(包括其在溶剂中的溶解度),以及聚合电位、聚合电流和聚合温度等。由于噻吩的氧化聚合电位比吡咯和苯胺的电化学氧化聚合电位高得多,所以对发生电化学反应的工作电极和电解液提出了更高的要求,就是要求在噻吩电化学聚合的高氧化电位[1.65 V(*vs.* SCE)]下电极和电解液不能被氧化或者是发生氧化反应的速率很低。

Tanaka 等[3]研究了工作电极材料对噻吩电化学聚合过程的影响,他们发现在 Pt、Au、Cr、Ni、ITO 电极上聚合噻吩单体都可以得到聚噻吩薄膜,而在 Cu、Ag、Pb、Zn 等金属电极上观察不到噻吩的电化学聚合。一种可能的原因是对于一般金属电极,存在两种氧化反应的竞争,即金属氧化溶解和噻吩氧化聚合,两个反应的速率常数的相对大小决定着能否生成聚噻吩膜。另外一种可能性是在金属电极表面有一层很薄的氧化物膜,该膜具有半导性,降低了金属发生电化学氧化溶解的速度,而不影响噻吩的氧化聚合。他们还研究了电解液溶剂对噻吩电化学聚合过程的影响,发现具有高的介电常数并带有吸电子取代基(—CN,—NO$_2$)的溶剂有利于噻吩的聚合。在不同的溶剂中,噻吩能够聚合成膜的最低单体浓度有所不同(见表 4.2)。在乙腈电解液中,噻吩单体浓度为 0.01 mol·L^{-1} 时,循环电位扫描电化学聚合的循环伏安图上在 1.9 V 处出现氧化电流峰,超过 1.9 V 由于电极表面的单体浓度耗尽而导致电流下降;而浓度达 0.1 mol·L^{-1} 时,直到 2.2 V 氧化电流一直上升,说明一直发生聚合反应。浓度低时,高电位下将发生在电极上生成的导电聚噻吩的过氧化降解反应。他们也研究了噻吩单体上取代基的影响,发现噻吩 3 位上带给电子取代基有利于电化学氧化聚合,其氧化聚合电位降低,带吸电子取代基不利于聚合,其氧化聚合电位升高,有时甚至不发生聚合。

表 4.2 不同溶剂的介电常数及在含 0.1 mol·L^{-1} Bu$_4$NPF$_6$ 电解液中能够发生噻吩聚合的最低单体浓度

溶剂	介电常数	发生聚合的最低单体浓度/(mol·L^{-1})
硝基苯(nitrobenzene)	35.70	0.1
氰基苯(benzonitrile)	25.20	0.4
氯苯(chlorobenzene)	5.71	不聚合
甲氧基苯(anisole)	4.33	不聚合
乙腈(acetonitrile)	37.50	0.1

Sato 等[4]考察了电解液溶剂对聚合物电导率的影响,认为碳酸丙烯酯(PC)是最好的溶剂。他们使用含 NaAsF$_6$ 的 PC 电解液,严格控制无水无氧条件(对电解液进行严格的脱水处理以及氩气处理和氩气保护),并采用恒电流密度 5 mA·cm^{-2} 通过电化学聚合得到了电导率高达 190 S·cm^{-1} 的导电聚噻吩薄膜[5]。

Imanishi 等[6]研究了电解液阴离子对聚合过程的影响。这主要取决于电解液中支持电解质阴离子本身的氧化电位(*vs.* Ag 线):比如 I$^-$ 为 0.43 V, Br$^-$ 为 1.0 V, Cl$^-$ 为 1.5 V, *p*-TS$^-$(对甲苯磺酸根)为 1.68 V, ClO$_4^-$ 为 2.50 V, BF$_4^-$ 为 2.63 V。而噻吩

单体氧化聚合电位接近 1.7 V，所以在阴离子氧化电位低于 1.7 V 的电解液中都不发生噻吩的聚合，而是发生阴离子的氧化。

Tanaka 等[7]采用 ITO 电极，在含 0.1 mol·L^{-1} 噻吩、0.02 mol·L^{-1} Bu$_4$NClO$_4$ 的硝基苯电解液中恒电流密度(1 mA·cm^{-2})下进行噻吩电化学氧化聚合，研究了温度对噻吩电化学聚合的影响。他们控制的电化学聚合温度为 5℃、25℃ 和 40℃，发现低温(5℃)下聚合得到的聚噻吩电导率高、膜质量好，而在高温下聚合得到的聚噻吩的有效共轭长度短、交联的结构缺陷多，导致电导率的降低。Otero 等[8]也研究了温度对噻吩电化学聚合的影响。他们使用的聚合电解液为含 0.25 mol·L^{-1} 噻吩、0.1 mol·L^{-1} LiClO$_4$ 的乙腈溶液，于 1.7 V (vs. SCE)下恒电位聚合，控制的聚合温度为-12℃、0℃、20℃、40℃、60℃，结果也表明，低温下聚合的电流效率高，聚合膜的电化学活性强、电导率高。

Ito 等[9]研究了恒电流条件下电流密度对制备的导电聚噻吩薄膜力学性能的影响。他们在氮气气氛下进行噻吩的电化学聚合，电解液是含 0.3 mol·L^{-1} 噻吩、0.03 mol·L^{-1} Bu$_4$NClO$_4$ 的无水硝基苯电解液，恒电流密度(0.7~5.0 mA·cm^{-2})5℃下聚合。获得的 PTh 膜的力学性能与控制的电流密度有密切关系(见表 4.3)。从表 4.3 可以看出，随着聚合电流的增加，聚噻吩薄膜的力学性能变差。此外，脱掺杂后的中性(本征态)聚噻吩膜的力学强度好于氧化掺杂态导电聚噻吩薄膜。在 0.7 mA·cm^{-2} 恒电流密度条件下聚合得到的掺杂态聚噻吩薄膜的力学模量(modulus)达到 2.6 GPa，力学强度(strength)为 74 MPa；而脱掺杂后的中性聚噻吩薄膜最高力学模量达到 3.3 GPa，力学强度为 82 MPa。他们还发现，聚合物表面的形貌也与聚合电流有关，电流越大，表面越粗糙。

表 4.3　采用恒电流电化学氧化聚合法制备的聚噻吩薄膜的力学性能

聚噻吩薄膜	聚合电流密度/(mA·cm^{-2})	力学模量/GPa	力学强度/MPa
	0.7	2.6	74
氧化掺杂态	3.0	2.1	60
	5.0	1.8	35
	0.7	3.3	82
脱掺杂后的中性本征态	3.0	2.6	67
	5.0	2.0	30

对于噻吩单体电化学氧化聚合的机理，Otero 等[10]认为是类似吡咯电化学聚合的阳离子自由基聚合机理(参见第 2 章 2.1.4 节 "电化学聚合反应机理和反应速率方程" 的内容)。Tanaka 等[3]使用一般电极和旋转环盘电极(RRDE)研究了噻吩

的电化学聚合过程，发现聚合过程中有可溶性噻吩低聚物生成，并且这种低聚物影响着聚合过程。Hillman 等[11]系统地研究了噻吩电化学聚合不同阶段的原位吸收光谱，发现存在 3 个不同的阶段：聚合的最初几秒，生成噻吩低聚物(在 560 nm 左右有一个弱的吸收峰)，然后吸收向长波长移动，表明聚合物链在增长，最后出现金属吸收特性(在近红外区出现吸收)，说明形成了导电聚噻吩。

4.1.2 噻吩 α 位硅基化单体的电化学聚合

对于噻吩的电化学聚合，主要是发生噻吩 α 位的偶联，但有时也会发生 β 位的交联，形成导电聚噻吩的结构缺陷。有一种方法可避免发生 β 位交联，即在噻吩单体的两个 β 位连上取代基，先把这两个 β 位占上(保护起来)，但是这样会增加噻吩的空间位阻，导致聚噻吩的共轭程度降低和电导率的下降。Roncali 等[12]采用了一种化学合成聚噻吩会用到的硅基化的方法来避免 β 位的交联。他们先在噻吩单体的 α 位进行三甲基硅取代，对噻吩的 α 位进行活化，然后进行三甲基硅取代噻吩单体的电化学聚合。使用硅取代来进行电化学聚合有如下优点：硅的电负性较低[鲍林(Pauling)电负性为 1.8]，C—Si 键比 C—H 键要弱，并且三甲基硅取代噻吩容易合成且稳定。他们使用 Pt 片工作电极、Pt 丝对电极和 SCE 参比电极，在含 0.5 mol·L^{-1} LiClO$_4$ 和 0.002 mol·L^{-1} 单体的乙腈电解液中采用循环伏安法测量了电化学聚合电位，发现三甲基硅取代的噻吩的电化学氧化聚合电位较噻吩单体的氧化聚合电位低了 0.1 V 左右。当使用硝基苯做溶剂恒电流聚合时，发现 α 位三甲基硅取代的单体电化学氧化聚合的电位也有所降低，并且得到的是 α 位相连的聚噻吩。

Roncali 等[13]进而使用四噻吩硅[T$_4$Si，分子结构式见图 4.1(a)]为单体进行了高性能导电聚噻吩的电化学制备。他们发现 T$_4$Si 发生电化学氧化聚合的电位与噻吩单体基本相同，电位扫描至 1.68 V(vs. SCE)之后氧化聚合电流迅速上升。图 4.1(b)为 T$_4$Si 在 2.4 mmol·L^{-1} T$_4$Si、0.05 mol·L^{-1} Bu$_4$NPF$_6$ 的硝基苯溶液中于 –0.2~1.8 V (vs. SCE)电位范围内的循环伏安图(扫描速率为 100 mV·s^{-1})。图中在电位高于 1.65 V 的区域的氧化电流为单体氧化聚合电流，在 0.3~1.5 V 之间的还原和氧化电流峰分别是聚合产生的聚噻吩还原脱掺杂和再氧化掺杂的电流峰。可以看出，随着电位循环扫描次数的增加，对应导电聚噻吩的氧化-还原电流逐渐增加，并且表现出非常好的氧化-还原可逆性，其可逆性优于从噻吩单体聚合得到的聚噻吩(氧化峰电位和还原峰电位之间的差更小)，表明生成的聚噻吩具有更高的导电性。

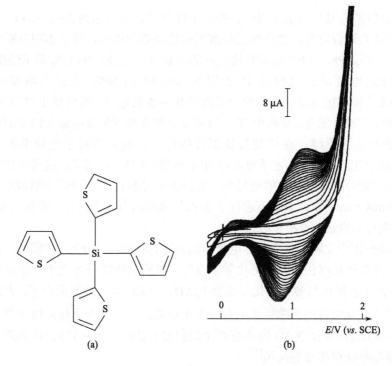

图 4.1　T₄Si 的分子结构 (a) 及其在 –0.2～1.8 V (*vs*. SCE) 之间电化学氧化聚合的循环伏安图 (b)

电位扫描速率：100 mV·s⁻¹，　电解液为含 2.4 mmol·L⁻¹ T₄Si、0.05 mol·L⁻¹ Bu₄NPF₆ 的硝基苯溶液

对于噻吩单体的电化学聚合，噻吩单体浓度需要高于 0.02 mol·L⁻¹，否则在电极上不能形成聚噻吩薄膜。不过，Roncali 等[13]使用 T₄Si 单体进行电化学聚合时发现，在 T₄Si 单体浓度低至 0.0025 mol·L⁻¹（相当于 0.01 mol·L⁻¹ 噻吩）仍可以发生电化学聚合反应。这说明 T₄Si 的特殊结构有利于其相邻噻吩单元之间的耦合。他们通过使用 T₄Si 单体氧化聚合得到了 α-α 位相连的高度共轭的聚噻吩，其电导率达 200 S·cm⁻¹[13]。

4.1.3　噻吩衍生物的电化学聚合

如前所述，在噻吩单体上进行烷基或烷氧基等富电子基团的取代，可以显著降低其电化学聚合电位，这有利于噻吩的电化学聚合。比如，3-甲基噻吩（3-MeT）的氧化聚合电位可以降低到 1.35 V（*vs*. SCE）（表 4.1）。Sato 等[5]使用 ITO 导电玻璃或者是 Pt 工作电极在 PC 电解液中恒电流电化学聚合 3-甲基噻吩获得了高电导率的聚合物薄膜。他们在进行电化学聚合时严格控制无水无氧等条件，包括单体通过氯化钙干燥、蒸馏，然后储存在氮气氛中，碳酸丙烯酯(PC)溶剂通过分子筛干燥、蒸馏，并储藏在氮气氛中。电化学聚合采用恒电流密度 10 mA·cm⁻²，在较低的温度(5℃)且氮气氛下进行,控制电化学聚合电量达到 2.4 C·cm^{-2}。

他们认为聚合电解液的电解质和溶剂的选择非常重要,对于 3-甲基噻吩的电化学聚合,Et$_4$NPF$_6$ 的 PC 溶液是比较好的电解液。另外,NaAsF$_6$ 和 Et$_4$NBF$_4$ 也是比较好的电解质。电解液中 3-甲基噻吩和 Et$_4$NPF$_6$ 的最佳浓度分别是 0.2 mol·L^{-1} 和 0.03 mol·L^{-1}。聚合温度的控制也很重要,温度低于-15℃时得到的聚合物膜的质量很差,在高于 10℃的温度下聚合得到的导电聚合物膜的电导率随温度的升高而下降。在控制最佳聚合条件下,他们获得了电导率为 450～510 S·cm^{-1} 的蓝色带金属光泽的聚(3-甲基噻吩)(P3MeT)薄膜,这是电化学聚合得到的导电聚合物薄膜最高的电导率。他们还在含 NaAsF$_6$ 的 PC 电解液中,恒电流密度 5 mA·cm^{-2} 聚合条件下进行了 3-乙基噻吩的电化学聚合,得到的聚(乙基噻吩)的电导率也达到 270 S·cm^{-1}。

Garnier 等[14]发现,噻吩单体电化学聚合时存在较多的 β 位连接耦合,产生结构缺陷,而 3-甲基取代的噻吩电化学聚合的聚噻吩 P3MT 基本上不存在这种结构缺陷。他们在乙腈电解液中电化学聚合 P3MT,用 CF$_3$SO$_3^-$ 作对阴离子,发现最高掺杂度可达 0.5(每两个噻吩单元有一个正电荷),并且发现这种高掺杂聚噻吩小区域内存在结晶结构,XRD 图上有两个衍射峰(2θ=17°,29.8°),认为属于六方晶格,聚噻吩链存在螺旋结构[14]。

噻吩一般不能在水溶液中进行电化学聚合,一方面是因为噻吩的氧化聚合电位太高,另一方面是由于噻吩单体在水中的溶解性很差。通过强的给电子基团取代导致聚合电位下降使噻吩在水溶液中的电化学聚合成为可能。Fall 等[15]在含表面活性剂十二烷基磺酸钠(SDS)的水溶液中对甲氧基取代噻吩(MOT)进行了电化学聚合。甲氧基取代使噻吩的氧化聚合电位显著降低,同时表面活性剂的使用提高了噻吩单体在水溶液中的溶解度。他们使用含 0.1 mol·L^{-1} LiClO$_4$、0.1 mol·L^{-1} SDS 的水溶液(添加 4vol%1-丁醇作为共表面活性剂),加入 0.1 mol·L^{-1} MOT 后再超声处理 10 min 以促进 MOT 溶解(形成表面活性剂胶束)。添加 1-丁醇也是为了提高 MOT 的溶解度,从而可以使单体 MOT 的浓度达到 0.1 mol·L^{-1}。他们比较了 MOT 在 0.1 mol·L^{-1} LiClO$_4$ 乙腈溶液 和 0.03 mol·L^{-1} SDS + 0.1 mol·L^{-1} LiClO$_4$ 水溶液中的循环伏安图[15],发现在含 SDS 的胶束水溶液中,MOT 的电化学氧化聚合电位较乙腈电解液中显著降低,起始氧化聚合电位降低到 1 V (*vs* SCE)左右。图 4.2 为 MOT 在 Pt 电极上,含 0.1 mol·L^{-1} MOT、0.1 mol·L^{-1} LiClO$_4$、0.1 mol·L^{-1} SDS (含 4 vol.% l-丁醇)水溶液中的循环伏安图。电位高于 1 V (*vs* SCE)时的电流是 MOT 氧化聚合生成聚甲氧基噻吩(PMOT)的电流,在 0～1 V 之间可逆的循环伏安图中的电流峰则是 PMOT 的可逆的还原(脱掺杂)和再氧化(掺杂)的电流峰。与表 4.1 中 3-甲基噻吩单体的氧化聚合电位相比,MOT 单体的氧化聚合电位进一步降低了,这主要是由于烷氧基较烷基具有更强的给电子性。

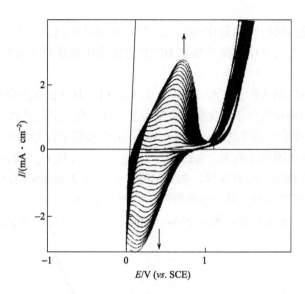

图 4.2 MOT 在 Pt 电极上,含 0.1 mol·L^{-1} MOT、0.1 mol·L^{-1} LiClO$_4$、0.1 mol·L^{-1} SDS(含 4 vol% 1-丁醇)的水溶液中的循环伏安图

电位扫描速率:100 mV·s^{-1}

Higgins 等[16]研究了苯并噻吩(benzo[c]thiophene,在噻吩的 3,4 位上并苯环)这一噻吩衍生物的电化学聚合,发现在乙腈电解液中苯并噻吩的电化学氧化聚合电位降至 0.7~0.8 V($vs.$ SCE)。使用四丁基铵盐(Bu$_4$NTsO)作为支持电解质,阴离子为对甲苯磺酸根(TsO$^-$)比阴离子为 BF$_4^-$ 的电解液聚合电流高,得到了平滑均匀的聚合物薄膜。聚合物的电化学循环伏安图表明,聚苯并噻吩是一种窄带隙聚合物,其禁带宽度低于 1 eV。

4.1.4 噻吩在三氟化硼乙醚电解液中的电化学聚合

噻吩电化学聚合的一个突出的问题是其单体电化学氧化聚合电位太高,导致其聚合产物很容易发生过氧化降解反应,使产物的电导率降低。降低噻吩的氧化聚合电位,是进行噻吩电化学聚合面临的突出科学问题。

石高全等[17]于 1995 年通过使用强酸性的三氟化硼乙醚(boron fluoride-ethyl ether,BFEE)为电解液,将噻吩氧化聚合电位从 1.65 V 左右降低到 1.3 V 左右,推动了噻吩电化学聚合研究的发展。图 4.3 为不锈钢电极在含有或不含 10 mmol·L^{-1} 噻吩的新蒸馏除水的 BFEE 电解液中的循环伏安图。可以看出,含噻吩单体的电解液在电位高于 1.2 V 之后出现了强的氧化电流,并且在随后的还原和氧化过程中在 -0.4~0.8 V 之间有可逆的氧化-还原电流峰,这表明高于 1.2 V 之后的氧化电流对应的是噻吩单体的氧化聚合,而 -0.4~0.8 V 之间可逆的氧化-

还原峰则是生成的聚噻吩的氧化-还原电流峰。在 BFEE 电解液中噻吩氧化聚合电位的显著降低，主要是由于路易斯酸 BFEE 强的亲电性催化了噻吩在电极上的脱质子化过程。

他们使用不锈钢片作为工作电极，$0.01\ mol \cdot L^{-1}$ BFEE 作为电解液，在 1.3 V (*vs.* Ag/AgCl) 恒电位条件下电化学聚合制备了高性能有金属光泽的自支撑聚噻吩薄膜，这种聚噻吩薄膜电导率达到 $48.7\ S \cdot cm^{-1}$，力学强度达到 $1200 \sim 1300\ kg \cdot cm^{-2}$。他们使用的是新蒸馏的 BFEE，并在 N_2 气氛下进行（避免 O_2 的影响）。他们强调了使用新蒸馏的 BFEE 的重要性，如果 BFEE 中含有 $2\ mmol \cdot L^{-1}$ 水，噻吩电化学氧化聚合的电流效率就会从无水电解液中的 94.2% 降低到 76%，得到的聚噻吩薄膜的导电性和力学强度也都有明显下降，电导率从 $48.7\ S \cdot cm^{-1}$ 降低到 $6.0\ S \cdot cm^{-1}$。

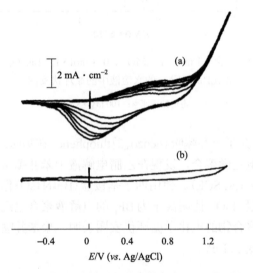

图 4.3　不锈钢电极在含 $10\ mmol \cdot L^{-1}$ 噻吩 (a) 和不含噻吩单体 (b) 的新蒸馏除水的 BFEE 电解液中的循环伏安图

电位扫描速率：$200\ mV \cdot s^{-1}$

前已述及，吸电子的 3-溴代噻吩 (3-BrT) 的电化学氧化聚合电位较噻吩单体又提高了 0.2 V 左右，这使其电化学聚合非常困难，很难通过电化学聚合获得聚合物 P(3-BrT) 薄膜。薛奇等[18]使用 BFEE 电解液进行了 3-BrT 的电化学聚合，在 BFEE 电解液中 3-BrT 的氧化聚合电位也降低到 1.61 V (*vs.* SCE)。他们使用不锈钢工作电极在 BFEE 电解液中进行 3-BrT 的电化学聚合，得到了 P(3-BrT) 自支撑薄膜，其电导率为 $0.065\ S \cdot cm^{-1}$。

氯的电负性比溴还要强，在乙腈电解液中 3-氯代噻吩 (3-ClT) 的电化学氧化聚合电位较溴代噻吩进一步正移到了 2.18 V (*vs.* SCE),这使其电化学氧化聚合更加困难。Xu 等[19]通过使用 BFEE 以及 BFEE 和三氟乙酸(trifluoroacetic acid,TFA)混合溶液作电解液进行了 3-ClT 的电化学聚合,发现 3-ClT 的电化学聚合电位在 BFEE 电解液中降低至 1.54 V (*vs.* SCE),在 BFEE 和 TFA 混合电解液(含 30%TFA)中又进一步降低至 1.16 V (*vs.* SCE)。他们在进行电化学聚合前对电解液进行了鼓干燥 N_2 除 O_2,在电化学聚合过程中也使用 N_2 保护以保持惰性气氛。他们在 BFEE 和 TFA 混合溶液中制备的聚(3-氯噻吩)(P3ClT)其电导率为 $1\sim5$ $S\cdot cm^{-1}$,而在纯 BFEE 中电化学聚合的 P3ClT 的电导率仅为 0.1 $S\cdot cm^{-1}$。他们还表征了制备的聚合物薄膜的 SEM 形貌,发现聚合物与电极接触的表面致密平整,而与溶液接触的表面粗糙多孔。他们认为电化学聚合的初始阶段和后来的生长机理有些不同。

Santoso 等[20]使用 0.025 mm 厚的不锈钢电极,研究了噻吩在含有阴离子表面活性剂的 BFEE 电解液中的电化学聚合,使用阴离子表面活性剂十二烷基硫酸钠(sodium dodecyl sulfate,SDSf)和十二烷基苯磺酸钠(sodium dodecyl benzene sulfonate,SDBS)作为噻吩在 BFEE 电解液电化学聚合的支持电解质,发现这些表面活性剂支持电解质提高了电解液的离子电导率,进一步降低了噻吩的氧化聚合电位,并改进了制备的聚噻吩薄膜的形貌。使用抛光的不锈钢片为工作电极和对电极,通过循环伏安法[$-0.7\sim1.6$ V (*vs.* Ag/AgCl),电位扫描速率为 20 $mV\cdot s^{-1}$]研究了电化学聚合过程。电解液通过鼓 Ar 30min 进行了脱氧处理,并且电化学反应过程中也使用 Ar 保护。

图 4.4 为噻吩在 SDSf + BFEE 和 SDBS + BFEE 电解液中第 5 次循环的循环伏安图。可以看出,含有 1 $mmol\cdot L^{-1}$ 表面活性剂的电解液中电化学聚合得到的聚噻吩膜的氧化-还原电流随循环次数的增加而增加(见插图),并且其氧化-还原的可逆性也有所改善。

他们使用含 50 $mmol\cdot L^{-1}$ 噻吩的表面活性剂+BFEE 电解液,通过恒电流密度 0.5 $mA\cdot cm^{-2}$ 在抛光的不锈钢电极上进行噻吩的电化学聚合,得到了自支撑的聚噻吩薄膜。发现在含表面活性剂的电解液中制备的聚噻吩薄膜其聚噻吩主链的有序性明显提升,得到的聚噻吩的电导率也有所提高[20]。

使用 BFEE 电解液进行噻吩的电化学聚合的主要优点是可以大幅度降低噻吩的氧化聚合电位,但是 BFEE 电解液也存在离子电导率低的缺陷,而高的离子电导率对于电化学反应非常重要。上面使用表面活性剂支持电解质使 BFEE 电解液的离子电导率有所提高,但是提高的幅度不大。李晓宏等[21]使用 BFEE 和乙腈的混合溶剂来提高电解液的电导率,研究了不同 BFEE 和乙腈体积比的电解液对噻吩电化学聚合的影响。

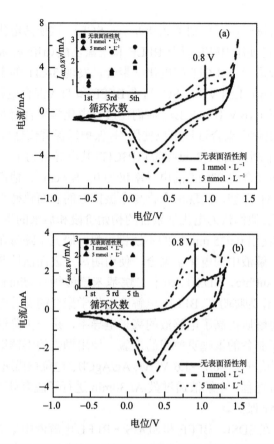

图 4.4 噻吩在 SDSf/BFEE (a) 和 SDBS/BFEE (b) 电解液中第 5 次循环的循环伏安图[20]

噻吩单体浓度：50 mmol · L^{-1}；电位扫描速率：20 mV · s^{-1}。插图显示的是在 0.8 V 处的氧化电流

　　表 4.4 列出了电解液中 BFEE 浓度（与溶剂的体积百分比）对电解液电导率、噻吩起始氧化聚合电位、1.8 V 下的聚合反应电流以及制备的导电聚噻吩电导率的影响。可以看出，随着电解液中 BFEE 比例的增加，噻吩的起始氧化聚合电位降

表 4.4 电解液中 BFEE 浓度对噻吩起始氧化聚合电位、1.8 V 下的聚合反应电流、电解液电导率以及制备的导电聚噻吩电导率的影响[21]

BFEE 浓度/%^{a}	起始氧化聚合电位/V	1.8 V 下的氧化聚合电流/mA	电解液电导率/(mS · cm^{-1})	合成的聚噻吩膜电导率/(S · cm^{-1})
Bu$_4$NPF$_6$+乙腈^b	1.75	0.723	24.4	16.9
4	1.52	0.581	16.7	34.7
20	1.47	0.630	14.2	68.4
40	1.42	0.682	13.1	85.1

续表

BFEE 浓度/%[a]	起始氧化聚合电位/V	1.8 V 下的氧化聚合电流/mA	电解液电导率/(mS·cm^{-1})	合成的聚噻吩膜电导率/(S·cm^{-1})
80	1.35	0.633	8.61	116.7
90	1.23	0.353	4.91	129.3
95	1.16	0.342	3.54	42.2
100	0.99	0.336	2.65	21.7

a. 电解液为含 12 mmol·L^{-1} 噻吩的 BFEE+乙腈的混合溶液;

b. 含 0.5 mol·L^{-1} 噻吩、0.1 mol·L^{-1} Bu$_4$NPF$_6$ 的乙腈电解液(无 BFEE)。

低，但是电解液的电导率也降低，氧化聚合电流也随之降低。而电化学聚合制备的导电聚噻吩的电导率随着 BFEE 含量的增加而增加，90%BFEE 的电解液中聚合得到的导电聚噻吩的电导率达到最大值(129.3 S·cm^{-1})，进一步增加 BFEE，制备的聚噻吩的电导率反而降低，这应该与其电解液的电导率降低有关。

4.2　齐聚噻吩的电化学制备

从表 4.1 可以看出，齐聚噻吩的电化学氧化聚合电位较噻吩单体显著降低，在乙腈电解液中，二连噻吩的氧化聚合电位从噻吩单体的 1.65 V 降低至 1.20 V。因而通过齐聚噻吩单体进行聚噻吩的电化学制备引起了研究者的关注。

Min 等[22]在金圆盘电极上、1.0 mol·L^{-1} LiClO$_4$ 碳酸丙烯酯(PC)电解液中，通过循环电位扫描进行了噻吩、二连噻吩和三连噻吩的电化学聚合。图 4.5 为前 10 次电位扫描的循环伏安图，聚合电解液中单体的浓度都是 0.03 mol·L^{-1}。可以看出，从噻吩到二连噻吩再到三连噻吩，它们的聚合电位逐渐降低，反应电流密度逐渐升高。前 10 次循环的伏安图上在 0~1 V 区间的氧化-还原电流应该是对应聚噻吩的氧化掺杂和还原脱掺杂。在开始的几次循环电流密度逐渐增加，表明电极上沉积的聚噻吩的量在增加。

噻吩单体的氧化电流密度随电位扫描次数的增加而增加，但是在 0.3~1.2V 范围内聚合物的氧化-还原电流密度随循环次数在前几次循环中增加但在后面几次循环中电流减小[图 4.5(a)]，这应该是由于聚噻吩在高的电位下的过氧化降解所致。在噻吩的氧化聚合电位下，会发生噻吩的氧化聚合以及聚噻吩的过氧化降解两种反应的竞争，当电极附近的噻吩单体浓度高的时候，主要发生噻吩的氧化聚合反应，但是当噻吩单体的浓度低到一定程度，则会发生聚噻吩的过氧化降解反应。从图 4.5(b,c)可以看出，二连噻吩和三连噻吩的氧化聚合电位显著降低，并且产物聚噻吩的还原电流随扫描次数的增加而增加，说明没有发生过氧化降解反应。同时，它们的单体氧化聚合电流与聚合物的氧化电流弥合在了一起，说明在这种较低的氧化聚合电位下生成的聚噻吩对单体的聚合产生了一种"自催化"（autocatalysis）效应。

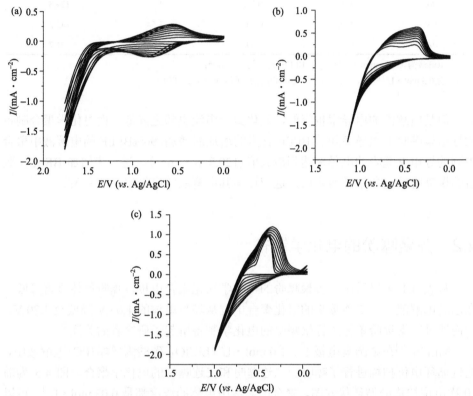

图 4.5　在金圆盘（面积 0.020cm²）电极上，含 0.03 mol·L⁻¹ 单体、1.0 mol·L⁻¹ LiClO₄ PC 电解液中电化学氧化聚合制备聚噻吩的前 10 次的循环伏安图

扫描电位范围：(a) 噻吩，0.0～1.75 V；(b) 二连噻吩，0.0～1.2 V；(c) 三连噻吩，0.0～1.0 V。电位扫描速率为 50 mV·s⁻¹

　　他们从二连噻吩聚合得到的聚噻吩具有最高的电导率，达到 400 S·cm⁻¹ 以上，从三连噻吩聚合得到的聚噻吩的电导率也达到 200～300 S·cm⁻¹，而由噻吩单体氧化聚合得到的聚噻吩几乎不导电，这是由于他们在实验中没有严格控制无氧条件，其高的氧化聚合电位导致制备的聚噻吩发生了过氧化降解。

　　Yumoto 等[23]用三连噻吩通过电化学聚合制备聚噻吩，首次发现有部分聚噻吩晶体生成（d = 4.7 Å、4.0 Å、3.3 Å），但产物电导率较低，再掺杂后才达到 11 S·cm⁻¹。他们的聚合条件是：ITO 工作电极，恒电流密度 1 mA·cm⁻²。在含 0.01 mol·L⁻¹ 三连噻吩、0.1 mol·L⁻¹ 硫酸的乙腈溶液中聚合得到的是凝胶状产物，有结晶相；在

Bu$_4$NBF$_4$的乙腈溶液中聚合时得到的是粉末样品,也有结晶相;在 Bu$_4$NHSO$_4$的 NMP
(N-甲基吡咯烷酮)电解液中聚合时得到了聚噻吩薄膜,但是无定型结构,电导率也很
低。作者认为,他们使用三连噻吩得到的聚噻吩都是 α 位相连,从而形成了晶体结构。

　　Glenis 等[24]研究了 3,4-二丁基三连噻吩(DBTT)的电化学聚合,他们使用 Pt
或 ITO 为工作电极、SCE 为参比电极、Pt 为对电极,含 0.02 mol·L^{-1} DBTT、
0.02 mol·L^{-1} 不同阴离子(ClO$_4^-$, CF$_3$SO$_3^-$, BF$_4^-$, PF$_6^-$, LiClO$_4^-$)的四丁基铵盐的乙腈
电解液,用 Ar 脱氧处理。在 0~1.0 V (vs. SCE)电位扫描,观察到 DBTT 的氧化
聚合电位为 0.82 V (vs. SCE)。他们发现,噻吩低聚物二连噻吩和三连噻吩电化学
聚合的氧化电位虽然比噻吩显著低,但是生成的聚噻吩比由噻吩单体电化学聚合
制备的聚合物共轭链短、导电性也较差。这可能与他们使用的噻吩低聚物上带有
比较大的取代基有关。

　　Bazzaoui 等[25]通过使用表面活性剂实现了水溶液中二连噻吩(BT)的电化学
聚合。他们发现使用十二烷基磺酸钠(SDS)水溶液可以增加 BT 的溶解度,
进一步降低 BT 的氧化聚合电位,同时钝化了铁电极的氧化溶解。Hu 等[26]在
水+有机混合溶剂电解液中进行了 BT 的电化学聚合,他们使用的电解液是含
0.02 mol·L^{-1} BT、1 mol·L^{-1} HClO$_4$的水+乙腈混合溶液。他们发现电解液中混
入水后,BT 的聚合电位明显降低。当水与乙腈的体积比为 2∶1、1∶1、1∶4 时,
BT 氧化聚合电位依次是 0.62 V、0.75 V、0.80 V (vs. Ag/AgCl)。电解液中的高氯
酸可能起到了催化的作用。

　　Dong 等[27]将噻吩与 85%磷酸(14.7 mol·L^{-1})水溶液混合,放置 1~4 天后发
现溶液变为黄色,这时有噻吩低聚物(三连聚体或四连聚体)生成(由 UV-Vis 吸收
光谱证实)。于是他们使用此溶液进行恒电位[1.05 V (vs. Ag/AgCl)]电化学聚合,
在 Pt 电极上得到了聚噻吩膜。

　　EDOT(分子结构式见图 4.6 中的分子 **1**)是带有烷氧基强给电子取代基的噻吩
衍生物,其聚合物 PEDOT 是重要的透明导电聚合物,也是重要的有机半导体热
电材料,在防静电涂层、电解电容器、有机半导体的光电子器件空穴传输层等方
面也有重要应用。因此,研究 PEDOT 的电化学制备以及在更低的电位下实现
EDOT 的电化学氧化聚合具有重要的意义。Roncali 等[28]合成了二连 EDOT(图 4.6
中的分子 **2**),然后使用二连 EDOT 作为单体进行了电化学聚合。二连 EDOT 在
乙腈电解液中发生电化学氧化聚合的电位为 0.84 V (vs. SCE)(在 1 mmol·L^{-1} 单
体溶液中循环伏安扫描的氧化峰电位),比 EDOT 单体的聚合电位(1.49 V)降低了
0.65 V。由于存在强的烷氧基取代基,二连 EDOT 的氧化聚合电位较二连噻吩也
有明显降低。而得到的聚合物的电化学与光谱特性与 PEDOT 类似。他们使用的
电解液是含 0.02 mol·L^{-1} 单体和 0.10 mol·L^{-1} Bu$_4$NPF$_6$的乙腈溶液,电化学聚
合前对电解液鼓 N$_2$除 O$_2$,然后置于 N$_2$气氛保护之下进行电化学聚合。

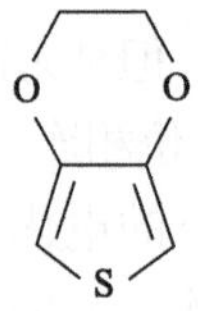

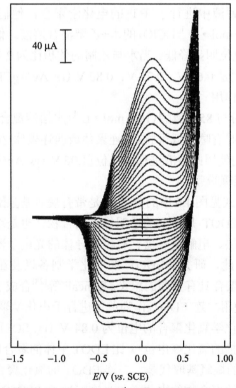

图 4.6　EDOT(**1**)和二连 EDOT(**2**)的分子结构式

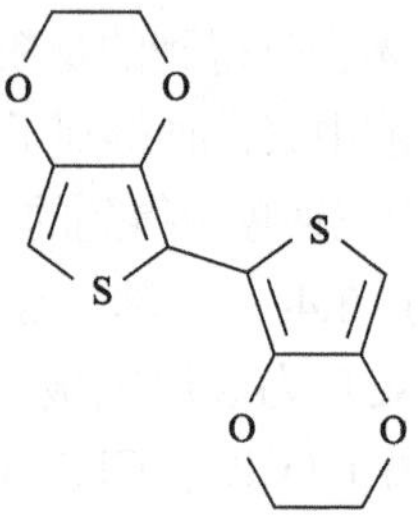

　　图 4.7 为二连 EDOT 在 Pt 电极，含 $0.02\ mol \cdot L^{-1}$ 单体、$0.10\ mol \cdot L^{-1}\ Bu_4NPF_6$ 的乙腈电解液中电化学聚合的循环伏安图[28]。可以看出，二连 EDOT 在电位超过 0.5 V (*vs.* SCE)后就发生氧化聚合，聚合物在$-1.0 \sim 0.5$ V (*vs.* SCE)之间呈现了完美可逆的氧化-还原电流峰。聚合物较低的氧化掺杂电位也表明了 PEDOT 掺杂导电态良好的稳定性。

图 4.7　二连 EDOT 在 Pt 电极上于 $0.02\ mol \cdot L^{-1}$ 二连 EDOT、$0.10\ mol \cdot L^{-1}$ TBHP-MeCN 电解液中电化学聚合的循环伏安图[28]

电位范围：$-1.20 \sim 0.70$ V；电位扫描速率：$100\ mV \cdot s^{-1}$

4.3 聚噻吩的电化学性质

聚吡咯和聚苯胺的氧化掺杂电位都比较低，它们都是氧化掺杂态稳定的导电聚合物，脱掺杂后的中性态不稳定，会自发地氧化到氧化掺杂状态，并且观察不到还原掺杂（n 型掺杂）状态。聚噻吩则与之有明显不同，其中性本征态稳定，可以被氧化到氧化掺杂（p 型掺杂）状态，也可以被还原到还原掺杂（n 型掺杂）状态。图 4.8 为聚（3-己基噻吩）（P3HT）在 0.1 mol·L^{-1} Bu$_4$NPF$_6$ 乙腈电解液中的循环伏安图[29]。可以看出，在较高的电位 0~0.6 V（$vs.$ Ag/Ag$^+$）有一对可逆的氧化-还原峰，这是对应于聚噻吩的氧化（p 型）掺杂/脱掺杂反应，而在较低的–1.8~–2.6 V（$vs.$ Ag/Ag$^+$）电位范围内还有一对可逆的氧化-还原峰，对应于聚噻吩还原（n 型）掺杂/脱掺杂反应。

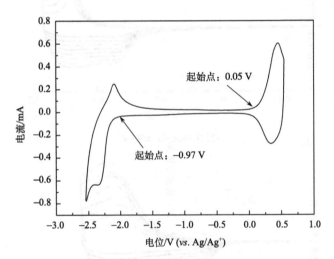

图 4.8 聚（3-己基噻吩）（P3HT）在 0.1 mol·L^{-1} Bu$_4$NPF$_6$ 乙腈电解液中的循环伏安图

早在 1983 年，Waltman 等[30]在研究噻吩的电化学聚合时就测量了电化学沉积的聚噻吩薄膜的电化学性质。图 4.9（a）为沉积在 Pt 电极上的 60nm 厚 BF$_4^-$ 掺杂聚噻吩膜［Pt/PTh（BF$_4^-$）］在 0.1 mol·L^{-1} Bu$_4$NBF$_4$ 的乙腈电解液中的循环伏安图[30]。可以看出，聚噻吩在 0.5~1.1 V（$vs.$ SCE）范围内具有可逆的氧化-还原电流峰，并且在扫描速率 10~90 mV·s^{-1} 范围内，氧化电流峰与电位扫描速率成正比，这是薄膜表面发生电化学反应的特征。图 4.9（b）为沉积在 Pt 电极上的 100nm 厚 BF$_4^-$ 掺杂聚（3-甲基噻吩）膜［Pt/ P3MT（BF$_4^-$）］在 0.1 mol·L^{-1} Bu$_4$NBF$_4$/CH$_3$CN 电解液中的循环伏安图。P3MT（BF$_4^-$）也显示了可逆的氧化-还原特性，并且在扫描速率 10~90 mV·s^{-1} 范围内氧化电流峰也与电位扫描速率成正比。与无取代基的

PTh(BF_4^-)相比,甲基取代的 P3MT(BF_4^-)的氧化-还原电位显著负移。与图 4.8 比较可以看出,P3HT 的氧化电流峰较 P3MT 进一步负移了。这是由于烷基的给电子性使其取代后的聚噻吩衍生物更容易被氧化掺杂(这也与烷基取代聚噻吩衍生物的 HOMO 能级上移一致)。

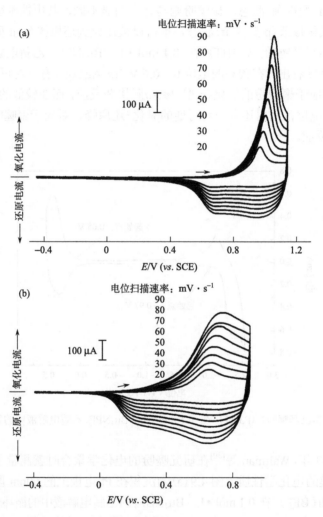

图 4.9   沉积在 Pt 电极上的 60 nm 厚 BF_4^- 掺杂聚噻吩膜[Pt/ PTh(BF_4^-)]电极(a)和 100 nm 厚的 BF_4^- 掺杂聚(3-甲基噻吩)[Pt/ P3MT(BF_4^-)]电极(b)在 0.1 mol·L^{-1} Bu_4NBF_4 乙腈电解液中的循环伏安图

聚噻吩电化学氧化掺杂/再还原脱掺杂的反应机理与导电聚吡咯非常相似,氧化掺杂时聚噻吩主链被氧化伴随电解液对阴离子的掺杂,再还原时则主链还原到中性本征态同时伴随对阴离子的脱掺杂。早在 1984 年，Tourillon 等[1]在研究 P3MT（甲基取代聚噻吩）的电化学氧化掺杂/脱掺杂过程时就注意到，厚度为 160 nm 的中性态 P3MT 氧化掺杂后厚度增加到 200 nm，这与发生阴离子掺杂相一致。同时他们发现，P3MT 的电化学氧化掺杂/脱掺杂特性基本上不受电解液中阴离子的影响，将电解液阴离子从 BF_4^- 换成 $CF_3SO_3^-$，电化学性质基本没有变化。这与导电聚吡咯有所不同。导电聚吡咯的电化学性质与电解液阴离子的尺寸等性质有密切的关系。聚噻吩不受阴离子影响的电化学性质可能与其纤维状形貌有关，这有利于发生阴离子的掺杂和脱掺杂。

图 4.10 为 P3MT 薄膜在 0.50 mol·L^{-1} $LiClO_4$ 的 PC 电解液中于不同电位下的吸收光谱[31]。电极电位从 0.0 V 升高到 0.60 V（相对于 Ag 丝准参比电极），400～600 nm 范围内的吸收缓慢降低，伴随着 650～850 nm 范围内吸收的显著增强[图 4.10(a)]，这表明 P3MT 已经发生了氧化掺杂反应，生成了电荷比较定域的正极化子(polaron)。图 4.10(a)光谱图上 0.0～0.60 V 的吸收光谱在 620 nm 左右有等吸收点。图 4.10(b)为 0.7～0.95 V 电位区间不同电位下的吸收光谱。可以看出，从 0.7 V 升高到 0.95 V，400～580 nm 范围内的吸收显著降低，伴随着 600～850 nm 范围内的吸收明显增强，并在 590 nm 左右有等吸收点。在图 4.9(b)的 P3MT 循环伏安图上 0.7～0.95 V 电位区间也正好对应于一个氧化电流峰，这清楚地表明，这一电流峰对应于 P3MT 的氧化掺杂反应，伴随其本征态吸收的减弱和氧化掺杂态近红外吸收的增强[这可能对应于双极化子(bipolaron)的生成]。图 4.10(a,b)吸收光谱存在等吸收点也表明，从 0.0 V 升高到 0.95 V 电位变化范围内发生的只是共轭聚合物主链上的电子转移反应，没有发生化学计量的变化。

当电位超过 1 V 之后，随着电位的进一步提高，350～850 nm 整个光谱范围内的吸收都随着电位的升高而下降[图 4.10(c)]，这表明超过 1 V 之后 P3MT 发生了过氧化降解反应，失去等吸收点也表明聚合物链发生了化学计量的变化。图 4.10(d)比较了 P3MT 在 0.6 V 和 0.8 V 电位下于红外区(900～1700 nm)的吸收光谱[31]，可以看出，0.8 V 下 P3MT 出现了一个吸收峰，这应该是双极化子的吸收，说明在 0.7 V 之后由于 P3MT 的氧化在主链上形成了双极化子。

导电聚噻吩与导电聚吡咯、导电聚苯胺类似，在电位超过其氧化掺杂电位后会发生过氧化降解反应。图 4.11 为聚噻吩薄膜在 0.1 mol·L^{-1} $LiClO_4$ 乙腈电解液中的循环伏安图[32]。可以看出，当电位往正方向扫描至 1.2 V (*vs.* SCE)时，聚噻吩的氧化掺杂和还原脱掺杂过程可逆，但是当电位超过 1.2 V 之后继续增加到 2.1 V 时，出现了一个新的很强的氧化电流峰，再还原时该氧化反应不可逆，并且聚噻吩的电化学活性完全消失。超过 1.2 V 之后的氧化电流峰对应的是噻吩膜的过氧化降解反应，导致其发生不可逆的结构变化以及导电和电化学活性的丧失。

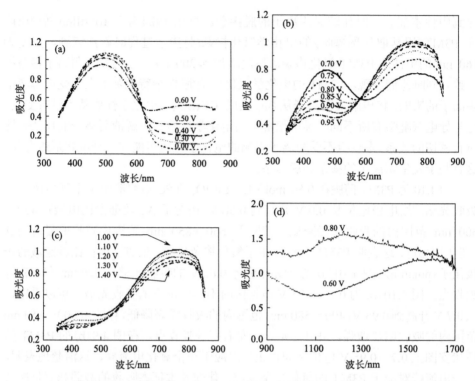

图 4.10 P3MT 薄膜在 0.50 mol·L^{-1} LiClO$_4$ 的 PC 电解液中于不同电位下的吸收光谱

(a) 0.0～0.60 V；(b) 0.70～0.95 V；(c) 1.0～1.4 V；(d) 0.60 V 和 0.80 V

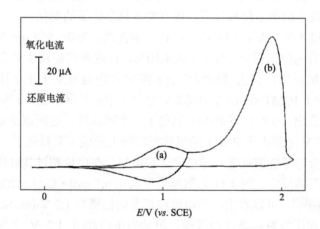

图 4.11 聚噻吩薄膜在 0.1 mol·L^{-1} LiClO$_4$ 乙腈电解液中的循环伏安图

高端电位扫描至：(a) 1.2 V；(b) 2.1 V

　　图 4.12 为由二连 EDOT 在 Pt 电极上恒电位 0.70 V 下电化学聚合制备的 PEDOT 的循环伏安图[28]。可以看出，由二连 EDOT 电化学聚合制备的 PEDOT 具有很好的氧化-还原可逆性，在-0.7～0.7 V（vs. SCE）范围内可逆的氧化-还原电流峰表明，其氧化掺杂特性与导电聚吡咯类似，说明 PEDOT 的氧化掺杂导电态具有很好的空气和环境稳定性。与图 4.9（b）的 P3MT 以及图 4.8 的 P3HT 的循环伏安图相比，PEDOT 的氧化掺杂电位进一步负移，这与其烷氧基取代基的强给电子性相一致。

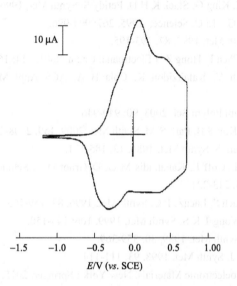

图 4.12　由二连 EDOT 在 Pt 电极上恒电位（0.70 V）电化学聚合制备的 PEDOT 的循环伏安图[28]

电解液：0.10 mol · L^{-1} Bu$_4$NPF$_6$ 乙腈溶液；电位扫描速率：100 mV · s^{-1}

参 考 文 献

[1]　Tourillon G, Garnier F. J Electroanal Chem, 1984, 161: 51-58.

[2]　Tourillon G, Garnier F. J Electroanal Chem, 1982, 135(1): 173-178.

[3]　Tanaka K, Shichiri T, Wang S, Yamabe T. Synth Met, 1988, 24: 203-215.

[4]　Sato M, Tanaka S, Kaeriyama K. Synth Met, 1986, 14: 279-288.

[5]　Sato M, Tanaka S, Kaeriyama K. J Chem Soc–Chem Commun, 1985, (11), 713-714.

[6]　Imanishi K, Satoh M, Yasuda Y, Tsushima R, Aoki S. J Electroanal Chem, 1989, 260: 469-473.

[7]　Tanaka K, Shichiri T, Yamabe T. Synth Met, 1986, 16: 207-214.

[8]　Otero T F, Rodriguez J, de Larreta-Azelain E. Polymer, 1990, 31: 220-222.

[9]　Ito M, Tsuruno A, Osawa S, Tanaka K. Polymer, 1988, 29: 1161-1165.

[10] Otero T F, de Larreta-Azelain E. Polymer, 1988, 29: 1522-1527.

[11] Hillman A R, Mallen E F. J Electroanal Chem, 1988, 243: 403-417.

[12] Lemaire M, Bichner W, Garreau R, Hoa H A, Guy A, Roncali J. J Electroanal Chem, 1990, 281: 293-298.

[13] Roncal J, Guy A, Lemairei M, Garreau R, Hoa H A. J Electroanal Chem, 1991, 312: 277-283.

[14] Garnier F, Tourillon G, Barraud J Y, Dexpert H. J Mater Sci, 1985, 20: 2687-2694.

[15] Fall M, Aaron J J, Sakmeche N, Dieng M M, Jouini M, Aeiyach S, Lacroix J C, Lacaze P C. Synth Met，1998, 93: 175-179.

[16] Higgins S J, Jones C, King G, Slack K H D, Petidy S. Synth Met, 1996, 78: 155-159.

[17] Shi G, Jin S, Xue G, Li C. Science, 1995, 267: 994-996.

[18] Zhou L, Xue G. Synth Met, 1997, 87: 193-195.

[19] Xu J, Shi G, Xu Z, Chen F, Hong Z. J Electroanal Chem, 2001, 514: 16-25.

[20] Santoso H T, Singh V, Kalaitzidou K, Cola B A. ACS Appl Mater Interfaces, 2012, 4: 1697-1703.

[21] Li X H, Li Y F. J Appl Polym Sci, 2003, 90: 940-946.

[22] Min G G, Choi S-J, Kim S B, Park S-M. Synth Met, 2009, 159: 2108-2116.

[23] Yumoto Y, Yoshimura S. Synth Met, 1986, 13: 185-191.

[24] Glenis S, Benz M, LeGoff E, Kanatzidis M G, DeGroot D C, Schindler J L, Kannewurf C R. Synth Met, 1995, 75: 213-221.

[25] Bazzaoui E A, Aeiyach S, Lacaze P C. Synth Met, 1996, 83: 159-165.

[26] Hu X, Wang G M, Wong T K S. Synth Met, 1999, 106: 145-150.

[27] Dong S, Zhang W. Synth Met, 1989, 30: 359-369.

[28] Akoudad S, Roncali J. Synth Met, 1998, 93: 111-114.

[29] Li Y F. Organic Optoelectronic Materials. New York : Springer, 2015: 40.

[30] Waltman R J, Bargon J, Diaz A F. J Phys Chem, 1983, 87: 1459-1463.

[31] Hoier S H, Park S M. J Phys Chem, 1992, 96: 5188-5193.

[32] Harada H, Fuchigami T, Nonaka T. J Electroanal Chem, 1991, 303: 139-150.

第5章

导电聚合物电化学生物传感器

电化学生物传感器能快速、准确地测定生物分子，还具有仪器小型化、便于携带和成本低等优点，所以在生物化学、临床医学、食品工业和环保中有广阔的应用前景。使用物理或化学方法将酶固定在电极材料上形成酶电极，当酶电极与酶的底物溶液接触时会发生酶催化反应，反应的产物在外加电压或电流的作用下发生氧化或还原反应，反应时产生的电信号用电化学方法检测，这就是电化学生物传感器的工作原理。产生的电信号通常以电流来检出，即电流法。

基于电流法的生物传感器是在恒电位下测定酶电极的稳态响应电流与底物浓度之间的关系。首先测量酶电极在已知浓度的被测生物分子(底物)溶液中的响应电流，在一定浓度范围内得到底物浓度与响应电流之间的线性关系，这一线性关系的浓度范围就是该酶电极检测底物的浓度范围。需要注意的是，酶电极的响应电流与控制的电位以及溶液的 pH 值有密切关系，对于新的酶电极，需要对溶液pH 值和控制电位进行优化，得到测量底物浓度最适宜的溶液 pH 值和需要控制的电位，进而得到在优化条件下的底物浓度和响应电流之间的直线，作为测量底物浓度的工作直线。在使用该酶电极测量未知浓度的底物溶液时，需要测量该酶电极在待测溶液中、于设定恒电位条件下的稳态响应电流，根据响应电流的大小在已测定的响应电流与浓度直线上找出与该电流对应的浓度值,该值就是底物浓度。一种酶电极通常只对应测量一种底物，因为酶催化反应具有很高的专一性。一般的电化学仪器，电流值能准确测到 10^{-8} A，所以电化学生物传感器不但能正确测定所检出的生物分子，而且底物的浓度能准确测到 nmol·L^{-1} 量级或更低。

导电聚合物的导电性有利于其作为酶的载体；导电聚合物在水溶液和有机电解质中的可逆氧化-还原特性有助于酶催化反应中的电荷传递，而导电聚合物中的自由基，可降低酶催化反应的能垒，加速酶催化反应并降低溶液中其他杂质分子竞争反应所产生的电信号。此外，导电聚合物能均匀而牢固地聚合在金属导体和半导体上，有利于传感器的经久耐用，所以用导电聚合物固定酶的方法得到了快速发展。

对于酶催化反应，有一个重要的参数就是米氏常数(Michaelis constant) K'_m。K'_m 是研究酶促反应动力学最重要的常数。它的数值等于酶促反应达到最大速度 v_m 一半时的底物浓度[S]。它可以表示酶和底物之间的亲和能力：K'_m 值越大，亲和能力越弱；K'_m 值越小，亲和能力越强。K'_m 可以用来判断酶的最适底物，某些酶可以催化几种不同的生化反应，这种酶叫多功能酶，其中 K'_m 值最小的那个反应的底物就是这个酶的最适底物。K'_m 只与酶的种类有关而与酶的浓度无关，与底物的浓度也无关，但是它会随着反应条件(温度、pH 值)的改变而改变。

5.1 导电聚合物电化学生物传感器的制备

聚苯胺和聚吡咯具有高的电导率和良好的可逆氧化-还原特性，并且它们的氧化掺杂导电状态在环境中稳定，许多生物酶分子可以通过包埋或者以对阴离子掺杂等方式被固定到导电聚苯胺和导电聚吡咯中，所以它们已被广泛地用作固定酶的电极材料进而构成电化学生物传感器[1-3]。用导电聚合物固定酶有四种方法：包埋法、吸附法、共价交联法和掺杂法。

5.1.1 包埋法固定酶

包埋法是将导电聚合物的单体和酶溶解到缓冲溶液中，用恒电位法或循环伏安法在 Pt、Au 或玻碳电极上进行单体的电化学聚合。在单体聚合的同时，酶被包埋在制备的导体聚合物膜中，形成导电聚合物膜-酶电极。酶在一定的 pH 范围内才具有活性，超出了酶的 pH 适用范围，轻则酶的活性中心的结构发生变化，使底物(S)不能与酶(E)结合形成 ES 复合物；重则破坏酶的分子结构，酶的活性中心也随之破坏，酶的活性完全丧失。所以用这种方法制备酶电极，尤其是制备导电聚苯胺酶电极时，单体的聚合不能在通常制备导电聚苯胺的强酸溶液中进行，而只能在适当 pH 的缓冲溶液中进行。但这样制得的导电聚苯胺的电导率和电化学活性均比在酸溶液中制得的导电聚苯胺要差些。

用这种方法制得的酶电极的优点是：由于酶被包埋在导电聚合物中，在反复使用过程中，固定在电极上的酶不容易从导电聚合物中进入测试溶液，这使固定酶的量不易损失，保证了酶电极的稳定性。

5.1.2 吸附法和共价交联法固定酶

吸附法固定酶用通常制备导电聚合物的电解质溶液，通过电化学氧化将单体聚合在载体电极上形成导电聚合物电极，电极经清洗后浸入到含有酶的缓冲溶液中，在电极浸泡过程中，溶液中的酶被吸附在导电聚合物中形成酶电极；或将含有酶的缓冲溶液滴在导电聚合物电极的表面，直接形成酶电极。这两种制备方法简便，而且酶的性质不会受到导电聚合物制备过程的影响，使固定在导电聚合物中的酶保持了原有的特性。存在的问题是，在酶电极的使用过程中，酶可能从电极上脱附，导致固定在导电聚合物中酶的量下降，使酶电极的稳定性受到影响。

共价交联法固定酶是将含有酶的缓冲溶液与交联剂（戊二醛）铺在导电聚合物（聚苯胺、聚吡咯）电极表面，通过共价键的形成，酶被固定在导电聚合物膜上形成酶电极，即生物传感器。共价交联法形成的酶电极与吸附法制备的酶电极相比，前者固定的酶不易从电极表面脱附，所以酶电极具有较长的使用寿命，但交联剂的存在，降低了酶电极的有效表面积，此外还有可能影响酶的活性中心。

5.1.3　掺杂法固定酶

根据导电聚合物的掺杂和去掺杂原理以及酶的等电点，在外加电场的作用下，酶可以以对阴离子的形式被掺杂固定在导电聚合物中形成酶电极。每个酶都有其等电点（或称等电点 pH），这是酶的特征性 pH。在等电点时，酶分子不带电荷。当酶溶液的 pH 高于酶的等电点时，酶分子带负电荷。因此，导电聚合物在 pH 高于酶的等电点的缓冲溶液中氧化时，带负电荷的酶分子向正极方向移动到导电聚合物膜的表面，掺杂到氧化掺杂态导电聚合物膜中形成酶电极。酶分子的直径在 $10 \sim 100$ nm，带负电的酶分子在电场力的作用下，不仅可以吸附在导电聚合物膜的表面，而且还能嵌入到导电聚合物膜的孔隙中。酶的掺杂量与溶液中酶的浓度、掺杂时所用的电位和时间以及导电聚合物的电化学活性有关。酶的掺杂量直接影响到酶电极的响应电流。

葡萄糖氧化酶（GOD）的等电点 pH 是 4.3。1991 年首次报道了将 GOD 用电化学法掺杂到 PAn 中，构成了 PAn/GOD 电极[4]。Pt 片上的聚苯胺膜是用电化学方法在苯胺的盐酸溶液中制备的，这种聚苯胺膜电极清洗后，在稀盐酸溶液中和 -0.50 V（*vs.* SCE）下还原 20min，目的是使制备的氧化掺杂态聚苯胺还原脱掺杂，除去掺杂在聚苯胺中的氯离子；接着用蒸馏水清洗电极，烘干，得到还原态聚苯胺。将还原态聚苯胺浸入到含有 1.5 $\mu mol \cdot L^{-1}$ GOD 的 0.1 $mol \cdot L^{-1}$ 磷酸氢钠缓冲溶液中（pH 5.5），在 0.65 V（*vs.* SCE）下氧化 20min，制得聚苯胺/葡萄糖氧化酶电极。在 pH 5.5 的缓冲溶液中，GOD 带负电荷，当聚苯胺氧化时，GOD 以对阴离子的形式掺杂到聚苯胺膜中。

前面已经提及过，在 pH>4 的 Na_2SO_4 溶液中，聚苯胺的循环伏安图显示其电化学活性已基本消失，这意味着在这种条件下聚苯胺很难发生电化学氧化掺杂反应。但在 pH 5.5 的磷酸氢钠缓冲溶液中，聚苯胺的循环伏安图上仍有一对完好的氧化-还原峰[4, 5]，这是由于磷酸氢钠溶液对 pH 具有缓冲作用，它能及时调节聚苯胺电极界面的 pH，导致聚苯胺的电化学活性增强，使聚苯胺在 pH>4 的缓冲溶液中仍可以进行电化学氧化掺杂反应，从而阴离子仍能以较大的量掺杂到聚苯胺中，这非常有利于葡萄糖氧化酶的固定。

掺杂法固定酶与吸附法固定酶的不同之处在于掺杂法是在电场的作用下使酶掺杂到聚苯胺中形成聚苯胺盐(翠绿亚胺盐，ES)，而吸附法固定的酶是被吸附在聚苯胺的表面。实验证实，在同一种酶溶液中(0.1 mol·L^{-1}NaH$_2$PO$_4$ 和 0.212 μmol·L^{-1}GOD，pH 5.5)，用掺杂法制备的 PAn/GOD 电极的响应电流高于吸附法制备的 PAn/GOD 电极，并且掺杂法制备的 PAn/GOD 电极的稳定性也高于吸附法制备的酶电极[6]。掺杂法制备的酶电极中固定的 GOD 量高于吸附法制备的酶电极，而吸附法制备的酶电极中吸附在聚苯胺表面的 GOD 还存在容易脱附的缺点。

5.2 基于直接电催化的导电聚合物电化学生物传感器

电化学生物传感器除了用导电聚合物固定酶形成的酶电极外，一些生物分子也能被导电聚合物直接催化，电催化反应所产生的响应电流对反应物的浓度非常敏感，导致在一定浓度范围内，响应电流与反应物浓度之间呈线性关系，因此可利用这种直接催化反应来测定反应物浓度。但这种催化反应没有专一性，其他物质在电极上可能同时也发生反应，产生干扰。本节即讨论基于直接电催化反应的电化学生物传感器。

5.2.1 胆固醇的测定

正常人的血液中含有 2.33～5.69 mmol·L^{-1}胆固醇(cholesterol)。血液中过高的胆固醇浓度会导致动脉硬化和高血压。所以胆固醇的测量在临床医学诊断中具有重要意义。多种分析方法可以用来测定胆固醇的浓度，例如光谱法和比色法。这些方法操作复杂，成本高，因为每次测试使用酶的量较高。不过，酶电极具有高的操作稳定性，能快速和准确测定胆固醇，所以酶电极受到了广泛的关注，并得到了快速发展。

最近有人报道使用聚苯胺纳米纤维-石墨烯微花(PAnnF-GMF)纳米复合电极，在无酶的存在下，测定了胆固醇的浓度[7]。PAnnF-GMF 复合材料是在混合溶液中进行苯胺氧化聚合制备的。在苯胺盐酸溶液中加入纳米石墨烯，混合液超声振荡 15min，接着加入过硫酸铵氧化剂引发苯胺的氧化聚合，生成 PAnnF-GMF 纳米复合材料。

当不同浓度的胆固醇溶液加入到含 5 mmol·L^{-1}Fe(CN)$_6^{3-/4-}$的磷酸氢钠缓冲

溶液 (pH 7.4) 中时，用微分脉冲伏安法测定 PAnnF-GMF 电极的响应电流。胆固醇浓度在 1.93~464.04 mg·L^{-1} 范围内，响应电流随胆固醇浓度的升高而增大。电极的灵敏度约为 0.101 μA·mg·L^{-1}，最低检测浓度为 1.93 mg·L^{-1}，并且该电极具有较好的存储稳定性。

胆固醇分子中含有疏松结合的 H，而氨基聚合物能消耗胆固醇，因此聚苯胺的氨基能清除缓冲溶液中的胆固醇而释放出 H，这是因为聚苯胺具有质子化的倾向。当 PAnnF-GMF 复合物与 H 反应时，通过生成的自由电子和对离子形成 N—H 键。电子流过 PAnnF-GMF 复合物引起电流的增加。Fe(CN)$_6^{3-/4-}$ 起着传递电荷的媒介作用。

5.2.2　过氧化氢的测定

过氧化氢 (H$_2$O$_2$) 被用于食品工业，废水中也含有 H$_2$O$_2$，H$_2$O$_2$ 对细胞有毒害作用。很多酶催化反应都生成 H$_2$O$_2$，这些生物传感器即通过测定酶催化反应中生成的 H$_2$O$_2$ 而确定底物的浓度。所以 H$_2$O$_2$ 的测定在生物化学、食品工业、环境保护和临床诊断有着重要意义。磺酸二茂铁掺杂的聚苯胺 (PAnFc) 能催化 H$_2$O$_2$ 氧化[8]，这是因为磺酸二茂铁中的铁离子能发生可逆的氧化-还原反应。此外，PAnFc 在 pH>4 的溶液中表现出很好的氧化-还原可逆性，这为在 pH>4 的溶液中的催化反应提供了有利条件。

使用 PAnFc 电极在 0.1 mol·L^{-1} 柠檬酸钠溶液中可以进行 H$_2$O$_2$ 的测定，图 5.1 是 PAnFc 电极在此溶液中的循环伏安图。可以看出，PAnFc 电极在 pH 5.0 和 pH 6.0 的溶液中仍有一对氧化-还原峰，说明 PAnFc 在这两种 pH 条件下仍保持了较高的电化学活性。

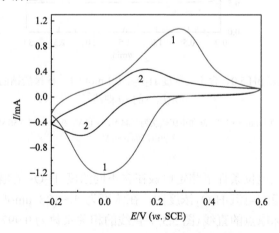

图 5.1　PAnFc 在 0.1 mol·L^{-1} 柠檬酸钠溶液中的循环伏安图

曲线 1：pH 5.0；曲线 2：pH 6.0。电位扫描速率为 10 mV·s^{-1}

图 5.2 为 PAnFc 电极在 pH 5.0 的 0.4 mmol·L^{-1} H$_2$O$_2$ 的柠檬酸钠缓冲溶液中、恒电位条件下的响应电流随时间变化(*I-t*)曲线。从曲线 1～4 可以看出,当电极浸入到 H$_2$O$_2$ 的溶液中施加电压后,电流立即升高,约在 15 s 内,电流达到最大值;并且电极的响应电流随电压的增加而增大。而 PAnFc 电极在不含 H$_2$O$_2$ 的缓冲溶液中施加 0.56 V 电压后,电流升高后立即随时间下降,然后到达低电流的稳态(曲线 5),这与曲线 1～4 的 *I-t* 变化完全不同。说明曲线 1～4 上的电流快速升高是由于 H$_2$O$_2$ 在 PAnFc 电极上氧化而引起的。此外,在 0.44 V 电压下(曲线 1)的稳态电流高于在 0.56 V 电压下(曲线 5)的稳态电流,这说明曲线 1 的电流是由于 H$_2$O$_2$ 氧化而引起的。图 5.2 中曲线 1～4 的 *I-t* 结果还说明了电极的响应时间很短(约 15 s)。

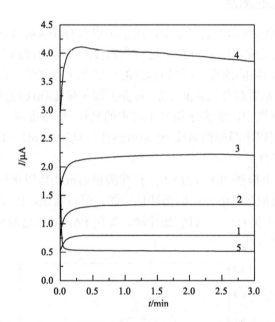

图 5.2　PAnFc 电极在 pH 5.0、含不同浓度 H$_2$O$_2$、0.1 mol·L^{-1} 柠檬酸钠的缓冲溶液中,于不同电压下的 *I-t* 曲线

曲线 1～4:H$_2$O$_2$ 浓度为 0.4 mmol·L^{-1},施加电压依次为 0.44 V, 0.48 V, 0.52 V 和 0.56 V。曲线 5:不含 H$_2$O$_2$,施加电压为 0.56 V

在同样的氧化电位条件下测定电极在含不同浓度 H$_2$O$_2$ 的电解液中的稳态响应电流,然后作稳态电流-H$_2$O$_2$ 浓度图,在浓度为 4～128 μmol·L^{-1} 范围内可以得到一条通过坐标原点的直线(图 5.3),直线的相关系数为 0.997。利用这条直线,通过测量 PAnFc 电极在未知 H$_2$O$_2$ 浓度电解液中的稳态电流,就能够确定 H$_2$O$_2$ 的浓度。

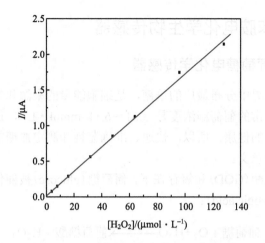

图 5.3　PAnFc 电极在不同浓度 H_2O_2 的 pH 5.0、0.1 mol·L^{-1} 柠檬酸钠溶液中 0.56 V (*vs.* SCE) 恒电位条件下的稳态响应电流与 H_2O_2 浓度的关系

H_2O_2 在 PAnFc 电极上的反应机理假设如下：

$$H_2O_2 + Fc\text{-}Fe^{3+} \longrightarrow HO_2^{\cdot} + Fc\text{-}Fe^{2+} + H^+ \tag{5.1}$$

$$HO_2^{\cdot} - e^- \longrightarrow O_2 + H^+ \tag{5.2}$$

$$Fc\text{-}Fe^{2+} - e^- \longrightarrow Fc\text{-}Fe^{3+} \tag{5.3}$$

反应式中的 $Fc\text{-}Fe^{2+}$ 和 $Fc\text{-}Fe^{3+}$ 是掺杂在聚苯胺中磺酸二茂铁中的铁离子。磺酸二茂铁中的 $Fc\text{-}Fe^{2+}$ 和 $Fc\text{-}Fe^{3+}$ 在电极反应中起电荷传递的作用，提高了 H_2O_2 的氧化速率。反应中假设生成了 $HO_2^{\cdot}$ 自由基[9]。

PAnFc 电极经 150 次上述测试，其响应电流变化甚小，说明 PAnFc 电极具有很好的操作稳定性。该电极能快速测定 4～128 μmol·L^{-1} 范围内的 H_2O_2 浓度。

5.2.3　抗坏血酸(维生素 C)的测定

人体血浆中含有抗坏血酸(维生素 C)。新鲜水果和蔬菜是人类摄取抗坏血酸的主要来源。抗坏血酸具有抗氧化作用和捕获自由基的能力。

在樟脑磺酸存在下电化学合成的樟脑磺酸根掺杂聚苯胺(PAn-CSA)能直接催化抗坏血酸的电化学氧化[10]。在 pH 7.0 的磷酸盐缓冲溶液中，Pt 电极上抗坏血酸的氧化峰电位出现在 0.63 V，而在 PAn-CSA 电极上，抗坏血酸的氧化峰电位移到了 0.34 V (*vs.* Ag/AgCl，饱和 KCl 溶液)，氧化电位向负电位方向发生明显的移动，这是电催化氧化的特征。使用该电极，根据循环伏安图中抗坏血酸氧化峰电流的大小确定的检测抗坏血酸的浓度范围为 5～50 mmol·L^{-1}。电极表现出很好的重现性和稳定性[10]。

5.3 导电聚苯胺电化学生物传感器

5.3.1 聚苯胺-葡萄糖电化学传感器

葡萄糖是自然界中分布最广的单糖，是细胞能量的来源和新陈代谢的中间产物。人体血液中正常的葡萄糖浓度是 $3.61 \sim 6.11$ mmol·L^{-1}，过高的浓度会导致糖尿病，有害人体的健康。所以，快速、准确监视和测定血糖的浓度在临床医学上具有非常重要的意义。

在葡萄糖氧化酶(GOD)和氧存在下，葡萄糖(glucose)被催化氧化生成过氧化氢和葡萄糖酸(gluconic acid)：

$$\text{葡萄糖} + O_2 + H_2O \xrightarrow{\text{GOD}} \text{葡萄糖酸} + H_2O_2 \tag{5.4}$$

生成的 H_2O_2，在恒电位条件下在电极上发生如式(5.5)的氧化反应，产生的电流用电流计检测。这样利用过氧化氢浓度与稳态氧化电流的线性关系，从测量的稳态氧化电流就可以计算过氧化氢的浓度，从而就可以得到葡萄糖的浓度。

$$H_2O_2 \longrightarrow O_2 + 2H^+ + 2e^- \tag{5.5}$$

1. 包埋法固定葡萄糖氧化酶

聚苯胺-葡萄糖电化学生物传感器使用的聚苯胺(PAn)/葡萄糖氧化酶(GOD)电极，可以通过在含有 GOD 的电解液中进行苯胺的电化学聚合来制备。Shinohara 等使用 Pt 丝(直径 50 μm)为工作电极，在 0.1 mol·L^{-1}苯胺、2 mg·mL^{-1} GOD(比活性为 110 μm·g^{-1})和 0.1 mol·L^{-1}磷酸氢钠缓冲液(pH 7.0)的电解液中，于 1.2 V (vs. Ag/AgCl)恒电位下进行苯胺电化学聚合，苯胺在阳极 Pt 丝上氧化聚合形成 PAn 膜，同时电解液中的 GOD 被包埋在 PAn 膜中，形成了 PAn-GOD 微电极。将该电极用作聚苯胺-葡萄糖电化学生物传感器[11]。他们在含 $0.1 \sim 5$ mmol·L^{-1}葡萄糖浓度范围内测定了稳态响应电流随葡萄糖浓度的变化，溶液为 pH 7.0 的磷酸氢钠的缓冲液，得到的稳态电流与葡萄糖浓度的关系可以用于测量葡萄糖的浓度。

Cooper 等通过循环伏安法(100 mV·s^{-1})、在$-0.2 \sim 0.9$ V (vs. SCE)范围内制备了 PAn-GOD 电极[12]。制备该电极的电解质溶液由 pH 1.1 的 0.1 mol·L^{-1}苯胺、0.094 mol·L^{-1}氟硼酸四乙胺和 GOD(3 mg·mL^{-1})溶液组成，工作电极为 Pt 片。当苯胺发生电化学氧化聚合时，GOD 被包埋在聚苯胺膜中形成 PAn-GOD 电极。他们使用这种 PAn-GOD 电极在含不同浓度葡萄糖的 pH 5.5 的缓冲溶液中进行了葡萄糖浓度的电化学测量[0.65 V (vs. SCE)]。测定的酶电极稳态响应电流表明，在葡萄糖浓度低于 10 mmol·L^{-1}时，响应电流与浓度(I-[S])之间呈线性关系。当葡萄糖浓度高于 10 mmol·L^{-1}时，在 I-[S] 曲线上出现一个电流平台，当浓度超过 40 mmol·L^{-1} 时，响应电流开始下降。这一结果说明，这种 PAn-GOD 酶电极可以用于测量浓度低于 10 mmol·L^{-1} 的葡萄糖浓度。

薛怀国等[13]通过使用涂有多孔聚芳基腈膜的 Pt 片工作电极，在含有 GOD 的电解液中进行苯胺的电化学聚合，制备了聚苯胺-聚芳基腈/葡萄糖氧化酶电极[13]。他们使用的电解液是 pH 6.5、含 0.1 mol·L^{-1} 苯胺和 7 mg·mL^{-1} GOD 的 0.1 mol·L^{-1} 磷酸氢钠水溶液。苯胺电化学聚合时形成的聚苯胺膜包裹着 GOD 一起沉积在工作电极表面，形成聚苯胺-聚芳基腈/葡萄糖氧化酶电极[13]。在 2 μmol·L^{-1}～12 mmol·L^{-1} 葡萄糖浓度范围内，该酶电极在 0.5 V 恒电位条件下的稳态响应电流与葡萄糖浓度呈线性关系，相关系数为 0.998。该电极在葡萄糖溶液中经 100 次连续测试后，它的活性没有明显下降。说明该电极可用于测量 2 μmol·L^{-1}～12 mmol·L^{-1} 浓度范围内的葡萄糖浓度。

Arslan 等[14]使用 Pt 片电极在含有聚乙烯磺酸钠和 GOD 的水溶液中进行苯胺的电化学聚合，制备了聚乙烯磺酸根（PVS）掺杂的（PAn-PVS）-GOD 酶电极[14]。他们先在苯胺和聚乙烯磺酸钠水溶液中于 0.75 V（vs. Ag/AgCl）恒电位下进行苯胺的电化学聚合，在 Pt 片上形成一层 PVS 阴离子掺杂的聚苯胺（PAn-PVS）膜。然后再在含有 0.2 mol·L^{-1} 苯胺、聚乙烯磺酸钠和 GOD 的水溶液中继续于 0.75 V 下进行电化学聚合，苯胺聚合时将 GOD 包埋在 PAn-PVS 膜中形成酶电极[14]。该酶电极的最适 pH 是 7.5，在 0.4 V（vs. Ag/AgCl）和 pH 7.5 的 0.1 mol·L^{-1} 磷酸钠缓冲溶液中，酶电极能测定 1.0×10^{-5} mol·L^{-1} 的葡萄糖，在测定葡萄糖溶液浓度 16 次后，酶电极的响应电流仍保持原来的 75%。

2. 吸附法固定葡萄糖氧化酶

Karyakin 等[15]使用玻碳电极为工作电极，在 0.05 mol·L^{-1} 苯胺、0.5 mol·L^{-1} H$_2$SO$_4$ 和 0.05 mol·L^{-1} 间氨基苯磺酸水溶液中，用循环伏安法[-0.3～0.8 V（vs. Ag/AgCl）]进行苯胺的电化学聚合，合成了自掺杂（self-doped）聚苯胺。电极清洗后浸入到 0.1～0.5 mg·mL^{-1} GOD 溶液中，在 4℃下过夜。然后用氟磺酸离子交换膜（Nafion® membrane）覆盖在酶电极表面，形成自掺杂聚苯胺-葡萄糖氧化酶电极[15]。被测溶液由葡萄糖、1 mmol·L^{-1} 磷酸盐和 0.05 mol·L^{-1} Na$_2$SO$_4$（pH 7）组成，使用该酶电极测定了 1～5 mmol·L^{-1} 葡萄糖的稳态电位响应。与灵敏的葡萄糖场效应管传感器相比，自掺杂聚苯胺-葡萄糖传感器的电位响应提高了 3～4 倍。这种自掺杂聚苯胺-葡萄糖传感器是一种电位生物传感器。

Xian 等[16]报道了金纳米粒子-聚苯胺纳米管复合材料的制备，该复合材料是由 H$_2$O$_2$ 氧化苯胺 和 H$_2$O$_2$ 还原 HAuCl$_4$ 制得。他们将这种纳米复合材料用二次蒸馏水分散形成悬浮液，将此悬浮液涂在玻碳电极表面，制备成金纳米粒子-聚苯胺纳米管复合电极。再将 pH 6.9、含 GOD 和牛血清蛋白的磷酸盐缓冲液滴在该复合电极表面，在室温放置 2h 后，用氟磺酸离子交换膜（Nafion® membrane）覆盖电极表面制备了 GOD 酶电极，覆盖离子交换膜的目的是清除其他电活性物质对酶电极葡萄糖响应电流的影响[16]。这种葡萄糖生物传感器的葡萄糖浓度检测线性范围为 $1.0 \times 10^{-6} \sim 8.0 \times 10^{-4}$ mol·L^{-1}，最低检测浓度是 5.0×10^{-7} mol·L^{-1}(S/N=3)。操作稳定性在 14 天以上。

Feng 等[17]在含苯胺和纳米石墨烯的 1 mol·L^{-1}HCl 水溶液中，用循环伏安法[$-0.1 \sim 1.0$ V($vs.$ SCE)]进行苯胺电化学聚合，制备了将纳米石墨烯包裹在聚苯胺膜中的石墨烯-聚苯胺复合电极。然后将含葡萄糖氧化酶和脱乙酰壳多糖(chitosan)的 0.02 mol·L^{-1}磷酸盐缓冲液(pH 7.0)滴到复合电极表面构成酶电极[17]。在恒电位 0.65 V ($vs.$ SCE)条件下，使用这种酶电极测量了含葡萄糖的 0.02 mol·L^{-1}磷酸盐缓冲溶液(pH 7.0)中葡萄糖的电流响应。用这种葡萄糖传感器测量葡萄糖浓度的线性范围为 10.0 μmol·$L^{-1} \sim 1.48$ mmol·L^{-1}，相关系数为 0.9988，灵敏度是 22.1 μA·mmol·L^{-1}·cm^{-2}，检测的葡萄糖浓度极限是 2.769 μmol·L^{-1}(S/N=3)。使用吸附法将葡萄糖氧化酶固定在石墨烯/聚苯胺/Au 纳米粒子上制备的葡萄糖氧化酶电极[18]，在 pH 7.0 的磷酸盐缓冲溶液中的表观电子迁移速率常数为 4.8 s^{-1}，表观米氏常数(Michaelis constant，K'_m)是 0.6 mmol·L^{-1}。测定葡萄糖浓度的线性范围是 4.0 μmol·$L^{-1} \sim 1.12$ mmol·L^{-1}，检测葡萄糖浓度的极限是 0.6 μmol·L^{-1}(S/N=3)。

3. 掺杂法固定葡萄糖氧化酶

前已述及，葡萄糖氧化酶(GOD)的等电点是 pH 4.3，在高于其等电点 pH 的溶液中 GOD 带负电荷，可以对阴离子的形式掺杂到导电聚苯胺中。

穆绍林等[4]在 0.2 mol·L^{-1} 苯胺和 1.2 mol·L^{-1}HCl 电解液中进行苯胺的电化学聚合，将聚苯胺沉积在 4 mm×4 mm 的 Pt 片上，得到了聚苯胺膜电极。然后用掺杂法将 GOD 固定在聚苯胺膜上，形成聚苯胺-葡萄糖氧化酶(PAn-GOD)电极[4]。测定葡萄糖浓度的底物溶液由葡萄糖和 0.1 mol·L^{-1}磷酸盐溶液组成。在 pH 4~7 溶液中和 0.60 V ($vs.$ SCE)恒电位条件下，测定了溶液 pH 值对酶电极响应电流的影响。发现酶电极的最大响应电流出现在 pH 5.5 的缓冲溶液，说明 pH 5.5 是使用这种 PAn-GOD 电极测量葡萄糖浓度的最合适 pH 值。在 pH 5.5 的磷酸盐缓冲溶液中，他们又测定电位对酶电极的响应电流的影响，从 0.30~0.60 V，酶电极的响应电流随电位的升高而迅速增大；当电位从 0.60 V 进一步上升到 0.80 V，在 I-E 曲线上形成一个电流平台，从而确定了该酶电极测量葡萄糖浓度的最适电位为 0.60 V。在 pH 5.5 的磷酸盐缓冲溶液中于 0.6 V 恒电位条件下测量了葡萄糖浓度与响应电流的关系[4]，发现在 0.1~50.0 mmol·L^{-1}葡萄糖浓度范围内，酶电极的响应电流随底物浓度增加而升高；当浓度超过 40 mmol·L^{-1}时，响应电流变化减小，但这个浓度范围比包埋法制得的 PAn-GOD 电极的测定范围要宽得多。包埋法制得的 PAn-GOD 电极的响应电流和底物浓度的线性范围是 0.1~1.0 mmol·L^{-1}。根据酶电极的响应电流与葡萄糖浓度之间的关系，固定在聚苯胺中的 GOD 表观米氏常数为 12.4 mmol·L^{-1}。该值接近导电有机盐 Q^+TCNQ^- 固定 GOD 的表观米氏常数 [19]。当底物的浓度低于表观米氏常数时，电极反应的速率取决于溶液中的底物浓度。米氏常数可以从 $1/I$ 对 $1/[S]$ 图的直线斜率和截距求得，最大响应电流 I_{max} 可从直线的截距得到。

　　用掺杂法制备的聚苯胺-葡萄糖传感器，经 60 天和 5 个月后，它的响应电流与最初测定值相比，分别下降了 25% 和 50%。用掺杂法制备的聚苯胺-葡萄糖传感器具有很长的使用寿命[6]。酶电极不使用时，储存在低于 6℃ 的 pH 5.5 的磷酸盐缓冲液中。在医院中，穆绍林等用这种生物传感器测定了 83 份人体血糖，每个样品测定两次，未发现电极活性下降，且测量的结果与医院的 Monarch 1000 分析仪相比误差很小[6]。所以，用掺杂法制备的聚苯胺-葡萄糖电化学传感器可用于人体血糖的测定。

　　穆绍林等用 X 光电子能谱(XPS)仪测定了吸附法和掺杂法制备的 PAn-GOD 电极的 C1s、N1s 和 O1s 的结合能。测定的结果列在表 5.1 中[6]。

表 5.1　聚苯胺、聚苯胺酶电极的 C1s、N1s 和 O1s 的结合能(eV)

电极	C1s	N1s	O1s
聚苯胺	284.9	398.6	531.9
吸附法酶电极	288.2, 285.3	400.4	532.3
掺杂法酶电极	286.9, 285.9	402.2	533.6, 532.3

　　从表 5.1 可看出，聚苯胺的 C1s 仅有一个峰，位于 284.9 eV；吸附法固定酶的聚苯胺 C1s 有两个峰，主峰出现在 285.3 eV，另有一个很弱的肩峰出现在 288.2 eV。掺杂法固定酶的聚苯胺 C1s 有两个相等强度的峰，它们分别位于 286.9 和 285.9 eV；掺杂法制备的聚苯胺酶电极的 C1s 结合能高于聚苯胺和吸附法制备的聚苯胺酶电极的 C1s 结合能(不包括吸附法 288.2 eV 的极弱肩峰)。掺杂法固定酶的聚苯胺的 N1s 和 O1s 的结合能也高于聚苯胺和吸附法固定酶的聚苯胺的 N1s 和 O1s 的结合能，这说明当聚苯胺中含有 GOD 后，C1s、N1s 和 O1s 都发生化学位移，而化学位移最明显的是掺杂法固定的酶。C1s、N1s 和 O1s 的化学位移的强与弱是由于 GOD 与聚苯胺结合的强与弱引起的。XPS 实验结果证明了掺杂法固定的 GOD 与聚苯胺之间的结合力大于吸附法固定的 GOD 与聚苯胺之间的结合力，这导致掺杂法固定的 GOD 不易从聚苯胺中脱附，使掺杂法固定酶的传感器其稳定性高于吸附法固定酶的传感器。XPS 实验结果中没有 GOD 的信号检出，这是由于固定在聚苯胺中的 GOD 量太低而造成的。PAn-GOD 传感器的稳定性还与测试葡萄糖溶液的 pH 值有关。这里，被测溶液的 pH 为 5.5，高于 GOD 的等

电点 pH 值(4.3)，所以酶电极在该 pH 值溶液中带负电荷；在测试过程中，传感器在正电位工作，所以可将 GOD 吸附在电极上，使 GOD 在测试过程中不易脱附；酶都是有生命的，它的活性随时间而衰减，而掺杂在聚苯胺膜中的 GOD 受到聚苯胺的保护，这有利于酶电极的存储稳定性[20]。

14 种金属阳离子(K^+、Na^+、Rb^+、Mg^{2+}、Ca^{2+}、Zn^{2+}、Cd^{2+}、Cr^{2+}、Cu^{2+}、Mn^{2+}、Fe^{2+}、Co^{2+}、Ni^{2+}、Al^{3+})和 NH_4^+ 对 PAn-GOD 电极的响应电流影响的测定结果表明，Mn^{2+} 能提升固定酶的活性，Cu^{2+} 对固定酶的活性有明显的抑制作用，其他阳离子对酶电极的响应电流影响甚微[21]。

用掺杂法将 GOD 固定在聚苯胺-聚异戊二烯复合膜中形成的导电聚苯胺葡萄糖电化学传感器[22]，具有至少 5 个月的稳定性和高的选择性，并能在抗坏血酸存在下测定 H_2O_2。首先，电位控制在 1.2 V(*vs.* SCE)，在离子液体(1-乙基-3-甲基咪唑鎓-硫酸乙酯)中电化学聚合制备导电聚苯胺，然后用掺杂法将 GOD 固定在聚苯胺电极上构成葡萄糖电化学传感器[23]，在 0.35~0.70 V 内响应电流随电位升高而增大。在 0.005~10.0 mmol·L^{-1} 葡萄糖浓度区间，传感器的响应电流与浓度呈线性关系，但直线没有通过坐标原点。表观米氏常数是 31.59 mmol·L^{-1}，催化反应的活化能为 32.58 kJ·mol^{-1}。

Wang 等[24]用多孔阳极铝(anodic aluminum，孔径 200~250 nm，孔间距 100 nm)作模板、在 0.2 mol·L^{-1} 苯胺和 0.5 mol·$L^{-1}H_2SO_4$ 溶液中，用循环伏安法[−0.4~1.0 V(*vs.* SCE)]进行苯胺的电化学聚合，合成了高度有序的聚苯胺纳米管。再使用掺杂法将 GOD 固定在聚苯胺纳米管中形成聚苯胺纳米管-葡萄糖电化学传感器[24]。传感器测量葡萄糖浓度的线性范围是 0.01~5.5 mmol·L^{-1}，灵敏度为 (97.18 ± 4.62)μA·mmol·L^{-1}·cm^{-2}，表观米氏常数估计约 (2.37 ± 0.5)mmol·L^{-1}。传感器具有快速响应(~3 s)和高的稳定性和重现性。但估计的表观米氏常数却低于固定 GOD 真实的实验值。其原因是预估时将浓度 5.5 mmol·L^{-1} 视为酶促反应达到最大速度 v_m 一半时的底物浓度[S]，而 I-[S]图显示，当浓度超过 5.5 mmol·L^{-1} 时，传感器的响应电流仍随底物浓度的增加而升高[24]。

5.3.2 聚苯胺-胆固醇电化学传感器

测量胆固醇浓度时，通常在溶液中添加非离子型表面活性剂聚乙二醇辛基苯基醚(Triton X-100)，这是因为胆固醇难溶于水。Triton X-100 能增加胆固醇的溶解度，并能起到稳定胆固醇氧化酶(ChOx)活性的作用。但是添加的 Triton X-100 浓度不能太高，因为 Triton X-100 浓度过高会抑制 ChOx 的活性。

利用胆固醇氧化酶(ChOx)电极测定胆固醇的原理是基于酶催化反应中生成的 H_2O_2，用电流法测定，这与葡萄糖氧化酶测定葡萄糖浓度的原理类似。

$$胆固醇 + O_2 \xrightarrow{\text{ChOx}} 胆固醇\text{-}3 + H_2O_2 \tag{5.6}$$

$$H_2O_2 \longrightarrow O_2 + 2H^+ + 2e^-$$

1. 吸附法和共价交联法固定胆固醇氧化酶

Srivastava 等[25]通过化学氧化聚合制备了聚苯胺/金纳米粒子(PAn/AuNP)复合物，将其分散在脱乙酰壳多糖中，然后涂在 ITO 导电玻璃上形成(PAn/AuNP)复合电极。最后再将含有胆固醇氧化酶的磷酸盐缓冲溶液(pH 7.0)旋涂在(PAn/AuNP)复合电极上形成胆固醇电化学传感器[25]。传感器具有 50～500 mg · L^{-1} (胆固醇浓度)宽的线性范围，检测最低浓度为 37.89 mg · L^{-1}。在 4℃下，存储寿命高于 3 周。表观米氏常数 K'_m 为 10.84 mg · L^{-1}，低的 K'_m 值表示纳米复合电极促进了酶催化反应并有助于提升酶的活性。

将多壁碳纳米管–聚苯胺复合电极浸入到含胆固醇氧化酶的磷酸盐缓冲溶液(pH 7.0)中制备了胆固醇氧化酶电极，测量胆固醇浓度的线性范围为 2.0～510.0 μmol · L^{-1}，检测最低浓度为 0.8 μmol · L^{-1}，电极的响应时间为 5 s[26]。

Singh 等[27]先将 0.1%的戊二醛铺在聚苯胺膜表面，干燥后将胆固醇酯酶加入到电极表面，再次干燥，最后滴加胆固醇氧化酶溶液，电极放置过夜，得到干的胆固醇电化学生物传感器[27]。传感器的电流–底物浓度的线性范围是 50～500 mg · L^{-1}，最适 pH 是 6.5～7.5，响应时间是 40 s。

用电化学方法将苯胺氧化聚合在 ITO 半导体玻璃上，将含 10% Triton X-100 的 GOD 溶液和戊二醛铺在聚苯胺电极表面，通过共价键形成 PAn-GOD 传感器[28]。传感器的电流–胆固醇底物浓度的线性范围为 5～400 mg · L^{-1}，灵敏度为 131 μA · mg · L^{-1} · cm^{-2}，能使用 20 次。传感器的寿命约 10 周(存储温度为 4℃)。

2. 掺杂法固定胆固醇氧化酶

前面曾多次提到，胆固醇氧化酶(ChOx)的等电点是 pH 5.50，在 pH 值高于 5.50 的溶液中 ChOx 带负电荷，因此可以通过掺杂法将 ChOx 以对阴离子的形式掺杂到导电聚苯胺中。

使用含 ChOx 的 0.1 mol · L^{-1} 磷酸盐缓冲溶液(pH 6.16)，通过电化学氧化掺杂可以将 ChOx 固定在聚苯胺电极上、形成聚苯胺–胆固醇电化学生物传感器[29]。被测溶液是含胆固醇和 Triton X-100 的磷酸盐缓冲液，其中 Triton X-100 的含量为 5%。在 0.20～0.70 V(vs. SCE)恒电位条件下测量电位对传感器响应电流的影响，发现在 0.60 V 下有最大的响应电流。在 pH 6.16～8.00 范围内测量溶液 pH 对传感器响应电流影响的结果表明，测定胆固醇浓度溶液的最适 pH 是 7.26，该值与自由酶的最适 pH 相接近。酶催化反应的活化能是 67.4 kJ · mol^{-1}。在 0.45 V，表观米氏常数 K'_m 为 2.72 mmol · L^{-1}；在 0.6 V，K'_m 是 3.26 mmol · L^{-1}。在 0.45 V

恒电位条件下，传感器响应电流-底物浓度线性范围为 $0.05\sim0.5$ mmol·L^{-1}，在 0.60 V 为 $0.05\sim0.2$ mmol·L^{-1}。在 11 天内，传感器在胆固醇溶液中反复测量 230 次后，其响应电流下降到最初值的 51%。用 XPS 技术测定聚苯胺和固定胆固醇氧化酶的聚苯胺中 C1s、N1s 和 O1s 的结合能，结果发现含有胆固醇氧化酶的聚苯胺中 C1s、N1s 和 O1s 的结合能都向高的结合能方向位移，而且 C1s 分裂成三个峰，这是由于掺杂法制备的酶电极中存在胆固醇氧化酶与聚苯胺的相互作用。

5.3.3 聚苯胺-尿酸电化学传感器

正常人的血液中，尿酸(uric acid)浓度在 $90\sim420$ μmol·L^{-1}。血液中过高的尿酸含量会引起痛风、高尿酸血症和慢性肾功能衰竭。因此，尿酸含量是常规化验的重要指标。多种技术可用来检测尿酸，其中尿酸电化学传感器是一种快速的测量技术，该技术是经尿酸酶(uricase)将尿酸氧化成 H_2O_2，生成的 H_2O_2 用电流法检测，这与前面提到的葡萄糖和胆固醇的测量类似。

$$尿酸 + H_2O + O_2 \xrightarrow{尿酸酶} 尿囊素 + CO_2 + H_2O_2 \tag{5.7}$$

$$H_2O_2 \longrightarrow O_2 + 2H^+ + 2e^-$$

1. 吸附法和共价交联法固定尿酸酶

使用戊二醛作交联剂，将尿酸酶固定在聚苯胺膜上形成聚苯胺/尿酸酶电极[30]。固定酶的表观米氏常数 K'_m 是 5.1×10^{-3}mmol·L^{-1}。电极测量尿酸浓度的线性范围为 $0.01\sim0.05$ mmol·L^{-1}。在 4℃下，电极存储 $17\sim18$ 周仍保持 95% 的活性。

使用戊二醛作交联剂，将尿酸酶固定在聚苯胺-聚吡咯复合电极上，形成复合导电聚合物尿酸酶电极[31]。这种尿酸酶电化学传感器测量尿酸浓度的线性范围为 $2.5\times10^{-6}\sim8.5\times10^{-5}$mol·$L^{-1}$，响应时间为 70 s，最适 pH 是 9.0。

此外，也可以将尿酸酶的溶液滴在聚苯胺-多壁碳纳米管复合电极上形成尿酸酶电极，该酶电极测量尿酸浓度的最低检测限是 5 μmol·L^{-1}，响应时间为 8 s，测量溶液的最适 pH 是 7.0，电极存储 180 天后，活性略有下降[32]。

2. 掺杂法固定尿酸酶

尿酸酶的等电点是 pH 6.3，在 pH 高于 6.3 的溶液中尿酸酶分子带负电荷，可以对阴离子的形式掺杂到导电聚苯胺中，形成掺杂态聚苯胺尿酸酶电极。

穆绍林等将尿酸酶溶在 pH 6.55 的 0.1 mol·L^{-1}磷酸盐缓冲溶液中，用电化学掺杂法将尿酸酶固定到聚苯胺电极上形成聚苯胺-尿酸酶电极，这种酶电极即尿酸传感器[33, 34]。他们在 0.50 V 和 0.45 V($vs.$ SCE)恒电位条件下，在 pH 7.0$\sim$9.0 范围内测定了 pH 对酶电极响应电流的影响。当 pH 从 7.0 上升到 9.0 时，响应电流先下降后上升，在 I-pH 曲线上出现一个电流最小值，形成一个波谷，这个最小电流的位置随电位的下降而向 pH 7.0 方向移动；当电位控制在 0.30 V，这个最小电流的波谷消失，响应电流随 pH 增加而升高。因为自由酶的最适 pH 是 9.25，考虑到电位与 pH 对酶电极的影响，所以酶电极的工作电位设在 0.30 V。该酶电极测定尿酸浓度的线性范围为 $1.2 \times 10^{-6} \sim 1.2 \times 10^{-3}$ mol·L^{-1}。表观米氏常数 K'_m 是 16 mmol·L^{-1}，响应时间为 40 s，活化能 E_a 是 29.9 kJ·mol^{-1}。掺杂法固定的尿酸酶电极的响应电流和稳定性均比吸附法固定的尿酸酶电极的高。在温度低于 6℃ 下存储 121 天后，它的响应电流仅下降 25%[34]。

阚锦晴等用模板法制备了聚苯胺/尿酸酶电极[35]。酶电极的制备分两步进行。第一步为包埋，在含尿酸酶的 0.2 mol·L^{-1} 苯胺和 1 mol·L^{-1} HCl 溶液中、于 0.70 V(vs. SCE) 下进行苯胺的电化学氧化聚合，聚苯胺包裹着酶沉积在 Pt 电极上形成聚苯胺-尿酸酶电极。接着将酶电极浸在 6 mol·L^{-1} HCl 溶液中回流冲洗 24 h，以除去聚苯胺膜中的尿酸酶，留下原先被酶占领的空间。第二步，将处理过的聚苯胺电极浸入 Britton-Robison(B-R) 缓冲液中，用掺杂法将尿酸酶固定在留下空间的聚苯胺模板中形成聚苯胺-尿酸酶电极[35]。这种模板法制备的酶电极的最大响应电流出现在 pH 9.6 的溶液中；电极测量尿酸浓度的线性范围为 0.0036～1.0 mmol·L^{-1}，表观米氏常数 K'_m 为 2.31 mmol·L^{-1}，低于掺杂法固定酶的值[33]。这种尿酸酶电极的酶催化反应的活化能 E_a 为 38.14 kJ·mol^{-1}，电极存储 60 天后，它的活性仅下降 18%。

5.3.4　聚苯胺-黄嘌呤电化学传感器

在肝脏和肠的黏膜中存在大量的黄嘌呤氧化酶(XOD)。在黄嘌呤氧化酶的存在下，次黄嘌呤(hypoxanthine) 被氧化成黄嘌呤 (xanthine)，黄嘌呤再被氧化成尿酸(uric acid) 并放出 H$_2$O$_2$，用电流法检测 H$_2$O$_2$ 就可以推算出次黄嘌呤和黄嘌呤的浓度。

$$\text{黄嘌呤} + O_2 \xrightarrow[H_2O]{XOD} \text{尿酸} + H_2O_2 \tag{5.8}$$

$$\text{次黄嘌呤} + O_2 \xrightarrow[H_2O]{XOD} \text{黄嘌呤} + H_2O_2 \tag{5.9}$$

$$H_2O_2 \longrightarrow O_2 + 2H^+ + 2e^-$$

正常人的血液中约含 40 μmol·L^{-1} 次黄嘌呤和黄嘌呤。黄嘌呤的含量直接影响血液中的尿酸含量。用固定酶形成的酶电极不仅能快速、准确测定底物的浓度，而且可节约大量酶。

1. 包埋法固定黄嘌呤氧化酶

制备聚苯胺/黄嘌呤氧化酶电极的电解液由含苯胺、黄嘌呤氧化酶、pH 4.4 的 $HCl-NaH_2PO_4$ 溶液组成。在 $0.5\sim1.25$ V (vs. SCE) 之间用循环伏安法将苯胺氧化聚合在碳糊电极上。黄嘌呤氧化酶被包埋在生成的聚苯胺膜中构成聚苯胺-黄嘌呤氧化酶电极[36]。该酶电极测量次黄嘌呤浓度的线性范围是 $1\ \mu mol \cdot L^{-1}\sim0.4\ mmol \cdot L^{-1}$，最小检出量为 $0.5\ \mu mol \cdot L^{-1}$ 次黄嘌呤。

2. 吸附法和共价交联法固定黄嘌呤氧化酶

通过酶中的 NH_2 与戊二醛中的—CHO 基团之间的共价键（C＝N），可以将黄嘌呤氧化酶固定在纳米氧化锌/脱乙酰壳多糖/多壁碳纳米管/聚苯胺复合电极上，形成黄嘌呤氧化酶电极。该酶电极测量黄嘌呤浓度的线性范围为 $0.1\sim100\ \mu mol \cdot L^{-1}$，最小检测量为 $0.1\ \mu mol \cdot L^{-1}$。该酶电极能用来测定鱼肉中的黄嘌呤；电极经 1 个月以上、80 次使用后，它的活性仅损失 30%[37]。

从牛奶中获得的黄嘌呤氧化酶粗制品，通过戊二醛共价交联固定在杂化纳米复合膜上，构成 XOD/CHT/PtNP/PAn/Fe_3O_4/CPE（XOD，黄嘌呤氧化酶；CHT，脱乙酰壳多糖；PtNP，纳米 Pt 粒子；PAn，聚苯胺；CPE，碳糊电极）生物传感器[38]。使用该电极测量黄嘌呤浓度的响应时间为 8 s，黄嘌呤浓度线性范围是 $0.2\sim36.0\ \mu mol \cdot L^{-1}$（$R^2=0.997$）。检测浓度极限为 $0.1\ \mu mol \cdot L^{-1}$（$S/N=3$），电极的灵敏度为 $13.58\ \mu A \cdot \mu mol \cdot L^{-1} \cdot cm^{-2}$。表观米氏常数 K'_m 是 $4.7\ \mu mol \cdot L^{-1}$。

3. 掺杂法固定黄嘌呤氧化酶

黄嘌呤氧化酶的等电点是 pH 5.1，在 pH 高于 5.1 的溶液中黄嘌呤氧化酶带负电荷，可以对阴离子的形式掺杂到导电聚苯胺中形成酶电极。

将黄嘌呤氧化酶溶解在 pH 7.5 的 $0.05\ mol \cdot L^{-1}$ 磷酸盐的缓冲溶液中（缓冲溶液中还含 $2\ mmol \cdot L^{-1}$ EDTA，EDTA 起到稳定黄嘌呤氧化酶的作用），使用这种溶液通过掺杂法将黄嘌呤氧化酶固定在聚苯胺膜中形成聚苯胺-黄嘌呤氧化酶电极[39]。在 0.60 V (vs. SCE) 恒电位条件下测定了黄嘌呤浓度对酶电极的响应电流影响。电极的响应电流先随底物浓度线性增加，然后，随浓度的进一步增加，电流增速逐渐变慢。根据 I-[S] 曲线，反应先是一级反应，接着是零级反应。所以固定黄嘌呤氧化酶的电催化反应是一个典型的自由酶的催化反应。响应电流到达稳定值的时间仅为 10 s，即电极的响应时间仅为 10 s。在 pH $6.0\sim9.5$ 范围内，响应电流先随 pH 线性增加，最大的响应电流出现在 pH 8.4，这是固定黄嘌呤氧化酶的最适 pH，而游离的黄嘌呤氧化酶的最适 pH 为 8.3，两者非常接近。在 $0.40\sim0.70$ V 之间，测定了电位对酶电极的响应电流的影响，确定最适的工作电位为 0.60 V，这与聚苯胺-葡萄糖氧化酶电极的工作电位相同。该酶电极测定黄嘌呤浓度的线性范围是 $0.1\sim20\ \mu mol \cdot L^{-1}$，表观米氏常数为 $K'_m=21\ \mu mol \cdot L^{-1}$。酶电极的活性随时间下降，存储 40 天后，电极的活性下降到最初值的 65%。

前已述及，血液中过高的尿酸含量会引起痛风、高尿酸血症和慢性肾功能衰竭。有两种方法可以降低人体内尿酸含量：一是降低人体内次黄嘌呤和黄嘌呤的含量；二是降低人体内的黄嘌呤氧化酶的活性。所以寻找黄嘌呤氧化酶的抑制剂和研究黄嘌呤氧化酶的抑制作用在医学和人体代谢研究方面有着重要的意义。别嘌呤醇对黄嘌呤氧化酶有抑制作用。别嘌呤醇的分子结构类似于底物黄嘌呤。聚苯胺-黄嘌呤氧化酶电极为研究别嘌呤对黄嘌呤氧化酶的抑制动力学提供了方便。别嘌呤醇的存在使酶电极的反应速率明显下降，这是由于固定酶的活性中心被抑制剂别嘌呤醇占领。但在别嘌呤醇溶液中使用过的酶电极用缓冲溶液充分洗涤后，酶电极的活性又很快恢复，说明黄嘌呤氧化酶的活性中心可以恢复。酶催化反应的表观米氏常数 K'_m 随别嘌呤醇浓度的增加而增大，但最大反应速率不变，这是竞争性抑制的特征。所以别嘌呤醇是黄嘌呤氧化酶的一种可逆竞争抑制剂。抑制剂对固定酶的最适 pH 值没有影响[40]。

根据酶的等电点和导电聚合物的掺杂-去掺杂原理，用电化学方法可以将牛乳中的黄嘌呤氧化酶固定在聚苯胺膜中。首先从牛乳中直接分离黄嘌呤氧化酶。将 11.3 g $(NH_4)_2SO_4$ 加到 50 mL 新鲜牛乳中，在 4℃下冷藏 12 h；然后用抽滤法除去新鲜牛乳液中的脂肪。脱脂牛奶的 pH 为 6.25，比黄嘌呤氧化酶的等电点(pH 5.4)高，所以脱脂牛奶中的黄嘌呤氧化酶带负电荷。将还原态的聚苯胺电极放入脱脂牛乳中，在 0.60 V(vs. SCE)下氧化 20 min。在聚苯胺的氧化过程中，带负电荷的黄嘌呤氧化酶掺杂到聚苯胺膜中；然后将此电极放到 pH 6.25 的磷酸盐缓冲液，在 –0.50 V 下还原 20 min，黄嘌呤氧化酶进入到缓冲液中。反复上述操作，将黄嘌呤氧化酶富集到磷酸盐缓冲液中。用富集的酶溶液制备聚苯胺-黄嘌呤氧化酶电极[41]。经测试，酶电极的最适 pH 为 8.4，表观米氏常数 K'_m 是 0.38 mmol·L^{-1} 黄嘌呤，这些数据均与商品酶一致。当酶电极的电位控制在 0.58 V 时，黄嘌呤的线性浓度范围为 0.005～0.1 mmol·L^{-1}。

5.3.5　聚苯胺-半乳糖电化学传感器

先天性半乳糖血症(galactosemia)是由于转移酶的遗传性缺失引起的。婴儿摄入过量的乳液会导致血液中半乳糖积累升高，引起智力紊乱、白内障及其他疾病。血液中半乳糖的测量为诊断半乳糖血症提供了一条途径。

半乳糖在半乳糖氧化酶(GAOD)的存在下能产生 H_2O_2，生成的 H_2O_2 可用电流法检测，从而可以测量半乳糖的浓度。

$$D\text{-半乳糖} + H_2O + O_2 \xrightarrow{\text{GAOD}} \text{半乳己二醛糖} + H_2O_2 \qquad (5.10)$$

$$H_2O_2 \longrightarrow O_2 + 2H^+ + 2e^-$$

半乳糖氧化酶的等电点是 pH 3.7，在 pH 高于 3.7 的溶液中半乳糖氧化酶带负电荷，从而可以对阴离子的形式固定到导电聚苯胺中。使用这种方法制备酶电极时，先将半乳糖氧化酶溶解在 pH 6.9 的 0.1 mol·L^{-1} 磷酸盐缓冲溶液中，然后在此溶液中进行聚苯胺的氧化掺杂，就可以将半乳糖氧化酶固定在聚苯胺膜上，构成聚苯胺/半乳糖氧化酶电极[42]。在 pH 5.1~8.3 之间测定 pH 对酶电极响应电流的影响。结果表明，最大的响应电流出现在 pH 7.25 的溶液中。自由酶的最适 pH 在 pH 7.0~7.3 之间。这说明固定在聚苯胺中的半乳糖氧化酶的最适 pH 值没有受到聚苯胺的影响。这种聚苯胺−半乳糖氧化酶电极的反应活化能 E_a=41.8 kJ·mol^{-1}。最适反应温度是 30.4℃。在底物浓度 0.2~6 mmol·L^{-1} 范围内，酶电极的响应电流随半乳糖的浓度线性增加。I-[S]直线经过坐标原点。所以这种聚苯胺−半乳糖氧化酶电极可以用来测定半乳糖浓度的范围是 0.2~6 mmol·L^{-1}。

Heidari 等在含 7 mg·L^{-1} 半乳糖氧化酶的磷酸盐缓冲溶液中，用掺杂法将半乳糖氧化酶固定在聚苯胺膜中，通过循环伏安法研究了这种酶电极的电化学性质，并测定了低浓度的半乳糖[43]。

5.3.6 聚苯胺−酚生物传感器

酚类化合物被广泛地用作食品防腐剂、除锈剂、杀虫剂并用在纺织工业上。然而酚类化合物有毒，若工业和农业上使用的酚类化合物被释放到水和土壤中，会引起严重的环境污染。由此可见，检测酚类化合物在工业、农业和环保方面具有重要意义。导电聚合物−多酚氧化酶电极即可用于酚类化合物的检测。

1. 包埋法固定多酚氧化酶

将溶在 N, N-二甲基甲酰胺(DMF)中的聚丙烯腈(PAN)溶液涂在铂电极上，用相转移法可以形成多孔的聚丙烯腈电极。以这种聚丙烯腈电极为工作电极，在含苯胺和多酚氧化酶(PPO)、pH 6.5 的 0.1 mol·L^{-1} 磷酸盐缓冲溶液中进行苯胺的电化学聚合，苯胺氧化聚合时将 PPO 包裹在聚苯胺膜中形成 PAn-PAN/PPO 电极[44]。实验结果表明，该酶电极测量苯酚等酚类分子的优化电位为−50 mV (vs. SCE)。图 5.4 为 PAn-PAN/PPO 酶电极于 25℃、−50 mV (vs. SCE)恒电位条件下，在 pH 6.5 的 0.1 mol·L^{-1} 磷酸盐缓冲溶液中测量的响应电流−酚类分子浓度曲线[44]。可以看出，在低浓度范围内响应电流与浓度呈线性关系，而超过一定浓度后，响应电流与浓度的关系偏离直线，并且偏离直线的浓度与具体的酚类分子有关。表 5.2 列出了这种 PAn-PAN/PPO 酶电极测量不同酚类化合物的检测浓度范围和响应特性。响应电流与浓度呈直线，酶电极具有很高的灵敏度和稳定性，经 100 次连续测量和 8 个月间歇使用后，电极的活性没有明显的降低。

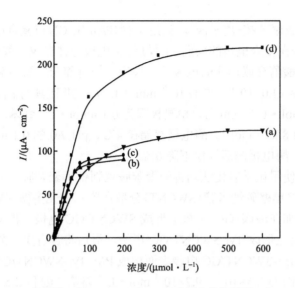

图 5.4　PAn-PAN/PPO 电极于 25℃、–50 mV（*vs.* SCE)恒电位条件下，在 pH 6.5 的 0.1 mol・L^{-1}
磷酸盐缓冲溶液中测量的响应电流-酚类分子浓度曲线

(a)苯酚；(b)对甲基苯酚；(c) 邻甲基苯酚；(d) 邻苯二酚

表 5.2　PAn-PAN/PPO 酶电极对各种酚类化合物浓度的响应

酚类化合物	线性浓度范围/(mol・L^{-1})	相关系数	灵敏度/(A・mol・L^{-1}・cm^{-2})	K'_m/(mmol・L^{-1})
苯酚	$1\times10^{-7}\sim7.5\times10^{-5}$	0.999	0.96	70
对甲基苯酚	$2\times10^{-7}\sim5\times10^{-5}$	0.999	1.38	35
邻甲基苯酚	$2\times10^{-7}\sim4\times10^{-5}$	0.999	1.50	32
邻苯二酚	$5\times10^{-8}\sim7.5\times10^{-5}$	0.998	2.03	65

在含苯胺、离子液体(1-乙基-3-甲基咪唑鎓硫酸乙酯，EMIES)、多酚氧化酶
(PPO)和表面活性剂 SDS 的 HCl 溶液 (pH 5)中，于 0.7 V (*vs.* SCE)下进行苯胺的
电化学聚合，可以得到包覆 PPO 的 PAn-PPO 酶电极[45]。该酶电极的最适 pH 出
现在 6.5 附近，测量酚类分子浓度的优化控制电位为 50 mV(*vs.* SCE)，在此优化
条件下，该酶电极测量邻苯二酚浓度的响应电流与浓度之间呈现线性关系的浓度
范围为 1.25～150 μmol・L^{-1}。固定酶的表观米氏常数 K'_m 为 146 μmol・L^{-1}，酶催
化反应的活化能为 31.1 kJ・mol^{-1}。该酶电极表现出很高的重现性，在 4℃下存储
4 个月后酶电极仍保持 75%的活性。

2. 吸附法和共价交联法固定单酚氧化酶(酪氨酸酶)

在含苯胺、离子液体(1-乙基-3-甲基咪唑鎓硫酸乙酯，EMIES)、碳纳米管和
硫酸的电解液中，用循环伏安法[–0.2～0.9 V (*vs.* SCE)]将苯胺电化学氧化聚合在

玻碳电极上,形成聚苯胺-离子液体-碳纳米管(PAn-IL-CNT)复合电极。将酪氨酸酶(Tyr)溶液滴加在复合电极的表面,干燥后,将电极悬挂在戊二醛的饱和蒸气中,使戊二醛与酪氨酸酶交联形成酶电极[46]。该酶电极对邻苯二酚的响应电流有很宽的浓度线性范围($4.0 \times 10^{-10} \sim 2.1 \times 10^{-6}$ mol·L^{-1}),并且具有高的测量灵敏度[(296 ± 4) A·mol·L^{-1}·cm^{-2}],检测极限为 0.1 nmol·L^{-1} 邻苯二酚。酶催化反应的活化能为 38.8 kJ·mol^{-1}。酶电极存储在 4℃、pH 7.0 的 0.1 mol·L^{-1} 磷酸盐溶液中 40 天后,酶电极的活性仅下降 6%。

Wang 等[47]使用化学氧化法制备的聚苯胺也制备了聚苯胺-酪氨酸酶(Tyr)复合酶电极。他们将单壁碳纳米管(SWCNT)分散在脱乙酰壳多糖的醋酸溶液中,超声后将悬浮液滴加在玻碳(GC)电极上形成 SWCNT/GC 电极。再将 Tyr 溶液滴在 SWCNT/GC 电极上形成 Tyr-SWCNT/GC 电极。最后将含有戊二醛的聚苯胺悬浮液(pH 6.5)铺在 Tyr-SWCNT/GC 电极表面构成 PAn/Tyr-SWCNT/GC 电极[47]。酶电极的线性响应范围为 $2.5 \times 10^{-7} \sim 9.2 \times 10^{-5}$ mol·L^{-1} 邻苯二酚和 $2.5 \times 10^{-7} \sim 4.7 \times 10^{-4}$ mol·L^{-1} 咖啡酸,检测极限是 8.0×10^{-8} mol·L^{-1} 邻苯二酚和 6.0×10^{-8} mol·L^{-1} 咖啡酸。酶电极具有很好的灵敏度、重现性和稳定性。

3. 掺杂法固定多酚氧化酶和酪氨酸酶

多酚氧化酶(PPO)可以多种形式存在,它的等电点在 pH 4.11～4.35 范围[48]。在高于此 pH 值的溶液中多酚氧化酶带负电荷,可以对阴离子的形式掺杂固定到导电聚苯胺中。

聚苯胺-多酚氧化酶(PPO)电极由电化学包埋法制得,所用的电解液由苯胺、离子液体(EMIES)、多酚氧化酶和 pH 5.5 的 HCl 溶液组成。将制备的 PAn-PPO 电极在 pH 5.5 的缓冲溶液中于–0.30 V (vs. SCE)还原。20 min 后,除去聚苯胺中的 PPO,再在 PPO 缓冲液(pH 5.5)中于 0.70 V (vs. SCE)氧化 30 min,制得 PAn-PPO 电极[49]。酶电极的线性范围为 2.5～140 μmol·L^{-1} 邻苯二酚,直线未通过坐标轴原点。固定酶的表观米氏常数 K_m' 为 77.52 μmol·L^{-1}。酶催化反应的活化能 E_a 为 25.56 kJ·mol^{-1}。酶电极存储 4 个月后,其活性仍保持原来活性的 75%。

酪氨酸酶的等电点与酶的来源有关,范围在 pH 4.5～9.9。Li 等通过在 0.2 mol·L^{-1} 苯胺和 1 mol·L^{-1} HCl 溶液电化学聚合制备了聚苯胺电极,再将还原后的聚苯胺电极浸入含酪氨酸酶的 pH 5.5 的 0.05 mol·L^{-1} 磷酸盐缓冲液中,在 0.60 V (vs. SCE)下氧化 20 min,制得聚苯胺-酪氨酸酶电极[50]。酶电极可用来测定苯酚,测量的线性范围为 10 nmol·L^{-1}～25 μmol·L^{-1}。

5.3.7 聚苯胺-肌氨酸电化学生物传感器

肌氨酸主要存在于骨架肌肉中,妇女和儿童的尿液中也含低量的肌氨酸。肌氨酸是高能磷酸盐基团的重要存储器。尿液和血清中肌氨酸的含量是肌肉损伤的重要参数。

肌氨酸在肌氨酸氧化酶(SOD)存在下发生氧化反应，产生的 H_2O_2 用电流法检测，从而可以得到肌氨酸的浓度。

$$CH_3—NH—CH_2—COOH+H_2O+O_2 \xrightarrow{SOD} H_2O_2+HCHO+NH_2—CH_2—COOH$$

$$(5.11)$$

肌氨酸氧化酶的等电点为 pH (4.9±0.1)，在高于此 pH 值的溶液中肌氨酸氧化酶带负电荷，可以对阴离子的形式掺杂固定到导电聚苯胺中。所以，在 pH 8.0 的含肌氨酸氧化酶的 0.05 mol·L^{-1} 磷酸盐缓冲液中，通过电化学氧化掺杂，可以将肌氨酸氧化酶掺杂固定在聚苯胺上构成聚苯胺-肌氨酸氧化酶电极[51]。这种固定酶的最适 pH 为 8.75，酶催化反应的最适温度是 39.6℃，酶催化反应的活化能 E_a 为 30.0 kJ·mol^{-1}。表观米氏常数 K'_m 为 1.7 mmol·L^{-1} 肌氨酸。酶电极的最大响应电流出现在 0.4～0.5 V (*vs.* SCE)，在此电位范围内，电位对酶电极的响应电流影响最小。酶电极测量肌氨酸的线性范围是 0.1～1.0 mmol·L^{-1}。酶催化反应中生成甲醛，可能会影响肌氨酸的测量。当电位控制在 0.40 V，0.01 mmol·L^{-1} 甲醛对酶电极的响应电流影响很小。酶电极表现出很好的操作稳定性。

5.3.8 聚苯胺-H$_2$O$_2$电化学传感器

上述固定酶生物传感器，除了多酚氧化酶将底物酚氧化成醌外，其他的酶催化反应的产物都是 H_2O_2。这些生物传感器测定底物浓度都是基于 H_2O_2 的氧化。H_2O_2 在酶电极上的反应动力学直接涉及酶电极的响应时间和检测灵敏度。所以，研究 H_2O_2 传感器对固定酶的催化反应有特殊的意义。辣根过氧化酶(HRP)能催化 H_2O_2 氧化，催化反应的机理如下：

$$HRP+H_2O_2 \longrightarrow 化合物\ I+H_2O \qquad (5.12)$$

$$化合物\ I+e^- \longrightarrow 化合物\ II \qquad (5.13)$$

$$化合物\ II+e^- \longrightarrow HRP \qquad (5.14)$$

响应电流测定的原理即基于上述酶催化反应中形成的化合物 I 和 II 的还原。

1. 包埋法固定辣根过氧化酶

Solanki 等[52]使用含苯胺、LiClO$_4$、辣根过氧化酶(HRP)和磷酸盐缓冲液(pH 7.0)的电解液，通过恒电流技术将苯胺聚合在 ITO 导电玻璃电极上，在苯胺氧化聚合的同时，HRP 被包埋在聚苯胺膜中形成 PAn-HRP 酶电极。他们将这种酶电极插

入含 H_2O_2 和 5 mmol · L^{-1}Fe(CN)$_6^{3-/4-}$的 pH 7.0 磷酸盐缓冲溶液中，用循环伏安法研究了 H_2O_2 浓度对还原峰峰电流的影响。酶电极的响应时间为 5 s，线性范围是 3～136 mmol · L^{-1}，相关系数为 0.985。电极的灵敏度是 0.5638 μA · mmol · L^{-1} · cm^{-2}。表观米氏常数 K_m' 为 1.984 mmol · L^{-1}。最大的响应电流出现在 pH 6.0 的溶液中。

2. 吸附法和共价交联法固定辣根过氧化酶

将界面聚合法制备的聚苯胺纳米纤维分散在脱乙酰壳多糖醋酸溶液中，再与过氧化酶溶液混合形成均匀的分散液，然后滴加在玻碳电极上构成聚苯胺-辣根过氧化酶电极[53]。酶电极在–0.13 V (*vs.* SCE) 还原电位条件下测量电解液中的 H_2O_2 浓度，测量浓度的线性范围为 1×10^{-5}～1.5×10^{-3} mol · L^{-1}(直线未通过坐标轴原点)，相关系数是 0.998，最低检测量为 5×10^{-7} mol · L^{-1}。

Hua 等[54]将羧基化多壁碳纳米管和聚苯胺分散在磷酸盐缓冲液中，超声搅拌 15 min 形成悬浮液。然后将此悬浮液和 HRP 溶液混合，再将这种混合溶液滴加在 Au 环电极上构成 PAn-HRP 酶电极。在–0.35 V (*vs.* Ag/AgCl)还原电位下测定酶电极响应电流与 H_2O_2 浓度的关系，H_2O_2 浓度线性范围为 86 μmol · L^{-1}～10 mmol · L^{-1}，检测的极限是 86 μmol · L^{-1}，酶电极的灵敏度为 194.9 μA · mmol · L^{-1} · cm^{-2}，酶电极表现出快速的响应 (2.9 s)、高的重现性和稳定性。

Xu 等[55]在含苯胺、硫酸和六方溶致液晶(hexagonal lyotropic liquid crystalline)电解液中、用循环电位扫描法[–0.2～0.8 V (*vs.* SCE)]合成多孔聚苯胺膜。然后将聚苯胺电极浸入到辣根过氧化酶溶液中(pH 7.0)，辣根过氧化酶被吸附到聚苯胺膜上，构成聚苯胺-辣根过氧化酶电化学生物传感器。传感器显示出对 H_2O_2 很好的电化学响应，测量的 H_2O_2 线性浓度范围为 1.0 μmol · L^{-1}～2.0 mmol · L^{-1}，最低检测浓度极限是 0.63 μmol · L^{-1}。传感器具有很好的重现性和稳定性。

Radhapyari 等[56]使用戊二醛为辣根过氧化酶的交联剂，通过吸附技术将辣根过氧化酶(HRP)溶液滴加在聚苯胺电极的表面，构筑了 PAn-HRP 电极。他们用这种酶电极测定抗癌药他莫昔芬(Tamoxifen)。他莫昔芬与 HRP 的反应机理假设如下：

$$他莫昔芬_{oxd} + O_2 \xrightleftharpoons{HRP} 他莫昔芬_{red} + H_2O_2 \tag{5.15}$$

$$H_2O_2 \longrightarrow O_2 + 2H^+ + 2e^-$$

他们使用的被测溶液为含 0.9% NaCl 和三苯氧胺的 pH 6.8 的磷酸盐缓冲液。使用循环伏安法(电位扫描速率控制在 5 mV · s^{-1})测定酶电极的还原电流峰[位于 (0.30 ± 0.05) V，*vs.* Ag/AgCl(3 mol · L^{-1}KCl)]的峰电流。酶电极的检测灵敏度是 1.6 μA · ng · mL^{-1}。最适的检测极限和定量极限分别是 0.07 ng · mL^{-1} 和 0.29 ng · mL^{-1}。

响应电流与底物浓度的直线未通过坐标原点。

3. 掺杂法固定辣根过氧化酶

辣根过氧化酶(HRP)的等电点是 pH 7.2。在 pH 高于 7.2 的溶液中辣根过氧化酶分子带负电荷，而在 pH 低于 7.2 的溶液中辣根过氧化酶分子带正电荷。如果要将辣根过氧化酶分子以对阴离子的形式掺杂到聚苯胺中，电解液的 pH 必须高于 7.2，而聚苯胺在如此高的 pH 值溶液中将会丧失导电性和氧化-还原活性，因而也就丧失了掺杂和去掺杂的能力。为了能将 HRP 固定在聚苯胺中，穆绍林等[57]先将聚苯胺电极浸在 pH 4.0 的磷酸盐缓冲液中，在–0.50 V (vs. SCE)下还原20 min，除去合成时掺杂在聚苯胺中的 Cl⁻离子；接着，将聚苯胺电极浸入相同pH 的缓冲液中，在 0.60 V 下氧化 10 min，使聚苯胺变成氧化态。最后，将氧化的聚苯胺浸入到含 HRP 的 pH 5.6 的磷酸盐缓冲液中，在–0.50 V 下还原 20 min；在还原过程中，带正电荷的 HRP 被吸附到聚苯胺中形成 PAn-HRP 酶电极[57]。他们把酶电极的电位设在 0.20 V (vs. SCE)，在 pH 6.83 的缓冲液中测定了 H_2O_2 浓度对酶电极的响应电流的影响，在 H_2O_2 浓度低于 8 $\mu mol \cdot L^{-1}$ 时，响应电流随底物浓度的增加而线性升高。表观米氏常数 K'_m 为 32 $\mu mol \cdot L^{-1}$，该值与 HRP 通过包埋法固定在聚吡咯中的酶电极的 K'_m 值(40 $\mu mol \cdot L^{-1}$)接近[58]。固定在聚苯胺中的 HRP 的催化反应活化能 E_a 仅为 15.4 $kJ \cdot mol^{-1}$，说明催化反应是非常容易进行的，这是酶电极响应速度快的原因。

辣根过氧化酶催化 H_2O_2 氧化的活化能 E_a 仅为 15.4 $kJ \cdot mol^{-1}$，如此低的活化能和快速的电极响应给了我们一个启示，如将产生 H_2O_2 的酶(如葡萄糖氧化酶)与 HRP 共同固定在电极上，这将会提高酶催化(葡萄糖氧化酶)反应速率，提高酶电极的检测灵敏度且降低催化反应的电位。反应电位的降低有利于降低测试中的干扰信号。

5.3.9 苯胺与邻氨基酚共聚物电化学传感器

聚苯胺只有在酸性溶液中才能保持电化学活性,这使其在酶电极的应用方面受到一些限制。苯胺与邻氨基酚共聚物 P(Ani-*co-o*-AP)在 pH 9.6 的弱碱性溶液中仍然保持电化学活性，使其固定生物酶用于电化学生物传感器适用的 pH 范围显著拓宽至弱碱性溶液。

Pan 等使用模板法将尿酸酶固定在 P(Ani-*co-o*-AP)/Pt 电极上构成尿酸传感器[59]。在 0.40 V (vs. SCE)电位下、pH 8.0 的缓冲溶液中，传感器的响应电流随尿酸浓度的增大而升高，线性范围在 0.001～0.1 $mmol \cdot L^{-1}$ 之间，直线通过坐标原点。表观米氏常数 K'_m 为 10.08 $mmol \cdot L^{-1}$，传感器放置 50 天后仍保持很高的活性。

胆碱是重要的神经传递质乙酰胆碱的前驱体和代谢物，它通常作为脑神经中胆碱功能活性的标志，所以胆碱在生物化学中有着重要的作用。胆碱氧化酶的等电点为 pH 8.0。该 pH 不适合用聚苯胺固定胆碱氧化酶，因为聚苯胺在此 pH 下已完全失去活性。而 P(Ani-co-o-AP)共聚物在很宽的 pH 范围内仍保持电化学活性，所以能用电化学掺杂法在 pH 8.0 的缓冲溶液中将胆碱氧化酶固定在 P(Ani-co-o-AP)共聚物膜上形成胆碱传感器[60]。胆碱在胆碱氧化酶作用下生成 H_2O_2，H_2O_2 可用电流法检测。固定胆碱氧化酶的最适宜 pH 为 8.4。穆绍林等将电位控制在 0.40 V (vs. SCE)，测定了 0.1～200 μmol·L^{-1} 胆碱溶液的响应电流，响应电流与胆碱浓度的线性范围为 0.1～100 μmol·L^{-1}，直线通过坐标原点，相关系数是 0.9999。电极的响应时间为 15～25 s。固定酶的米氏常数 K_m' 是 1.8 mmol·L^{-1}，该值接近于溶液中胆碱氧化酶的米氏常数。固定酶的催化反应活化能 E_a 为 30.8 kJ·mol^{-1}，所以酶催化反应很快，导致了电极的响应时间很短。实验采用抗坏血酸、尿酸、酚和葡萄糖作为测定胆碱的干扰物，结果显示，这些干扰物的存在对测定胆碱影响很小。传感器具有很高的操作重现性和稳定性。

5.4 导电聚吡咯电化学生物传感器

聚吡咯的导电性和可逆的电化学氧化-还原特性，使其在一些电化学反应中能起到很好的电荷传递作用，降低反应活化能，使一些生物分子能在聚吡咯电极上发生催化反应。这有利于聚吡咯直接构成电化学生物传感器，特别是聚吡咯纳米复合材料的 DNA 生物传感器和免疫传感器对生物电化学有着重要意义[61, 62]。还可以像上面讨论的那样将各种生物酶分子固定到导电聚吡咯中，形成导电聚吡咯酶电极用于电化学生物传感器。

5.4.1 聚吡咯-纳米复合材料电化学生物传感器

Zhang 等[63]用循环伏安法在 Cu 电极上进行吡咯的电化学聚合，制备了聚吡咯(PPy)纳米线。然后将 Cu 纳米粒子分散在聚吡咯膜上构成 PPy-Cu 纳米复合电极。这种 PPy-Cu 纳米复合电极对 H_2O_2 的还原具有很高的催化活性，测量 H_2O_2 的线性浓度范围是 7.0×10^{-6}～4.3×10^{-3} mol·L^{-1}，检测的浓度极限是 2.3×10^{-6} mol·L^{-1}。传感器具有很高的稳定性。

三维多孔石墨烯/聚吡咯/CdO 复合物修饰的玻碳电极对黄嘌呤的氧化有很好的催化活性[64]。在最适条件下，测量黄嘌呤的线性范围为 1～800 μmol·L^{-1}，检测的浓度极限为 0.11 μmol·L^{-1} (S/N=3)。这种传感器能测定鱼肉中的黄嘌呤。

多巴胺(dopamine)是一种神经传导物质，扮演脑内信息传递的角色。帕金森(Parkinson)病是由脑内多巴胺的缺损引起的。Vijayaraj 等[65]将 MoS_2、多壁碳纳米管(MWCNT)、吡咯和硫酸混合,搅拌后形成悬浮液,离心后用蒸馏水清洗。然后将悬浮液滴在玻碳(GC)电极表面,干燥后的电极浸入到磷酸盐缓冲液(pH 7.0)中,用循环伏安法$[0.2\sim0.8$ V$(vs.$ Ag/AgCl$)]$进行吡咯的电化学聚合,形成 GC/MoS$_2$/MWCNT/PPy 复合电极,他们将这种电极用作测量多巴胺的电化学传感器。在控制电位 0.30 V 条件下,传感器的灵敏度是 1.130 μA・μmol・L^{-1}・cm^{-2},测量多巴胺的线性浓度范围在 25~1000 nmol・L^{-1},检测极限浓度是 10 nmol・L^{-1}。他们用这种传感器测定了三只鼠脑组织样品中的多巴胺,取得了令人满意的结果。

5.4.2　聚吡咯免疫传感器

在污染的食品中经常发现有真菌毒素,黄曲霉毒素 B$_1$(aflatoxin B$_1$,AFB$_1$)是真菌毒素中毒性最强的一种黄曲霉毒素,是致癌物。在目前的检测方法中,它是很难被定量测定的。阻抗免疫传感器是一种便利而快速的分析方法,但对于像黄曲霉毒素 B$_1$这样小的靶分子,它的应用受到低灵敏度(检测时相对低的阻抗变化)的限制。Wang 等[66]发现,由石墨烯、聚吡咯、和吡咯丙酸所构成的纳米复合物电极、检测黄曲霉毒素 B$_1$具有很高的灵敏度。在这种复合电极中,石墨烯提升了复合电极的导电性和稳定性,吡咯丙酸的修饰提供了共价交联,聚吡咯赋予复合聚合物膜以导电性。在它们的协同作用下,复合电极对黄曲霉毒素 B$_1$的检测灵敏度得到了显著的改善,检测黄曲霉毒素 B$_1$浓度的线性范围是 10 fg・mL^{-1}~10 pg・mL^{-1}。传感器具有很高的专一性和重现性。

糖蛋白二聚体 D-二聚物(D-dimer)存在于过高浓度深静脉血栓形成的疾病患者血液中,因此常用作深静脉血栓形成的标志。将铜络合物共价接到聚吡咯上构成复合电极,可以用于检测糖蛋白二聚体的免疫传感器[67]。用这种复合电极电化学免疫传感器测定糖蛋白二聚体浓度的线性检测范围为 0.01~500 ng・mL^{-1},检测糖蛋白二聚体含量的极限是 10 pg・mL^{-1}。

结构与萘啶酮酸相关的氧氟沙星是新一代的氟化喹诺酮类抗菌药物。由于它具有有效的抑菌作用以及吸收快速、价格便宜等优势,氧氟沙星已被广泛地应用于抵抗大部分革兰氏阴性(Gram-negative)细菌、很多革兰氏阳性细菌和一些厌氧微生物。目前,这种药物在食品中的滥用也引起了一些安全问题。基于双信号放大的策略,应用生物兼容的聚吡咯膜-Au 纳米束作传感器平台、功能化的多酶抗体的 Au 纳米棒作电化学检测的标记,可以构成导电聚吡咯-Au 纳米材料复合电极电化学免疫传感器[68]。这种生物传感器对氧氟沙星的检测表现出高灵敏的响应,测量的线性范围为 0.08~410 ng・mL^{-1},检测氧氟沙星含量的极限是 0.03 ng・mL^{-1},并具有很好的选择性和长期稳定性。这种氧氟沙星传感器很有希望用于一些含抗生素的食品的安全监测。

近年来,湖水等水面上的蓝藻水华(cyanobacterial bloom)日趋严重,对人类健康和环境带来问题，这是因它会释放蓝藻毒素到水源中。微囊藻毒素（microcystin，MC）是一类环七肽蓝藻毒素，它是最普遍的、有毒的蓝藻毒素的代谢物。由 Au 纳米粒子（AuNP）功能化聚吡咯微球和 Ag 纳米粒子（AgNP）构成的复合电极可用于超灵敏电化学微囊藻毒素 LR（MC-LR）免疫传感器[69]。聚吡咯微球、AuNP 和 AgNP 的协同作用提高了免疫传感器的灵敏度。图 5.5（a）是聚吡咯/Au 纳米粒子/Ag 纳米粒子复合电极在 MC-LR 溶液中的线性电位扫描伏安图（LSV）；图 5.5（b）是线性电位扫描伏安图峰电流与 MC-LR 浓度的对数的关系曲线，它们之间呈线性关系，相关系数为 0.999。这说明这种复合电极能用来测定 MC-LR 的浓度，并且有很高的准确性。测量 MC-LR 浓度的线性范围为 0.25 ng·L^{-1}～50 μg·L^{-1}，检测 MC-LR 含量极限是 0.1 ng·L^{-1}。这种免疫传感器具有很高的重现性和稳定性，它不但能测定 MC-LR 的浓度，还能用来检测其他藻类毒素。

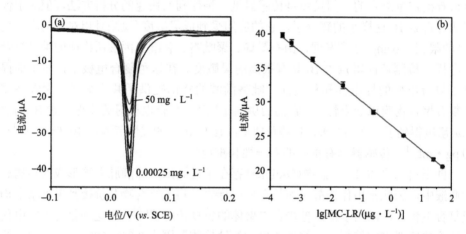

图 5.5　（a）聚吡咯/AuNP/AgNP 复合电极在 MC-LR 溶液的线性电位扫描伏安图。电解液为含 0.00025 mg·L^{-1}、0.00050 mg·L^{-1}、0.0025 mg·L^{-1}、0.025 mg·L^{-1}、0.25 mg·L^{-1}、2.5 mg·L^{-1}、25 mg·L^{-1} 和 50 mg·L^{-1} MC-LR（从最高到最低峰值电流）的 1 mol·L^{-1} KCl 水溶液。（b）线性电位扫描伏安图峰电流与 MC-LR 浓度对数的关系

5.4.3　聚吡咯-DNA 电化学生物传感器

脱氧核糖核酸（DNA）是生物体内的一种具有双螺旋结构的遗传物质，具有储存遗传信息的功能。DNA 的检测在生物化学中具有重要意义。

Spain 等将金纳米粒子（AuNP）电化学沉积在聚吡咯（PPy）电极上形成 PPy-AuNP 电极，然后将硫醇化捕获链 DNA（thiolated capture strand DNA）固定在 PPy-AuNP 电极上形成 DNA 生物传感器[70]。PPy-AuNP 有很大的比表面积、高的电导率和高的多孔性。通过电化学方法该传感器可检测来自细菌中的 DNA，DNA

浓度的对数值和电流之间线性范围是 150 pmol·L^{-1}～1 μmol·L^{-1}。传感器显示出很好的选择性。

通过 DNA 磷酸基与聚吡咯的—NH 基连接将 DNA 固定在聚吡咯电极上也可以用作 DNA 电导传感器[71]。测定传感器的电导率与溶液中 DNA 浓度之间的关系，得到该传感器检测 DNA 的浓度极限为 0.1 nmol·L^{-1}、响应时间为 10 s。

将多壁碳纳米管(MWCNT)悬浮液铺在 Au 电极上，在室温下干燥后将吡咯电化学氧化聚合在 Au 电极上形成聚吡咯纳米线(PPyNW)，再用电化学方法使 Au 纳米粒子(AuNP)沉积到聚吡咯膜上，得到 MWCNT/PPyNW/AuNP 复合电极。这种电极具有多孔结构、大的有效比表面积以及高的电导率和电催化活性。最后将此电极浸入到 DNA 适体溶液中，DNA 适体被固定在电极表面形成 DNA 修饰复合电极电化学传感器[72]。这种传感器对病毒 H5N1 基因序列有选择性响应。根据脉冲峰电流与病毒 H5N1 基因序列浓度的对数关系，测量的浓度线性范围为 5.0×10^{-12}～1.0×10^{-9} mol·L^{-1} ($R=0.9863$)，检测极限是 4.3×10^{-13} mol·L^{-1}。

Wilson 等将化学法制得的聚吡咯纳米管悬浮在 HCl 溶液中，超声搅拌后，将苯胺和过硫酸铵加入到聚吡咯悬浮液中，苯胺化学氧化聚合在聚吡咯上。接着将 Au 纳米粒子沉积到 PPy/PAn 电极上构成 PPy/PAn/Au 复合电极。最后将 DNA 共价固定在复合电极上形成一种阻抗 DNA 传感器[73]。根据传感器的阻抗随 DNA 浓度的变化，得到传感器检测 DNA 浓度的线性范围为 1×10^{-6}～1×10^{-13} mol·L^{-1}。

Miodek 等使用循环伏安法[-0.4～0.9 V(*vs.* Ag/AgCl)]将吡咯电化学聚合在 Au 电极上。聚酰胺-G4 [poly(amidoamine)] 枝状大分子(PAMAM G4)通过聚酰胺中氨基的电化学氧化，PAMAM G4 枝状大分子被修饰在聚吡咯膜中，形成 PPy/PAMAM 电极，将此电极浸入到二茂铁溶液中形成 PPy/PAMAM/Fc 电极。最后将 PPy/PAMAM/Fc 电极泡在单链 DNA(single strauded DNA)溶液中构成 DNA 传感器[74]。用方波伏安法测定传感器的峰电流与底物 DNA 浓度之间的关系，得到 DNA 浓度检测极限为 0.4 fmol·L^{-1}。

基于卡帕卡拉胶(Kappa-carrageenan)/PPy/AuNP 的 DNA 生物传感器可用来鉴别龙鱼的性别[75]。Esmaeili 等使用微脉冲伏安法，测定了该生物传感器的响应电流随靶 DNA 浓度的变化，得到了传感器测量靶 DNA 的线性浓度范围为 5.0×10^{-18}～5×10^{-12} mol·L^{-1}，检测浓度极限是 5×10^{-18} mol·L^{-1}。这种 DNA 传感器与公龙鱼的 DNA 探针结合后，暴露在公龙鱼 DNA 样品中可观察到电流增加；而暴露在母龙鱼的 DNA 样品中，观察到的是类似于基线值的低电流，这是由于探针 DNA 与靶 DNA 未发生杂交。所以，根据此 DNA 传感器的响应电流值的大小，可以很容易地鉴定龙鱼的性别。

5.4.4 聚吡咯-葡萄糖电化学生物传感器

1. 包埋法固定葡萄糖氧化酶

在含吡咯、葡萄糖氧化酶(GOD)和 KCl 的水溶液中，于 0.7 V (*vs.* Ag/AgCl)恒电位下进行吡咯的电化学聚合，GOD 被包埋在生成的导电聚吡咯(PPy)中，并与 PPy 一起沉积在电极上形成 PPy/GOD 电极[76]。这种固定酶的表观米氏常数是 1.5×10^{-3} mol·L^{-1}，GOD 电极能在 1 周内保持活性。

使用 Pt 为工作电极，在含吡咯、GOD 和 KCl 水溶液中，在 0.65 V (*vs.* SCE)下进行吡咯的电化学聚合。在吡咯聚合过程中，GOD 被包埋在 PPy 膜中形成 PPy/GOD 电极。酶电极对葡萄糖的电化学响应与膜的厚度、溶液 pH 和温度有关。固定酶的催化反应活化能 E_a 为 41 kJ·mol^{-1}，酶电极测量葡萄糖浓度的线性范围为 1.0~7.5 mmol·L^{-1} 葡萄糖，表观米氏常数 K'_m=33.4 mmol·L^{-1} [77,78]。在碱性、温度 40℃和 50℃条件下，包埋在电极中的 GOD 的抗变性的能力比可溶 GOD 要强。很明显，PPy 对 GOD 的结构起到了很好的稳定作用[78, 79]。

铂(Pt)黑具有很高的比表面积。用电化学包埋法制得的 Pt 黑/PPy/GOD 电极，它的灵敏度为 103 μA·mmol·L^{-1}·cm^{-2}，是普通 Pt/PPy/GOD 电极灵敏度的 150 倍[80]。另一个用铂(Pt)黑制备的 GOD 电极是先将普鲁士蓝(PB)聚合在 Pt 黑电极上形成 Pt/PB 电极，然后将 Pt/PB 电极浸入到含有吡咯、对苯基磺酸盐功能化的单壁碳纳米管(SWCNT-PhSO$_3^-$)和 GOD 混合溶液中(pH 7.4)，GOD 在吡咯聚合过程中被包埋在 PPy 膜中构成 PPy/GOD/SWCNT-PhSO$_3^-$/PB 酶电极生物传感器[81]。PB 膜和功能化的 SWCNT 具有协同效应，在低电位(0 V, *vs.* Hg/Hg$_2$Cl$_2$, 3 mol·L^{-1} KCl)下，极大地提高了传感器的灵敏度。传感器检测葡萄糖的最低浓度为 0.01 mmol·L^{-1}，最高灵敏度约为 6 μA·mmol·L^{-1}·cm^{-2}，浓度的线性范围是 0.02~6 mmol·L^{-1}。30 天后，传感器的响应电流仅下降 12%。这种传感器的操作电位(0.0 V)很低，减少了其他易氧化物质的干扰[如抗坏血酸、尿酸和对乙酰氨基酚(扑热息痛)]，提高了检测的灵敏度。

葡萄糖氧化酶(GOD)催化葡萄糖产生 H$_2$O$_2$；H$_2$O$_2$ 在酶电极上发生氧化，可用电流法检测。辣根过氧化酶(HRP)催化 H$_2$O$_2$ 发生电化学氧化。GOD 和 HRP 两种酶结合在一起构成双酶电极来检测葡萄糖，有利于整个酶催化反应中的电荷传递，提高检测效率。使用溶胶-凝胶(sol-gel)法，将 HRP 修饰在陶瓷碳电极上(CCE)构成 HRP/CCE 电极；然后将 HRP/CCE 电极浸入含吡咯和 GOD 的磷酸盐缓冲液(pH 7.0)中，将吡咯电化学氧化聚合在 HRP/CCE 电极上形成 GOD/PPy/HRP/CCE 电极[82]，二茂铁羧酸用作媒介在酶和电极之间传递电荷。酶电极在 0.16 V (*vs.* SCE)下、在含葡萄糖的 0.1 mol·L^{-1} 磷酸盐缓冲液(pH 6.9)中测量葡萄糖浓度，得到的浓度线性范围为 8.0×10^{-5}~1.3×10^{-3} mol·L^{-1}。由于酶电极的工作电位低，所以能很好地抑制其他物质氧化带来的干扰。

2. 吸附法和共价键交联法固定葡萄糖氧化酶

Senel 等在含不同浓度的单体[吡咯、1-(2-羧乙基)吡咯和二茂铁-吡咯]的对苯磺酸钠溶液中，于 1.2 V(*vs*. Ag/AgCl)恒电位条件下进行电化学共聚，然后将 GOD 通过共价键固定在吡咯共聚物电极上制备成吡咯共聚物/GOD 电极，用作检测葡萄糖浓度的电化学生物传感器[83]。用这种酶电极在 0.38 V(*vs*. Ag/AgCl)、不同葡萄糖浓度的磷酸盐缓冲溶液(pH 7.0)中测定响应电流与葡萄糖浓度的关系，响应时间小于 2 s，灵敏度是 1.796 $\mu A \cdot \mu mol \cdot L^{-1} \cdot cm^{-2}$，表观米氏常数 K'_m 为 4.73 $mmol \cdot L^{-1}$。实验结果表明，共聚物中的二茂铁基团起到了为葡萄糖氧化酶的氧化-还原中心与电极表面之间传递电子的媒介作用。

Ekanayake 等使用沉积在镀铂多孔纳米铝基片上的 PPy 纳米管阵列，通过物理吸附将 GOD 固定在该 PPy 纳米管阵列上，形成 PPy 纳米管阵列/GOD 酶电极，用于测量葡萄糖浓度的电化学生物传感器[84]。聚吡咯纳米管阵列中最大管的直径是 100 nm。传感器在 0.4 V (*vs*. Ag/AgCl)恒电位条件下测量了葡萄糖的浓度，测量灵敏度为 7.4 $mA \cdot mol \cdot L^{-1} \cdot cm^{-2}$。测量葡萄糖浓度的线性范围为 0.5～13 $mmol \cdot L^{-1}$，响应时间为 3 s，表观米氏常数 K'_m 是 7.01 $mmol \cdot L^{-1}$。

Sharma 等使用自降解模板法合成聚吡咯纳米管(PPyNT)，将定量的 PPyNT 悬浮在去离子水中，超声波震荡。然后加入氯化金($AuCl_3$)溶液并进行磁搅拌，反应温度控制在 0℃，搅拌 24 h。所得的沉淀物是 PPyNT/AuNP 纳米复合物。将该纳米复合物加入到脱乙酰壳多糖(chitosan)溶液中超声振荡 1 h，用形成的悬浮液修饰 ITO 电极，得到 Chi/PPyNT/AuNP/ITO 电极。将这种复合电极浸入到含 GOD 的磷酸盐缓冲液(pH 7.4)中，制得 GOD 电极[85]。酶电极对葡萄糖检测的线性范围为 3～230 $\mu mol \cdot L^{-1}$ (*R*=0.98)，检测极限是 3.10 $\mu mol \cdot L^{-1}$；复相电子传递速率常数(k_s)为 2.54 s^{-1}。基于电极电位与 pH 的关系，GOD 的直接电子传递是个两电子和两质子的传递过程。

3. 掺杂法固定葡萄糖氧化酶

聚吡咯在酸性到中性水溶液中稳定，在通过掺杂法固定生物酶分子方面较聚苯胺(聚苯胺仅在低 pH 的酸性溶液中稳定)有优势。GOD 的等电点是 pH 4.3，在高于 pH 4.3 的溶液中 GOD 分子带负电荷，可以对阴离子的形式掺杂到导电聚吡咯中。

将 GOD 溶在 pH 5.1 的醋酸钠缓冲溶液中，这时 GOD 分子带负电荷，通过在该溶液中的 Pt 电极上聚吡咯电化学掺杂，GOD 被固定在聚吡咯膜中构成 Pt/PPy/GOD 酶电极[86]。酶电极的响应电流是在 0.7 V (*vs*. Ag/AgCl)测定的，响应电流随葡萄糖的浓度变化是典型的酶催化反应曲线，即由一级反应和零级反应构成，响应电流与葡萄糖浓度的直线一直延伸到 10 $mmol \cdot L^{-1}$，并且通过坐标的原点，相关系数是 0.9997。固定在聚吡咯中的 GOD 表观米氏常数 K'_m 为 31.3 mmol·L⁻¹。

为了消除杂质对酶电极响应电流的影响，阚锦晴等[87]使用聚吡咯电极和聚吡咯-葡萄糖氧化酶双工作电极、Pt 辅助电极和 SCE 参比电极的四电极体系进行了葡萄糖浓度的检测。酶电极的纯催化电流是两工作电极的响应电流之差。他们使用抗坏血酸作为干扰物质，在磷酸盐缓冲溶液中进行测量，固定酶的活化能 E_a 为 25 kJ·mol⁻¹，表观米氏常数 K'_m 是 23.3 mmol·L⁻¹。酶电极测量葡萄糖浓度的线性范围是 0.005～20 mmol·L⁻¹。实验证实，四电极体系能消除抗坏血酸对酶电极的干扰。

5.4.5 聚吡咯-胆固醇电化学生物传感器

Brahim 等[88]采用二步法将胆固醇氧化酶包埋在聚(2-羟乙基异丁烯酸酯)/聚吡咯膜内构成胆固醇传感器。传感器的最适 pH 为 6～6.5，操作电位控制在 0.7 V (vs. Ag/AgCl)。在最适条件下，传感器测量胆固醇浓度的线性响应范围为 5×10⁻⁴～1.5×10⁻² mol·L⁻¹，检测极限是 120 μmol·L⁻¹ 胆固醇。响应时间 30 s。分析血清样品中的胆固醇的平均偏差为 3%(三天内分析)。临床病人血清样品中的胆固醇分析结果显示，该传感器与医院标准方法的测量数据相关系数大于 0.998。传感器干燥存储 12 个月后，仅降低了 20%的活性。

使用 Pt 为工作电极，在含吡咯、胆固醇氧化酶和聚乙烯磺酸盐(polyvinyl sulphonate)溶液中采用循环伏安法进行吡咯的电化学聚合，胆固醇氧化酶在吡咯聚合时包埋在聚吡咯膜中，形成聚吡咯-胆固醇氧化酶电极[89]。使用该酶电极在 0.4 V 恒电位条件下测定胆固醇浓度，酶电极具有最大活性的溶液 pH 值是 7.25，固定酶的表观米氏常数 K'_m 为 40 mmol·L⁻¹。

5.4.6 聚吡咯-尿酸生物传感器

1. 包埋法固定酶

Giarola 等[90]采用包埋法通过吡咯电化学聚合制备了聚吡咯/尿酸酶电极。电解液的最佳组成为 2.5 μmol·L⁻¹ 尿酸酶(UOx)、0.3 mg·mL⁻¹ 石墨烯(Grap)、2.9 mmol·L⁻¹ 吡咯(Py)、pH 7.0 的 0.1 mol·L⁻¹ 磷酸盐缓冲液；工作电极是 Pt，参比电极为 Ag/AgCl。用电化学方法将吡咯氧化聚合，形成 Pt/PPy/UOx/Grap 酶电极电化学传感器。用循环伏安法(-0.4～1.0 V)测定尿酸还原峰的峰电流，传感器的线性范围是 2～24 nmol·L⁻¹ 尿酸(相关系数为 0.993)，检测极限是 0.541 nmol·L⁻¹。电荷传递系数 α 平均为 0.71，电荷传递速率常数是 48.3 s⁻¹。这种传感器能用来测定人尿液中的尿酸。

2. 吸附法和共价交联法固定酶

Arslan 使用戊二醛为交联剂将尿酸酶交联到聚苯胺-聚吡咯膜上形成尿酸生

物传感器[91]。酶催化反应在 0.4 V (*vs.* Ag/AgCl)恒电位条件下测定。测定尿酸浓度的线性范围为 $2.5 \times 10^{-6} \sim 8.5 \times 10^{-5}$ mol·L^{-1}；检测浓度极限为 1.0×10^{-6} mol·L^{-1}。响应时间为 70 s，测量溶液的最适 pH 为 9.0。表观米氏常数 K'_m 为 1.57 mmol·L^{-1}。电极放置 4 周后，仅有 20%的活性损失。

尿素是蛋白质重要的终端产物。监视尿素的含量能直接得知肾的衰竭或肝功能不全的开始。血清中正常的生理尿素为 12～40 mg·L^{-1} (3～7.5 mmol·L^{-1})，过高的尿素含量会引起慢性或严重的肾衰竭、尿路梗阻、中风和胃肠出血，而过低的尿素含量会引起肝的衰竭和肾病综合征。所以，测定人体血清中尿素的含量对临床医学有着重要意义。

Prissanaroon 等将氢醌掺杂的聚吡咯薄膜电沉积在不锈钢工作电极上，通过物理吸附法使尿酸酶固定在聚吡咯膜上形成聚吡咯/尿酸酶电极，用作测量尿素的电化学生物传感器[92]。尿酸酶催化尿素水解反应见式(5.16)。

$$H_2N\text{---}CO\text{---}NH_2 + 3H_2O \xrightarrow{\text{尿酸酶}} 2NH_4^+ + OH^- + HCO_3^- \qquad (5.16)$$

尿素水解产生的 OH^- 离子会改变溶液的 pH 值，从而改变插在溶液中的聚吡咯/尿酸酶电极的稳态电极电位。测量酶电极电极电位随底物浓度变化的方法为电位法。该酶电极使用电位法可以测定尿素浓度 0.5～10 mmol·L^{-1} 范围的变化，该浓度范围覆盖了人体血清中的尿素含量。所以这种聚吡咯-尿酸酶电极可用作测定人体血清中尿素浓度的电化学传感器。

3. 掺杂法固定酶

前已述及，尿酸酶的等电点是 pH 6.3，在 pH 高于 6.3 的溶液中尿酸酶分子带负电荷，可以对阴离子的形式掺杂到导电聚合物中，形成掺杂态导电聚合物尿酸酶电极。与前面提到的聚苯胺相比，聚吡咯具有能在中性溶液中电化学聚合制备以及其掺杂导电态在中性溶液中稳定的突出优点，所以可以在高于 pH 6.3 的溶液中，用电化学掺杂法将尿酸酶固定在聚吡咯膜中形成聚吡咯/尿酸酶电极[93]。在 0.4 V (*vs.* SCE)恒电位条件下，在 pH 5.23～10.99 的宽 pH 范围内，酶电极的响应电流随 pH 的升高而增加，在此宽泛的 pH 值范围内都可以进行尿酸浓度的测量，而尿酸酶最适 pH 为 9.25。在 $5.9 \times 10^{-6} \sim 1.5 \times 10^{-3}$ mol·L^{-1} 的尿酸浓度范围内，酶电极的响应电流与底物浓度呈线性关系。固定酶的表观米氏常数 K'_m 为 7.37×10^{-3} mol·L^{-1}。固定尿酸酶的催化反应活化能 E_a 为 34.81 kJ·mol^{-1}。聚吡咯/尿酸酶电极具有很高的稳定性。失活的聚吡咯/尿酸酶电极能被硫脲激活，激活后的酶电极仍能用来测定尿酸的浓度[93]。此外，失活的酶电极还能催化硫脲的氧化，在 pH 8.07 的 0.3～1.5 mmol·L^{-1} 硫脲溶液中，电极的响应电流随硫脲的浓度线性增加，而且服从米氏(Michaelis-Menten)动力学方程式[94]。研究了 15 种金属阳离子(K^+、

Na^+、Rb^+、Cs^+、Mg^{2+}、Ca^{2+}、Zn^{2+}、Cd^{2+}、Cr^{3+}、Cu^{2+}、Mn^{2+}、Fe^{2+}、Co^{2+}、Ni^{2+}、Al^{3+}）和 NH_4^+ 对失活的聚吡咯/尿酸酶电极的影响，在这些阳离子中，仅 Mn^{2+} 能激活酶电极[95]。酶电极的响应电流随 Mn^{2+} 和尿酸浓度的增加而升高。固定酶的活化时间与外加电位有关，在 0.375 V（$vs.$ SCE）下，活化时间低于 10 s。

5.4.7 聚吡咯-黄嘌呤生物传感器

1. 包埋法固定酶

Liu 等在含吡咯、黄嘌呤氧化酶（XOD）和 KCl 的水溶液中，在 Au 电极上使用循环伏安法[−0.2～0.9 V（$vs.$ SCE）]进行吡咯的电化学氧化聚合，形成 PPy/XOD 酶电极。再用胶体金纳米粒子（AuNP）修饰 PPy/XOD 电极形成 PPy/XOD/AuNP 酶电极[96]。还可以先将普鲁士蓝（PB）电沉积在 Au 电极上，再构成 PB/PPy/XOD 和 PB/PPy/XOD/AuNP 酶电极，这里的普鲁士蓝用作电子传递介质。用这四种酶电极测定了黄嘌呤的浓度。结果显示，这四种酶电极对黄嘌呤均有很好的响应，其浓度线性范围为 1×10^{-6}～2×10^{-5} mol·L^{-1}，但它们的表观米氏常数均不相同，PPy/XOD、PPy/XOD/AuNP、PB/PPy/XOD 和 PB/PPy/XOD/AuNP 酶电极的表观米氏常数分别为 242.2 μmol·L^{-1}、113.4 μmol·L^{-1}、144.5μmol·L^{-1} 和 43.2 μmol·L^{-1}。PPy/XOD 和 PPy/XOD/AuNP 酶电极的工作电位为−0.15 V（$vs.$ SCE），PB/PPy/XOD 和 PB/PPy/XOD/AuNP 酶电极的工作电位控制在 0.1 V。

米氏常数 K'_m 是酶-底物的络合物常数，在给定的 pH、温度和底物的条件下，K'_m 反映酶的特性[97]。但用聚吡咯固定黄嘌呤氧化酶的 4 种电极，虽测定是在相同 pH（7.4）溶液、相同的温度[（25±0.2）℃]和相同底物条件下进行，但测得的 4 个米氏常数值差别很大，可能的原因是测定响应电流随底物浓度的变化仅在直线部分，即测量底物的浓度尚未达到酶的饱和状态。响应电流应随底物浓度增加还能增大，这导致了很大差异的 K'_m 值。

2. 吸附法和共价交联法固定酶

Devi 等通过吡咯单体和 $HAuCl_4$ 的直接氧化-还原反应制得 Au/PPy 纳米胶体，将其涂在 Au 电极表面形成纳米复合物膜。用戊二醛用作交联剂将黄嘌呤氧化酶交联到复合膜上构成聚吡咯/黄嘌呤氧化酶电极[98]。在 pH 7.2 溶液中和 30℃下，酶电极的响应时间在 4 s 之内；测定黄嘌呤浓度的线性范围为 0.4～100 μmol·L^{-1}，检测极限浓度为 0.4 μmol·L^{-1}。酶电极可以用于检测鱼、鸡、猪肉、牛肉中的黄嘌呤。酶电极经过 100 天以上、200 次使用后，其活性损失 40%左右。

Dervisevic 等通过化学合成法在玻碳电极表面制备脱乙酰壳多糖/PPy/AuNP 复合电极，将此复合电极先后浸入到戊二醛、黄嘌呤氧化酶溶液中构成黄嘌呤传感器[99]。在 1～200 μmol·L^{-1} 范围内，传感器信号与黄嘌呤浓度呈很好的线性关系，最低检测量是 0.25 μmol·L^{-1}，平均响应时间为 8 s。尿酸、维生素 C、葡萄糖和苯甲酸盐对传感器没有明显的干扰。传感器可用于鱼肉、牛肉和鸡肉中黄嘌呤的检测。18 天后，传感器仍能保持原来活性的 85%。

Devi 等在 Pt 电极上、含氧化锌纳米粒子(ZnONP)和吡咯的 $NaClO_4$ 水溶液中，用循环伏安法进行吡咯的电化学聚合，形成 ZnONP/PPy/Pt 电极，将此电极浸入到黄嘌呤氧化酶溶液中构成黄嘌呤传感器[100]。在 pH 7.0 和 35℃下，传感器对黄嘌呤具有很好的电化学响应，响应时间在 5 s 之内，测量黄嘌呤浓度的线性范围是 0.8~40 μmol·L^{-1}，检测极限是 0.8 μmol·L^{-1} (S/N=3)。传感器能用来检测鱼肉中的黄嘌呤。传感器经 100 天以上、200 次使用后，其活性损失 40%。

3. 掺杂法固定酶

Xue 等使用由黄嘌呤氧化酶、乙二胺四乙酸(EDTA，用于稳定酶)和磷酸盐缓冲溶液(pH 7.94)，在 0.6 V (vs. SCE)下将黄嘌呤氧化酶固定到阳极聚吡咯膜中，形成聚吡咯/黄嘌呤氧化酶电极[101]。其中，EDTA 起到稳定酶的作用。在电化学掺杂开始 4min 之内，酶电极对黄嘌呤的响应电流随时间迅速升高，这说明聚吡咯膜中酶的量随时间而增加；其后，随着掺杂时间的延长，酶电极响应电流的升高变缓；8 min 后，响应电流几乎不随时间增大。这说明，酶的掺杂量较快地到达饱和，所以电化学掺杂酶的时间控制在 20 min 内已足够。酶电极的最适溶液 pH 为 8.4；固定酶催化反应活化能 E_a 是 88.7 kJ·mol^{-1}。酶电极测量黄嘌呤浓度的线性范围是 0.1~1.0 mmol·L^{-1}。根据酶电极在不同 pH 溶液中的最大响应电流 I_{max}，作 lg I_{max}-pH 图，求得酶与底物的络合物(ES)的 pK 值，pK_1=8.05 和 pK_2=8.80，说明两个电离基团包含在黄嘌呤氧化酶中。酶溶液的离子强度会影响固定酶的量，因为在外加正电位下，带负电荷的酶分子和缓冲溶液中的阴离子均能被掺杂到聚吡咯膜中，两者之间的掺杂是竞争性的。实验证实，随着缓冲溶液中离子强度的增加，制得的聚吡咯/黄嘌呤酶电极的响应电流下降，这是由于聚吡咯中酶的量下降而引起的。所以，用电化学掺杂法固定酶，含有酶的缓冲溶液的浓度应尽量低，这有利于提高固定酶的量。

5.4.8　聚吡咯-半乳糖生物传感器

1. 包埋法固定酶

Brahim 等使用两步法将半乳糖氧化酶包埋在聚吡咯-水凝胶复合物膜中构成聚吡咯/半乳糖生物传感器[102]。传感器对半乳糖的线性测量范围为 $5.0×10^{-5}$~$1.0×10^{-2}$ mol·L^{-1}，测量的浓度极限是 25 μmol·L^{-1}，响应时间为 70 s。传感器存储在 4℃下，9 个月后，仍能保留 70%的活性。

Sung 等使用含吡咯和聚阴离子/聚乙烯醇/半乳糖氧化酶共轭掺杂剂的溶液，于 0.8 V (vs. Ag/AgCl)恒电位下进行吡咯的电化学聚合，半乳糖氧化酶被包埋在聚吡咯膜中形成半乳糖传感器[103]。传感器测量半乳糖浓度的线性响应范围为 0~

24 mmol $\cdot$ L^{-1}，灵敏度是 106 nA $\cdot$ mmol $\cdot$ L^{-1} $\cdot$ cm^{-2}。固定酶的米氏常数 K_m' 为 43 mmol $\cdot$ L^{-1}，这接近于溶液相中半乳糖氧化酶的米氏常数 (38 mmol $\cdot$ L^{-1})。

2. 掺杂法固定酶

用电化学掺杂法，半乳糖氧化酶能被固定在聚苯胺膜上构成酶电极，该酶电极对半乳糖具有很好的响应[42]。然而，在 0.65 V (vs. SCE) 恒电位条件下，在 0.1 mol $\cdot$ L^{-1} 吡咯和 0.1 mol $\cdot$ L^{-1} NaCl 水溶液中电化学合成的聚吡咯，却不能用电化学掺杂法固定半乳糖氧化酶。这是由于该法制备的聚吡咯膜由非常致密的聚吡咯颗粒构成，而颗粒之间的距离约为 5 nm，这个尺寸小于酶分子的直径，所以电化学掺杂时半乳糖氧化酶不能进入到用这种方法制备的聚吡咯膜中[104]。在 0.7 V (vs. SCE) 下，在含 0.1 mol $\cdot$ L^{-1} 吡咯、1 mol $\cdot$ L^{-1} NaCl 的溶液 (pH 2.0) 中制备的聚吡咯，以及在含 0.1 mol $\cdot$ L^{-1} 吡咯、0.1 mol $\cdot$ L^{-1} NaCl 溶液 (pH 2.0) 中，用循环伏安法 (0～1.0 V) 制得的聚吡咯，用电化学方法掺杂半乳糖氧化酶后的两个酶电极对半乳糖的电化学响应也都很小；但用循环伏安法，在含 0.1 mol $\cdot$ L^{-1} 吡咯、1.0 mol $\cdot$ L^{-1} NaCl 的水溶液 (pH 2.0) 中制备的聚吡咯膜，经电化学掺杂半乳糖氧化酶后构成的酶电极却对半乳糖具有很好的电化学响应[105]。原子力显微镜表征显示，后者的聚吡咯膜由 70～700 nm 颗粒组成，其中夹着直径为 100～300 nm 的很深的孔，颗粒之间的距离为 20～70 nm。可见，用循环伏安法制备的聚吡咯膜，能使半乳糖氧化酶以对阴离子的形式掺杂到聚吡咯膜中形成酶电极。这种聚吡咯/半乳糖氧化酶电极对半乳糖浓度电流响应的线性范围为 0.1～2 mmol $\cdot$ L^{-1}，直线通过坐标原点；固定酶的表观米氏常数 K_m' 为 15.8 mmol $\cdot$ L^{-1} (pH 6.1)[105]。

上述结果说明，吡咯溶液中支持电解质的浓度和工作电极的电位对聚吡咯膜的形貌有很大的影响。在含 0.1 mol $\cdot$ L^{-1} 吡咯和 1.0 mol $\cdot$ L^{-1} NaCl 的溶液中，用循环伏安法制备聚吡咯膜，在循环伏安图上 0.875 V 处出现一个氧化峰，这是吡咯电化学聚合时的氧化峰；而在含 0.1 mol $\cdot$ L^{-1} 吡咯和 0.1 mol $\cdot$ L^{-1} NaCl 溶液中，没有出现一个完整的氧化峰，而且它的氧化电流也比 0.875 V 的峰电流低得多。所以聚吡咯膜的形貌主要决定于吡咯电化学聚合时的电流密度[104]。

5.4.9 聚吡咯-肌氨酸电化学生物传感器

Shi 等用电化学掺杂法将肌氨酸氧化酶固定在聚吡咯膜上形成聚吡咯/肌氨酸氧化酶电极[106]。在 0.40 V (vs. SCE) 和 pH 8.27 的 1 mmol $\cdot$ L^{-1} 肌氨酸的磷酸盐缓冲溶液中，测定了缓冲溶液的离子强度对酶电极响应电流的影响，其结果表明，当溶液的浓度低于 0.15 mol $\cdot$ L^{-1} 时，响应电流随磷酸盐浓度的增加而迅速增大，而当磷酸盐的浓度继续增加到 0.6 mol $\cdot$ L^{-1}，离子强度对酶电极的响应电流几乎没有影响。当肌氨酸的浓度从 0.1 mmol $\cdot$ L^{-1} 增加到 1.0 mmol $\cdot$ L^{-1}，响应电流随底物浓度的增加而线性增大，说明该酶电极可以测量 0.1～1.0 mmol $\cdot$ L^{-1} 的肌氨酸浓度。固定酶的表观米氏常数 K'_m 为 3.5 mmol·L^{-1}，而自由肌氨酸氧化酶的 K'_m 为 2.1 mmol·L^{-1} [107]。

典型的酶催化反应由一级反应和零级反应构成，即在底物浓度低时，反应速率与底物浓度之间呈线性增加关系，当底物浓度继续增加时，催化反应速率的增加变缓，趋向于最大值，但不可能达到最大值。用电流法测定固定酶的反应速率时，所得的响应电流与底物浓度之间的关系，也应是由通过坐标原点的直线和趋向于最大响应电流的曲线组成。但有些酶电极的响应电流随底物浓度变化的直线不通过坐标的原点，即底物浓度为零时，在酶电极上仍有可观的电流通过，这说明，酶电极上有其他反应存在，其结果造成了测定底物浓度的系统偏差；而有的酶电极，当底物浓度超过最高速率对应的浓度时，反应速度虽变慢，但其变化相当小，而在较高的底物浓度时甚至出现反应速度加速的现象，这也是因为酶电极上发生了非酶催化反应，其结果是酶催化反应的最大电流值 I_{max} 过高以及固定酶的表观米氏常数增大。

参 考 文 献

[1] Schuhmann W. Mikrochim Acta, 1995, 121: 1-29.

[2] Cosnier S. Biosens Bioelectron, 1999, 14: 443-456.

[3] Dhand C, Das M, Datta M, Malhotra B D. Biosens Bioelectron, 2011, 26: 2811-2821.

[4] Mu S L, Xue H G, Qian B D. J Electroanal Chem, 1991, 304: 7-16.

[5] Mu S L, Liu J C. Chem J Internet, 1999, 1: 1-9.

[6] Mu S L, Xue H G. Sensors Actuators B, 1996, 31: 155-160.

[7] Lakshmi G B V S, Sharma A, Solanki P R, Avasthi D K. Nanotechnology, 2016, 27: 345101-345109.

[8] 穆绍林, 杨一飞, 谭志安. 物理化学学报, 2003, 19: 588-592.

[9] White A, Handler P, Smith E L, Hill R L, Lehman I R. Principle of Biochemistry. New York: Mcgraw-Hill Book Company, 1978: 418.

[10] Zhang L, Dong S J. J Electroanal Chem, 2004, 568: 189-194.

[11] Shinohara H, Chiba T, Aizawa M. Sens Actuators, 1988, 13: 79-86.

[12] Cooper J C, Hall E A H. Biosens Bioelectron, 1992, 7: 473-485.

[13] Xue H G, Shen Z Q, Li C M. Biosens Bioelectron, 2005, 20: 2330-2334.

[14] Arslan F, Ustabaş S, Arslan H. Sensors, 2011, 11: 8152-8163.

[15] Karyakin A A, Bobrova O A, Lukachova L V, Karyakina E E. Sensors Actuators B, 1996, 33: 34-38.

[16] Xian Y Z, Hu Y, Liu F, Xian Y, Wang H T, Jin L T. Biosens Bioelectron, 2006, 21: 1996-2000.

[17] Feng X, Cheng H J, Pan Y W, Zheng H. Biosens Bioelectron, 2015, 70: 411-417.

[18] Xu Q, Gu S X, Jin L Y, Zhou E, Yang Z J. Sens Actuators B–Chem, 2014, 190: 562-569.

[19] Albery W J, Bartlett P N, Cass A E G, Craston D H. J Chem Soc, Faraday Trans I, 1986, 82:

1033-1050.

[20] 薛怀国, 穆绍林. 高等学校化学学报, 1993, 14: 138-140.

[21] Mu S L, Kan J Q．Electrochim Acta, 1995, 40: 241-246.

[22] Xue H G, Shen Z Q, Li Y F. Synth Met, 2001, 124: 345-349.

[23] Shi Q F, Wang P, Jiang Y, Kan J Q. Biocatal Biotransform, 2009, 27: 54-59.

[24] Wang Z Y, Liu S N, Wu P, Cai C X. Anal Chem, 2009, 81: 1638-1645.

[25] Srivastava M, Srivastava S K, Nirala N R, Prakash R. Anal Methods, 2014, 6: 817-824.

[26] Xu Z H, Cheng X D, Tan J H, Gan X X. Biotech Appl Biochem, 2015: 757-764.

[27] Singh S, Solanki P R, Pandey M K, Malhotra B D. Anal Chim Acta, 2006, 568: 126-132.

[28] Khan R, Solanki P R, Kaushik A, Singh S P, Ahmad S, Malhotra B D. J Polym Res, 2009, 16: 363-373.

[29] Wang H Y, Mu S L. Sens Actuators B, 1999, 56: 22-30.

[30] Arora K, Sumana G, Saxena V, Gupta R K, Gupta S K, Yakhmi J V, Pandey M K, Chand S, Malhotra B D. Anal Chim Acta, 2007, 594: 17-23.

[31] Arslan F. Sensors, 2008, 8: 5492-5500.

[32] Bhambi M, Sumana G, Malhotra B D, Pundir C S. Artificial Cells, Blood Substitutes, and Biotechnology, 2010, 38: 178-185.

[33] Mu S L, Kan J Q, Zhou J B. J Electroanal Chem, 1992, 334: 121-132.

[34] 阚锦晴, 穆绍林. 物理化学学报, 1993, 9: 345-350.

[35] Kan J Q, Pan X H, Chen C. Biosens Bioelectron, 2004, 19: 1635-1640.

[36] Hu S S, Xu C L, Luo J H, Luo J, Cui D F. Anal Chim Acta, 2000, 412: 55-61.

[37] Devi R, Yadav S, Pundir C S. Analyst, 2012, 137: 754-759.

[38] Sadeghi S, Fooladi E, Malekaneh M. Anal Biochem, 2014, 464: 51-59.

[39] 穆绍林, 薛怀国. 化学学报, 1995, 53: 521-525.

[40] 薛怀国, 仲雷, 邵亮, 阚锦晴, 穆绍林. 物理化学学报, 1996, 12: 310-314.

[41] 王海燕, 穆绍林. 应用化学, 1999, 16: 13-16.

[42] Mu S L. J Electroanal Chem, 1994, 370: 135-139.

[43] Heidari A. J Adv Nanomater, 2018, 3: 1-28.

[44] Xue H G, Shen Z Q. Talanta, 2002, 57: 289-295.

[45] Tan Y Y, Guo X X, Zhang J H, Kan J Q. Biosens Bioelectron, 2010, 25: 1681-1687.

[46] Zhang J, Lei J P, Liu Y Y, Zhao J W, Ju H X. Biosens Bioelectron, 2009, 24: 1858-1863.

[47] Wang B N, Zheng J B, He Y P, Sheng Q L. Sens Actuators B–Chem, 2013, 186: 417-422.

[48] Ho K K. Plant Physiol Biochem, 1999, 37: 841-848.

[49] Tan Y Y, Kan J Q, Li S Q. Sens Actuators B–Chem, 2011, 152: 285-291.

[50] Li X, Sun C. J Anal Chem, 2005, 60: 1073-1077.

[51] Yang Y F, Mu S L. J Electroanal Chem, 1996, 415: 71-77.

[52] Solanki P R, Kaushik A, Ansari A A, Sumana G, Malhotra B D. Polym Adv Technol, 2011, 22: 903-908.

[53] Du Z F, Li C C, Li L M, Zhang M, Xu S J, Wang T H. Mater Sci Eng C, 2009, 29: 1794-1797.

[54] Hua M Y, Lin Y C, Tsai R Y, Chen H C, Liu Y C. Electrochim Acta, 2011, 56: 9488-9495.

[55] Xu Q, Zhu J J, Hu X Y. Anal Chim Acta, 2007, 597: 151-156.

[56] Radhapyari K, Kotoky P, Khan R. Mater Sci Eng C, 2013, 33: 583-587.

[57] Yang Y F, Mu S L. J Electroanal Chem, 1997, 432: 71-78.

[58] Tatsuma T, Gondaira M, Watanabe T. Anal Chem, 1992, 64: 1183-1187.

[59] Pan X H, Zhou S, Chen C, Kan J. Sens Actuators B, 2006, 113(1): 329-334.

[60] Zhang J, Shan D, Mu S L. Front Biosci, 2007, 12: 783-790.

[61] Geetha S, Rao C R K, Vijayan M, Trivedi D C. Anal Chim Acta, 2006, 568: 119-125.

[62] Jain R, Jadon N, Pawaiya A. TrAC Trends Anal Chem, 2017, 97: 363-373.

[63] Zhang T T, Yuan R, Chai Y Q, Li W J, Ling S J. Sensors, 2008, 8: 5141-5152.

[64] Ghanbari Kh, Nejabati F. J Food Meas Charact, 2019, 13: 1411-1422.

[65] Vijayaraj K, Dinakaran T, Lee Y, Kim S, Kim H, Lee J, Chang S C. Biochem Biophys Res Commun, 2017, 494: 181-187.

[66] Wang D, Hu W H, Xiong Y H, Xu Y, Li C M. Biosens Bioelectron, 2015, 63: 185-189.

[67] Chebil S, Miodek A, Ambike V, Sauriat-Dorizon H, Policar C, Korri-Youssoufi H. Sens Actuators B–Chem, 2013, 185: 762-770.

[68] Zang S A, Liu Y J, Lin M H, Kan J L, Sun Y M, Lei H A. Electrochim Acta, 2013, 90: 246-253.

[69] Zhang J, Xiong Z B, Chen Z D. Sens Actuators B Chem, 2017, 246: 623-630.

[70] Spain E, Keyes T E, Forster R J. Electrochim Acta, 2013, 109: 102-109.

[71] Tuan M A, Pham D T, Chu T X, Hieu N M. Appl Surf Sci, 2014, 309: 285-289.

[72] Liu X G, Cheng Z Q, Fan H, Ai S Y, Han R X. Electrochim Acta, 2011, 56: 6266-6270.

[73] Wilson J, Radhakrishnan S, Sumathi C, Dharuman V. Sens Actuators B–Chem, 2012, 171-172: 216-222.

[74] Miodek A, Mejri-Omrani N, Khoder R, Korri-Youssoufi H. Talanta, 2016, 154: 446-454.

[75] Esmaeili C, Heng L Y, Chiang C P, Rashid Z, Safitri E, Marugan R S P M. Sens Actuators B–Chem, 2017, 242: 616-624.

[76] Umaña M, Waller J. Anal Chem, 1986, 58: 2979-2983.

[77] Foulds N C, Lowe C R. J Chem Soc–Faraday Trans 1, 1986, 82: 1259-1264.

[78] Fortier G, Brassard E, Bélanger D. Biosens Bioelectron, 1990, 5: 473-490.

[79] Fortier G, Bélanger D. Biotechn Bioeng, 1991, 37: 854-858.

[80] Wang J J, Myung N V, Yun M H, Monbouquette H G. J Electroanal Chem, 2005, 575: 139-146.

[81] Raicopol M, Prună A, Damian C, Pilan L. Nanoscale Res Lett, 2013, 8: 316-323.

[82] Tian F M, Zhu G Y. Anal Chim Acta, 2002, 451: 251-258.

[83] Şenel M. Synth Met, 2011, 161: 1861-1868.

[84] Mala Ekanayake E M I, Preethichandra D M G, Kaneto K. Biosens Bioelectron, 2007, 23: 107-113.

[85] Sharma A, Kumar A. Synth Met, 2016, 220: 551-559.

[86] Cho J H, Shin M C, Kim H S. Sens Actuators B–Chem, 1996, 30: 137-141.

[87] Chen C, Jiang Y, Kan J Q. Biosens Bioelectron, 2006, 22: 639-643.

[88] Brahim S, Narinesingh D, Guiseppi-Elie A. Anal Chim Acta, 2001, 448: 27-36.

[89] Yildirimoğlu F, Arslan F, Çete S, Yaşar A. Sensors, 2009, 9: 6435-6445.

[90] Giarola J, Mano V, Pereira A C. Electroanalysis, 2017, 29: 1-10.

[91] Arslan F. Sensors, 2008, 8: 5492-5500.

[92] Prissanaroon-Quajai W, Sirivat A, Pigram, P J, Brack N. Macromol Symp, 2015, 354: 334-339.

[93] 穆绍林, 阚锦晴. 化学学报, 1993, 51: 632-638.

[94] Mu S L, Cheng S F. J Electroanal Chem, 1993, 356: 59-66.

[95] Mu S L. Electrochim Acta, 1994, 39: 9-12.

[96] Liu Y J, Nie L H, Tao W Y, Yao S Z. Electroanalysis, 2004, 16: 1271-1278.

[97] Lehninger A L. Principles of Biochemistry. New York: Worth publishers, Inc. 1982: 212-216.

[98] Devi R, Yadav S, Pundir C S. Coll Surf A–Physicochem Eng Aspects, 2012, 394: 38-45.

[99] Dervisevic M, Dervisevic E, Çevik E, Şenel M. J Food Drug Anal, 2017, 25: 510-519.

[100] Devi R, Thakur M, Pundir C S. Biosens Bioelectron, 2011, 26: 3420-3426.

[101] Xue H G, Mu S L. J Electroanal Chem, 1995, 397: 241-247.

[102] Brahim S I, Maharajh D, Narinesingh D, Guiseppi-Elie A. Anal Lett, 2002, 35: 797-812.

[103] Sung W J, Bae Y H. Sen Actuators B–Chem, 2006, 114: 164-169.

[104] Kan J Q, Xue H G, Mu S L, Chen H. Synth Met, 1997, 87: 205-209.

[105] Yang Y F, Mu S L, Chen H. Synth Met, 1998, 92: 173-178.

[106] Shi Y J, Yang Y F, Kan J Q, Mu S L, Li Y F. Biosens Bioelectron, 1997, 12: 655-659.

[107] Nguyen V K, Wolff C M, Seris J L. Schwing J P. Anal Chem, 1991, 63: 611-614.

第**6**章

聚合物发光电化学池

6.1 引言

聚合物发光二极管(polymer light emitting diode，PLED)由一个共轭聚合物发光层夹在一个透明底电极和一个金属顶电极之间所组成。由于构成发光活性层的共轭聚合物半导体的电导率很低($10^{-12} \sim 10^{-15}$ S·cm^{-1})，导致聚合物发光层有很高的电阻。所以，PLED 的发光层必须很薄，一般不超过 100 nm，否则，PLED会有很高的串联电阻，需要施加很高的电压才能注入电子和空穴从而复合发光。另外，PLED 还需要负极和正极的功函数分别与发光层共轭聚合物的 LUMO 和HOMO 能级相匹配，以有利于电子和空穴的注入(电子从负极注入共轭聚合物的LUMO 能级，空穴从正极注入共轭聚合物的 HOMO 能级)。为了克服电荷注入的势垒，就需要使用低功函数的活泼金属作负极和高功函数的导电材料作正极，同时往往还需要在负极–发光层界面上插入电子传输层、在正极–发光层界面上插入空穴传输层，这会增加器件制备的复杂程度，而活泼金属负极也存在稳定性问题。

针对 PLED 存在的上述问题，裴启兵等利用共轭聚合物的电化学掺杂特性，于 1995 年设计和发明了聚合物发光电化学池(polymer light-emitting electrochemical cell, 简称 LEC)[1-7]。LEC 是共轭聚合物电化学掺杂特性在聚合物电致发光器件中的应用。LEC 的器件结构与单层 PLED 基本相同，所不同之处是其共轭聚合物中掺入了固体电解质(离子传导聚合物和盐)，这导致其发光原理与PLED 大不相同。LEC 是通过活性层共轭聚合物的电化学掺杂实现电荷注入的电致发光器件。共轭聚合物电化学掺杂后其电导率大大增加，从接近绝缘态增加到 $10^{-3} \sim$ 10^3 S·cm^{-1} 量级，从而成为导电聚合物。有关共轭聚合物的电化学掺杂，读者可以参阅本书第 4 章中聚噻吩的电化学性质的内容。与 PLED 相比，LEC 具有器件结构和制备过程简单，发光特性对发光层厚度以及电极功函数不敏感，可以制备成两电极之间距离达到毫米量级的表面性器件等独特的优点；但也存在发光层中发光共轭聚合物和离子导电聚合物的相分离、电致发光响应慢以及器件工作稳定性差等需要解决的问题。针对这些问题，研究人员进一步开展了深入研究，提出了一些解决问题的策略，包括在活性层中添加表面活性剂添加剂以及使用兼具荧光和离子导电性的聚合物解决发光聚合物和离子导电聚合物的分相问题，冷冻 p-i-n 结或者其他固定 p-i-n 结的方法来解决器件发光响应慢的问题。最近，LEC 领域又发展到把量子点、电致化学发光小分子材料以及钙钛矿材料应用到 LEC 中［使用这些材料时需要使用结合材料（binder）］，还开发了分布有金属纳米点的全平面发光的表面型 LEC 以及适用于可穿戴发光器件的可拉伸 LEC 等。图 6.1 概括了最典型的夹心型 LEC 器件结构和使用的主要活性层材料[7]。

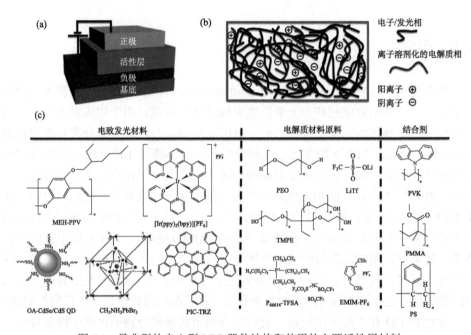

图 6.1 最典型的夹心型 LEC 器件结构和使用的主要活性层材料

(a) LEC 器件结构简图；(b) 基于荧光共轭聚合物和聚合物电解质复合膜的典型 LEC 微结构(包括相区结构)；
(c) LEC 复合膜中常用的发光材料、固体电解质材料和它们的结合剂

6.2　LEC 的组成、工作原理和发光特性

6.2.1　LEC 的组成和电致发光机理

图 6.2(a) 为 LEC 的器件结构和发光机理示意图[7]，它的发光活性层由荧光共轭聚合物和聚合物电解质的复合膜所组成，该活性层夹在透明导电玻璃 ITO 正极和金属 Al 负极之间。最常用的荧光共轭聚合物为聚对苯撑乙烯(PPV)及其衍生物(比如 MEH-PPV)，它既可以被氧化发生 p 型掺杂，又可以被还原发生 n 型掺杂。除 PPV 及其衍生物外，可用于制备 PLED 的其他荧光共轭聚合物也都可以用在 LEC 上。最具代表性的聚合物固体电解质是聚环氧乙烷(PEO)和锂盐(如 $LiCF_3SO_3$)的络合物，其离子电导率在室温下为 $10^{-6}\,S\cdot cm^{-1}$ 数量级[8]。图 6.2(a) LEC 器件的发光活性层可以表示为 MEH-PPV+PEO($LiCF_3SO_3$)，整个 LEC 器件结构可以表示为 ITO/MEH-PPV+PEO($LiCF_3SO_3$)/Al。

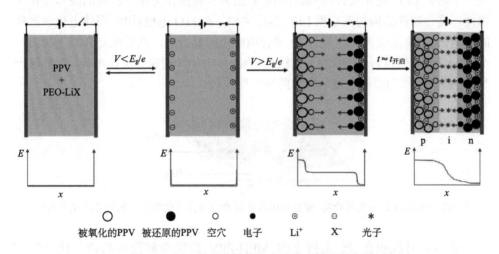

图 6.2　LEC 的器件结构及电致发光机理示意图

　　LEC 的制备过程比较简单。以制备基于 MEH-PPV + PEO($LiCF_3SO_3$)的 LEC 为例，先将 MEH-PPV、PEO 和 $LiCF_3SO_3$ 按质量比 1∶1∶0.18 混合溶解于环己酮制备成混合溶液，然后使用这种混合溶液在 ITO 导电玻璃上用旋转涂膜法制备一层荧光共轭聚合物 MEH-PPV 和离子导电聚合物 PEO($LiCF_3SO_3$)的复合膜，然后再在复合膜上真空蒸镀 Al 膜电极，制备得到 LEC 器件。

　　图 6.2 也表示了 LEC 的工作原理。对于有代表性的活性层为 MEH-PPV+PEO($LiCF_3SO_3$)的 LEC，当两电极上施加的电压超过 MEH-PPV 的 E_g/e(其中 E_g 是荧光共轭聚合物 MEH-PPV 的禁带宽度，e 是电子电荷)时，靠近 ITO 正极一侧

的 MEH-PPV 被氧化(从正极注入空穴)发生 p 型掺杂,靠近 Al 负极一侧的 MEH-PPV 被还原(电子从负极注入)发生 n 型掺杂。同时,复合膜中的阳离子 Li^+ 在电场作用下向负极移动,形成 n 型掺杂区的对阳离子;阴离子 $CF_3SO_3^-$ 在电场作用下向正极移动,形成 p 型掺杂区的对阴离子。这样,随着反应的进行,在正极和负极附近将分别形成 MEH-PPV 的 p 型掺杂区和 n 型掺杂区,并且两个掺杂区会逐渐向复合膜内部扩展;而 p 型区和 n 型区中间的区域随着 Li^+ 正离子和 $CF_3SO_3^-$ 负离子的移出逐渐变成 PPV 的本征(i)区域,形成所谓的 p-i-n 结构。掺杂后的 p 型掺杂区和 n 型掺杂区的电导率显著增加,它们与正负极之间形成欧姆接触而分别成为正极和负极的一部分。形成 p-i-n 结后,通过电化学掺杂引入的两种电荷载流子(p 型掺杂区的空穴和 n 型掺杂区的电子)向发光聚合物内部 i 区扩散并在这里复合而发光。

LEC 的电化学氧化-还原反应还可以通过固体电化学的方法来测量[9]。图 6.3 是一个研究 LEC 发光聚合物-聚合物电解质复合膜固体电化学性质的固体电化学器件。这一器件结构与夹心型 LEC 器件类似,在 ITO 电极(用作固体电化学器件的对电极)上旋涂荧光共轭聚合物-聚合电解质的复合膜,然后在复合膜上蒸镀一个 Al 电极(当然也可以蒸镀 Au 电极)作为固体电化学测量的工作电极,再蒸镀一个 Ag 膜电极作为固体电化学器件的准参比电极。

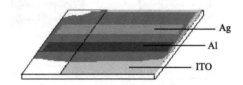

图 6.3 研究 LEC 发光聚合物-聚合物电解质复合膜固体电化学性质的固体电化学器件

图 6.4 对沉积在 Pt 电极上的 MEH-PPV 膜在电解液中的循环伏安图和 MEH-PPV LEC 固体电化学器件的线性电位扫描伏安图进行了比较[9]。可以看出,固体电化学器件的起始氧化电流和起始还原电流出现的电位分别与溶液中 MEH-PPV 的 p 型掺杂电位和 n 型掺杂电位基本上对应。这进一步确认了 LEC 的电化学掺杂的工作机理。交流阻抗测量结果也证实了 LEC 的 p-i-n 结结构[10]。

LEC 的这一发光原理使其与对应的单层 PLED 相比,在阴极金属材料稳定性、器件启亮电压和电致发光效率方面具有明显的优点。在 PLED 中,为了降低电子注入的能垒,必须使用功函数低的活泼金属作负极材料。在 LEC 中,由于掺杂态的 MEH-PPV 具有高的导电性,ITO/p 型掺杂 MEH-PPV 界面和 Al/n 型掺杂 MEH-PPV 界面将变为欧姆接触,因此电子和空穴的注入将与金属电极的功函数无关,惰性金属如 Al、Au 等可方便地用作 LEC 的阴极,这样就改善了阴极材料的稳定性。另外，由于通过电化学掺杂从负极注入的电子与从正极注入的空穴基本达到平衡，克服了单层 PLED 中电子注入与空穴注入不平衡的问题，因而提高了电致发光的效率。同时，因为 LEC 中的聚合物复合膜具有离子导电性，大大降低了聚合物膜的电阻，使 LEC 的启亮电压大大降低，接近于聚合物的 π-π* 跃迁能级[11]，这克服了单层 PLED 中存在的、由于高的电荷注入能垒和高的聚合物膜电阻导致的启亮电压高的问题。

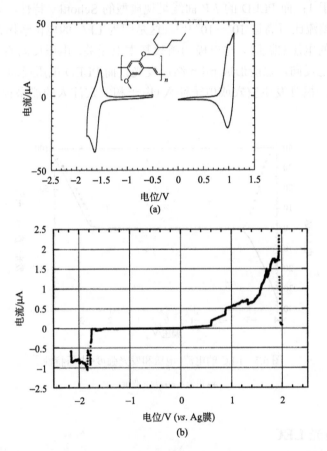

图 6.4　(a) MEH-PPV 膜在电解液中的循环伏安图；(b) MEH-PPV LEC 固体电化学器件的线性电位扫描伏安图

　　LEC 因其特殊的电化学掺杂和 p-i-n 结构发光特性，除具有一般的电致发光性能外，还具有 PLED 不具备的特异的器件结构和发光性能，包括平面型发光器件(平面型 LEC)，对电极功函数不敏感的正向偏压和反向偏压下都能发光的对称性发光性能，具有双发光层的正向和反向偏压下发不同颜色光的双色光 LEC 以及可拉伸的 LEC 等。对于平面型 LEC，后面将用专节介绍，接下来讨论 LEC 的对称发光特性以及双色光 LEC 等。

6.2.2 LEC 的对称性发光特性

LEC 的电化学掺杂的电荷注入机理导致其具有在正向偏压和反向偏压下都可以发光的特性，其电流-电压(I-V)曲线则表现为中心对称性，如图 6.5 所示，整流比接近于 1；而 PLED 的 I-V 曲线呈现典型的 Schottky 特性，只有正向偏压下发光，其整流比可高达 $10^4 \sim 10^6$ [12]。这是因为 LEC 的电化学掺杂(电荷注入)取决于施加的电压(偏压)，与电极功函数基本上无关，电压反向后 p 型掺杂和 n 型掺杂也随之反向，也能形成 p-i-n 结而发光；而 PLED 电压反向后由于电极功函数不匹配，很难发生空穴或电子注入(电子和空穴注入的能垒很大)，所以不能发光。

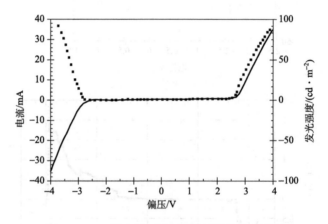

图 6.5　LEC 的电流-电压和发光强度-电压特性

——电流；▪▪▪▪▪发光强度

6.2.3 双色光 LEC

如上所述，LEC 可实现正、反向偏压下的双向发光，并且其发光区靠近负极(阴极)。因此如将器件制成可发不同颜色光的双发光层结构，则有可能实现正向偏压和反向偏压下在不同发光层发光，并发出不同颜色光的 LEC 器件。杨阳和裴启兵利用能隙不同(发光颜色不同)的两种荧光共轭聚合物(包括发绿光的 PPV 和发橙色光的 MEH-PPV)制备了这种双色光 LEC[3,4,13]，实现了单一 LEC 发光器件在正向和反向偏压下发射双色光。他们制备的双色光 LEC 的器件结构为 ITO/PPV+PEO(Li$^+$)/MEH-PPV+PEO(Li$^+$)/Al，其 I-V 曲线和电致发光特性如图 6.6

所示。取 ITO 电极为正极、Al 为负极，当施加+5V 正向偏压时，发光区处于靠近 Al 阴极的 MEH-PPV 层内，LEC 发橙色光；而当施加反向偏压时，即 ITO 为负极、Al 为正极时，施加-4V 偏压时发光区则处于靠近 ITO 电极的 PPV 层内，LEC 发绿色光［图 6.6(b)］。

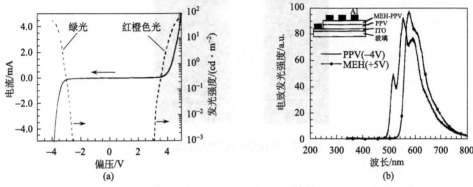

图 6.6　双层 LEC 的电流-电压、发光强度-电压特性(a)和电致发光光谱(b)

6.3　平面结构 LEC

前已述及，由于 LEC 的发光聚合物复合膜具有离子导电性，使器件的串联电阻大大降低，复合膜的厚度对发光性能影响不大，所以除了类似 PLED 的夹心结构(夹心型)的 LEC(两电极之间的距离约为 100 nm)以外，还可以制备成两电极之间距离可以达到毫米量级的平面结构(平面型)LEC(planar LEC)[1-5,14,15]。平面型 LEC 的突出优点是可以原位观察器件的电致发光过程，是研究 LEC 电致发光机理的理想的模型器件；而夹心型器件是不可能观察其电致发光过程的。

第一个平面型 LEC 是在玻璃基底表面镀两个相距 15μm 的 Au 膜电极，Au 电极的宽度也是 15μm，然后在上面旋涂一层 MEH-PPV＋PEO(LiCF$_3$SO$_3$)复合膜，厚度为 0.2~0.3μm。平面型 LEC 可用于直接观察其 p-i-n 结(也可以称为有机 p-n 结)结构的动态形成。当在两个电极之间施加的电压超过 E_g/e 时，与夹心型 LEC 相同，荧光共轭聚合物 MEH-PPV 在正极附近发生 p 型掺杂，在负极附近发生 n 型掺杂，在中间形成 p-i-n 结，p 型电荷载流子空穴和 n 型电荷载流子电子在 i 区复合而发光，此时可以在表面看到一条明亮的发光带，如图 6.7 所示。从图 6.7 还可以看出，其发光带靠近阴极区，这是由于空穴迁移率大于电子迁移率。这种平面型 LEC 显示器件可以直接复合到基于硅晶片的集成电路上。如果用透明材料如玻璃或塑料作基底，则从器件的两侧都可以观察到发光。另外，制备平面型 LEC 时无须蒸镀金属负极，这使其制备过程大大简化。

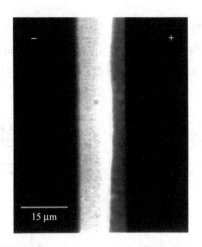

图 6.7　平面型 LEC 的电致发光

6.3.1　LEC 的动态 p-n 结结构

　　Edman 等[16]深入研究了平面型 LEC 的有机半导体(荧光共轭聚合物)通过电化学掺杂原位形成的动态 p-n 结(dynamic p-n junction)结构。需要说明的是,对于夹心型 LEC,其活性层很薄(不到 100 nm),如前所述工作状态下一般认为形成了 p-i-n 结结构,中间本征区(i 区)厚度可能是 10～20 nm,占活性层总厚度的 10%～20%。但是在平面型 LEC 中,活性层厚度(其实是复合膜宽度)在 0.1～10 mm 之间,10～20 nm 的本征区厚度只占整个活性区厚度的不足万分之一,所以在这种情况下就可以把这个结构直接称为 p-n 结结构。Edman 等使用扫描开尔文探针显微镜(scanning Kelvin probe microscopy,SKPM)和光学探针(optical probe)研究了一个在两个电极之间由 120 μm 长的共轭聚合物-聚合物电解质复合膜组成的平面结构 LEC(见图 6.8)。他们研究的器件的活性材料是 MEH-PPV+PEO+ KCF$_3$SO$_3$,置于两个 Au 电极之间,这两个 Au 电极相距 120 μm。

　　图 6.9(a)是平面型 LEC 器件施加 5V 电压 300s 后的光学显微图,可以看出,发光区出现在距离 Au 负极约 35 μm 的地方。开路下的静电势图[图 6.9(c)]表明,在开路下 Au 电极与共轭聚合物 MEH-PPV 之间有少量的电荷转移。不过,能清楚地看出在 $d=0$ 和 120 μm 处的两个电极界面的电势降。图 6.9(d)为施加 5V 偏压后器件电势图随时间的变化(箭头指向随时间增加的变化方向,不同电势曲线之间的间隔时间是 20s,直到 180 s),图 6.9(e)为在施加 5V 偏压 180s 后形成的稳态电势图曲线。最陡的电势降发生在距离负极约 35 μm 的限制空间电荷区,这与图 6.9(a)中的发光区完全对应。该结果进一步确认了 LEC 的电化学掺杂的工作机理。另外,从图 6.9(e)还可以看出,在达到稳态之后,n 型区电势变化的斜率大

于 p 型区电势变化的斜率，这表明 MEH-PPV 的 n 型区的电导率比 p 型区的低。

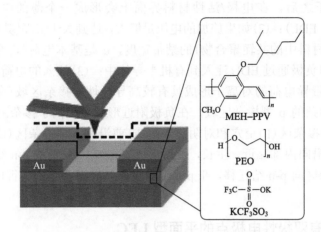

图 6.8　用 SKPM 研究平面型 LEC 的图示

实线标出的是器件表面的轮廓扫描，虚线表示悬空模式的 SKPM 扫描

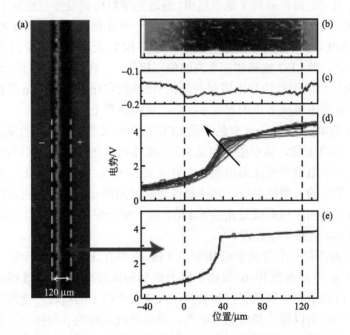

图 6.9　平面型 LEC 工作条件下的发光和电势图（见文末彩图）

(a) 在 5 V 偏压下器件发光的显微图（图中的 "+" 和 "−" 表示器件的正极和负极）；(b) 同一个表面型 LEC 的二
维形貌；(c) 器件开路条件下的静电势图；(d) 施加 5 V 偏压后电势图随时间的变化（箭头表示时间增加的方向，
不同电势曲线之间的间隔时间是 20 s）；(e) 在 5 V 偏压下最后形成的稳态电势图

根据 SKPM 的实验结果，可以认为 LEC 的电致发光机理如下：(1)对器件施加一个外电压之后，在电极/活性材料界面上会形成一个薄的电双层(electric double layers，EDL)；(2)如果施加的电压足够大，达到大于 E_g/e[其中 E_g 为有机半导体(活性材料中的共轭聚合物)的禁带宽度，e 是基本电荷]，空穴和电子将分别从正极和负极通过 EDL 注入到有机半导体中；(3)注入的电荷载体(电子和空穴)将吸引带异电荷的对离子形成具有较高导电性的掺杂区域(在正极附近形成对阴离子掺杂的 p 型掺杂区域，在负极附近形成对阳离子掺杂的 n 型掺杂区域)；(4) p 型掺杂区(由空穴和对阴离子组成)前沿和 n 型掺杂区(由电子和对阳离子组成)前沿向内部靠近、生长，最后形成 p-n 结；(5)形成 p-n 结之后空穴和电子通过掺杂区向 p-n 结迁移，在 p-n 结的荧光共轭聚合物的本征区相遇、复合发光。

6.3.2 分布有双极性电极点的平面型 LEC

最近，邰军等[17, 18]在平面型 LEC 的研究中取得了一些新的重要进展，他们将两电极之间的距离扩展到了毫米量级，通过光学显微镜直接观察到了 LEC 的电化学掺杂和发光区域。有趣的是，他们制备了一种分布有许多双极性电极(bipolar electrodes，BPE)金属点的平面型 LEC[19]，这些 BPE 金属点分散在 LEC 活性材料复合膜的下面，当 LEC 被施加一个高的偏压极化时，在电场作用下，这些无电接触的 BPE 金属点两侧被诱导出成对的氧化-还原反应(p 型掺杂和 n 型掺杂反应)，并最终在活性层中形成多重的发光 p-n 结，从而使整个平面发光。

图 6.10 为电极间 11 mm 宽的平面 LEC 在 360 K 施加 400V 的偏压下随时间变化的荧光(PL)图像，其中橙红色是来自 MEH-PPV 的荧光。可以看出，施加电压之后，在两个电极附近逐渐出现荧光被淬灭的区域，这就是靠近正极的 p 型掺杂区和靠近负极的 n 型掺杂区，此掺杂区随着时间的延长逐渐向内部扩展，最后在中间偏向负极的区域形成发光的 p-n 结。这一实验现象再次证实了 LEC 的电化学掺杂形成 p-n 结的工作机理。

图 6.11 为带有一个盘状金属 BPE 的 LEC 器件在无电接触的金属盘周边同时形成成对的 p 型掺杂区和 n 型掺杂区及最后形成发光 p-n 结过程的示意图。图 6.11 (a~c)显示，分别从正极和负极注入空穴和电子的同时，会发生对阴离子和对阳离子的掺杂以保持整体的电中性，形成靠近正极的 p 型掺杂区和靠近负极的 n 型掺杂区，掺杂区前沿随时间的延长向中间扩展，最后形成发光 p-n 结。当存在 BPE 金属盘时，器件施加偏压后的电化学掺杂过程则涉及金属盘两侧的 p 型掺杂区和 n 型掺杂区同时成对出现，如图 6.11 (d~g)所示，最后在 BPE 金属盘周边形成复杂的发光 p-n 结。

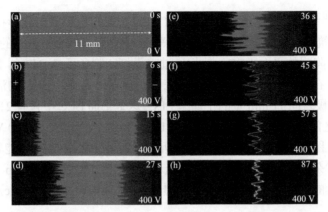

图 6.10　电极间 11 mm 宽的平面 LEC 在 360 K 施加 400 V 的偏压下随时间变化的荧光图像
（见文末彩图）

橙红色为 MEH-PPV 的发光，在 UV 光照射下测量荧光。(a)中黑色区域是两边的 Al 电极

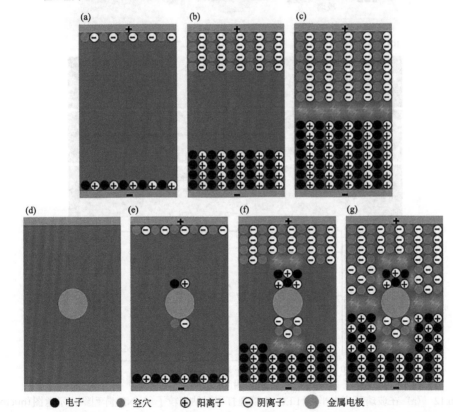

图 6.11　平面型 LEC 工作机理以及带有一个盘状金属 BPE 的器件在无电接触的金属盘周边同
时形成成对 p 型掺杂区和 n 型掺杂区及发光 p-n 结的示意图（见文末彩图）

(a，b)　电化学掺杂过程；(c)　发光 p-n 结的形成；(d～g)含有一个盘状金属 BPE 的器件在外加偏压下在金属盘周
边同时形成成对 p 型掺杂区和 n 型掺杂区及最后形成发光 p-n 结的过程

邰军等[20,21]利用上述平面 LEC 中的 BPE 金属点电极的电化学掺杂和电致发光现象，构筑了一个在玻璃基底上含平均直径为(178±3)μm 的银纳米粒子(AgNP)BPE 阵列的平面 LEC。他们通过喷墨打印制备了 AgNP 的 BPE 阵列[见图 6.12(a)]；在 AgNP 墨水干了之后，在 AgNP 阵列上旋涂 LEC 的活性材料复合膜，制备两电极之间 11 mm 宽的平面型 LEC。这个平面 LEC 中含有 21 个 AgNP(两个纳米粒子之间的距离为 0.5 mm)。图 6.12(b)为该平面 LEC 在 400 V 偏压下随时间变化的荧光图片，在时间为 3 s 时，在所有的 21 个 BPE 右边已经能看到阳极极化的暗的 p 型掺杂区，当时间到 12 s 时，沿着整个 BPE 阵列都形成了 p-n 结，这样就形成一个连续的电子传输通道，导致器件电流的快速增加[见图6.12(c)]，

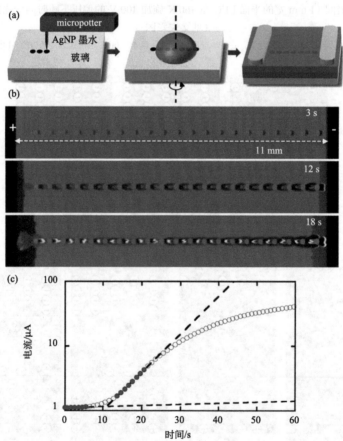

图 6.12 (a) 在玻璃基底上平面 LEC 中喷墨打印银纳米粒子(AgNP)阵列结构示意图(micro-potter 意为微喷头移动墨池)； (b) 电极间 11 mm 宽的平面LEC 在 400 V 偏压下随时间变化的荧光图片，该平面 LEC 中含有 21 个 AgNP[平均直径(178±3)μm，两个纳米粒子之间的距离为 0.5 mm]； (c) 施加偏压后电流随时间的变化曲线，虚线是对实红点区数据点的切线，切线与时间轴的交点在 10.9 s[21](见文末彩图)

从电流快速增加曲线的切线得到电流快速增加的开始时间是 10.9 s，这与荧光图上观察到的现象相一致。施加电压 18 s 后就可以观察到沿着 BPE 纳米阵列的一条发光带。而如果没有这些纳米粒子，该平面 LEC 只能在中间一处形成很窄的 p-n 结发光，并且发光的响应时间也会拖得很长。这种无电接触双极性金属电极的器件结构为制备平面发光提供了途径。

6.4　改善聚合物复合膜中荧光共轭聚合物与离子导电聚合物的相容性

　　LEC 中的聚合物复合膜活性层由非极性的荧光共轭聚合物（比如 MEH-PPV）与强极性的离子导电聚合物（如 PEO）混合而成。两种聚合物极性的极大不同，导致它们的相容性很差，很容易发生相分离[22]，使聚合物复合模的离子电导降低，使得荧光共轭聚合物难以进行电化学掺杂，进而加重 LEC 固有的响应速度慢、操作稳定性差、寿命短等缺点。为了解决 LEC 聚合物复合膜中荧光共轭聚合物与离子导电聚合物的相分离问题，进而提高 LEC 的发光性能，人们在以下几个方面做出了努力。

6.4.1　表面活性剂型添加剂

　　曹镛等[23]在 LEC 的聚合物复合膜中混入一端带极性链另一端带非极性链的表面活性剂型添加剂，来改善荧光共轭聚合物和离子导电聚合物的相容性，取得了良好的结果。他们使用这种双功能的液体添加剂，使得荧光共轭聚合物和离子导电聚合物形成在纳米尺度上相互穿透的三维网络结构，提高了离子和氧化-还原掺杂的电荷载流子的传输速率，从而提高了 LEC 的发光强度和发光量子效率。

　　曹镛等研究的 LEC 中复合膜组成为荧光共轭聚合物 MEH-PPV，离子导电聚合物 PEO（Li^+盐）和表面活性剂，质量比是 MEH-PPV：PEO（Li^+）：添加剂=1：1：1，他们使用了多种表面活性剂添加剂，其中氰基乙酸辛酯（OCA）表面活性剂添加剂的效果最好。图 6.13 比较了活性材料中添加表面活性剂 OCA 前后 LEC 器件的电致发光性能。对于 ITO / MEH-PPV + PEO（$LiCF_3SO_3$）/ Al 结构的 LEC 器件，加入 OCA 添加剂后，3 V 下的发光强度高达 1000 cd·m^{-2}，而未加此添加剂的 LEC 在 3V 下发光强度仅 10～20 cd·m^{-2}。添加 OCA 的器件其发光外量子效率达到了 1%～2.5%，与基于 MEH-PPV 的 PLED 的相当。同时，添加 OCA 后 LEC 的工作寿命也有明显改善：初始发光强度为 300 cd·m^{-2} 的 LEC 器件，工作 100h 发光强度仅下降 20%；而未加 OCA 的 LEC，其发光强度下降 50% 所经历的时间仅 6～10h。

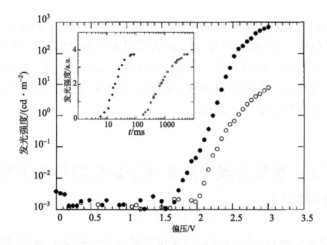

图 6.13　器件结构为 ITO/MEH-PPV+PEO(LiCF₃SO₃)+OCA/Al 的 LEC 光强随偏压(ITO 为正极)
的变化曲线

实点为加入表面活性剂 OCA 的器件性能, 空心点表示未添加表面活性剂的器件性能。插图内的光强度随时间
变化曲线反映了器件发光的响应时间

6.4.2　新型电解质

1. 冠醚-Li 盐电解质

从 LEC 聚合物复合膜的制备过程来看, 非极性的荧光共轭聚合物一般需要溶解在非极性的有机溶剂里进行处理, 而极性的 PEO 聚合物电解质通常不溶于非极性的有机溶剂, 因此造成二者相分离, 或者是很多具有高量子产率的荧光共轭聚合物因与 PEO 的严重相分离而不能用于制备 LEC, 因此发展一种能溶于非极性有机溶剂的电解质对于 LEC 的制备是非常重要的。因为如果这种聚合物电解质与荧光共轭聚合物能共溶于一种有机溶剂, 它就可以在微观尺度(例如纳米尺度)上与荧光聚合物复合, 从而大大提高相容性, 进而改善 LEC 的器件性能。

冠醚-碱金属盐复合物就是这样一类电解质, 它既可以溶于非极性的有机溶剂如甲苯和二甲苯等, 又具有一定的离子导电性[24,25]。曹镛等最早采用冠醚-Li 盐复合物作电解质制备出了高性能的 LEC[26]。例如用 MEH-PPV 作发光聚合物、冠醚(DCH-18Cr6)和 Li 盐的复合物作电解质制备的 LEC——ITO/MEH-PPV+Li-Tr+DCH-18Cr6/Al, 启亮电压为 2V 左右, 在 3V 下的发光强度超过 100 cd·m⁻², 在 3V 下达到最大亮度的时间在 5s 以内, 暂态响应时间在毫秒量级, 最大发光外量子效率超过 1%。最重要的是这一 LEC 的寿命大大延长, 在 3V 恒电压下, 发光强度从最大降至 60%的时间需要 140h。因为冠醚-Li 盐复合物的离子电导率比 PEO-Li 盐实际上要小，因此基于这类电解质的 LEC 其高性能归因于它对复合膜相容性的改善。

2. 离子液体电解质

离子液体是指在包括室温的较宽温度范围内呈液态的离子盐(有机电解质)。三氟甲基磺酰亚胺盐(M$^+$-TFSI)[27,28]是一类典型的离子液体，其优点有：阴离子的电荷离域性强，因此阴阳离子之间的束缚力小，加上熔点低(室温可熔)，从而导致离子具有电导率高(大于 10^{-4}S·cm^{-1})、稳定电位窗宽(可高达 6V)、不吸水、易溶于有机溶剂等特点。直接使用离子液体作为电解质可以显著提高复合膜的相容性。Stephan 等[29-31]利用含有双亲性的季铵盐阳离子的这种离子液体[THA-TFSI，见图 6.14(a)]作电解质制备了高性能的 LEC。THA-TFSI 的季铵盐阳离子带有长的烷基链，可以提高与荧光共轭聚合物之间的相容性。图 6.15 为含不同浓度 THA-TFSI 离子液体的 LEC 器件典型的电流密度-电压(*I-V*)和电致发光强度-电压(*L-V*)曲线，可以看出，随着活性层中离子液体浓度的增加，启亮电压显著降低。制备的含 33%(wt/wt)离子液体 LEC 器件获得了高的亮度(400cd·m^{-2}，电压为 6V)。

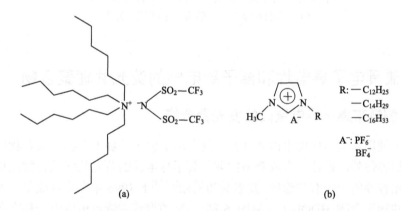

图 6.14　THA-TFSI(a)和咪唑盐(b)离子液体的分子结构

李永舫等合成了多种具有不同熔点的咪唑盐型离子液体[见图 6.14(b)]，并且用这些离子液体作电解质成功制备了 LEC[32]。AFM 研究发现，用这些离子液体作电解质确实改善了与荧光共轭聚合物之间的相容性。用 MEH-PPV 作荧光共轭聚合物、十二烷基取代的咪唑盐离子液体作电解质制备的 LEC 在 4V 下的外量子效率为 0.2%，与用 PEO-Li 盐作电解质制备的 LEC 性能相当。十四烷基取代和十六烷基取代的咪唑盐具有相对高的熔点，将它们用作电解质制备的具室温冷冻 p-i-n 结的 LEC 显现出快的响应速度、宽的可操作稳定电位窗(可高达 10V)和高的电致发光效率(1.4%于 10V 电压下)。冷冻 p-i-n 结型 LEC 的操作原理将在下节作详细介绍。用离子液体作电解质的另一大优点是离子液体不吸水(PEO 具强吸水性),因此使得 LEC 的制备和表征所需实验条件大大简化。

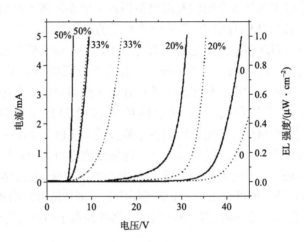

图 6.15　含不同浓度离子液体 THA-TFSI(wt/wt)
LEC 器件的 *I-V*(点线)和 *L-V*(实线)关系

6.5　兼具电子导电性和离子导电性的荧光共轭聚合物

6.5.1　侧链带离子导电链段的发光聚合物

除了使用新型电解质来改善 LEC 复合膜中荧光共轭聚合物与聚合物电解质之间的相容性外,设计、合成新型的兼具离子导电性的荧光共轭聚合物也是改善复合膜相容性的一个有效途径。裴启兵和杨阳[33,34]于 1996 年率先合成了一种新型的荧光共轭聚合物 BDOH-PF(见图 6.16)。它的聚苯主链可传输电子和空穴,并可被氧化-还原掺杂;它的醚侧链可溶解和传输 Li 盐,起到传导离子的作用。这等于把 LEC 复合膜中两种类型的聚合物结合成一种同时具有两种功能的聚合物,从而可完全避免相分离问题。他们比较了由 BDOH-PF 制备的 LED 和 LEC 的发光性能,得到了令人满意的结果。他们制备的 LED 组成为 ITO/BDOH-PF/Ca,LEC 组成为 ITO/BDOH-PF+LiCF₃SO₃/Al。结果显示,PLED 的启亮电压为 9 V, 30 V 电压下发光强度仅 100 cd·m⁻²,发光量子效率也仅 0.3%;而 LEC 在 3.1 V 下发光强度就可达 190 cd·m⁻²,比 PLED 在 30 V 下的发光强度还要高,并且其发光量子效率高达 4%。在 3.5 V 的偏压下,这种 LEC 的发光强度高达 1000 cd·m⁻²。可见,使用这种新型聚合物,LEC 的优越性表现得非常突出。正因如此,这种兼具电子传导性和离子传导性的荧光共轭聚合物的概念一经提出，立即成为研究的热点。除了 BDOH-PF，各种基于 PPV 的含醚侧链的均聚物和共聚物[35-41]（见图 6.16）也纷纷被合成出来。考虑到冠醚的离子溶解能力，Morgado 等[42]还推出了含冠醚侧链的聚合物。用这些含醚侧链的聚合物与 Li 盐得到的复合物制备的 LEC 均显示出低的启亮电压、快的响应速度和较高的量子效率等优点。

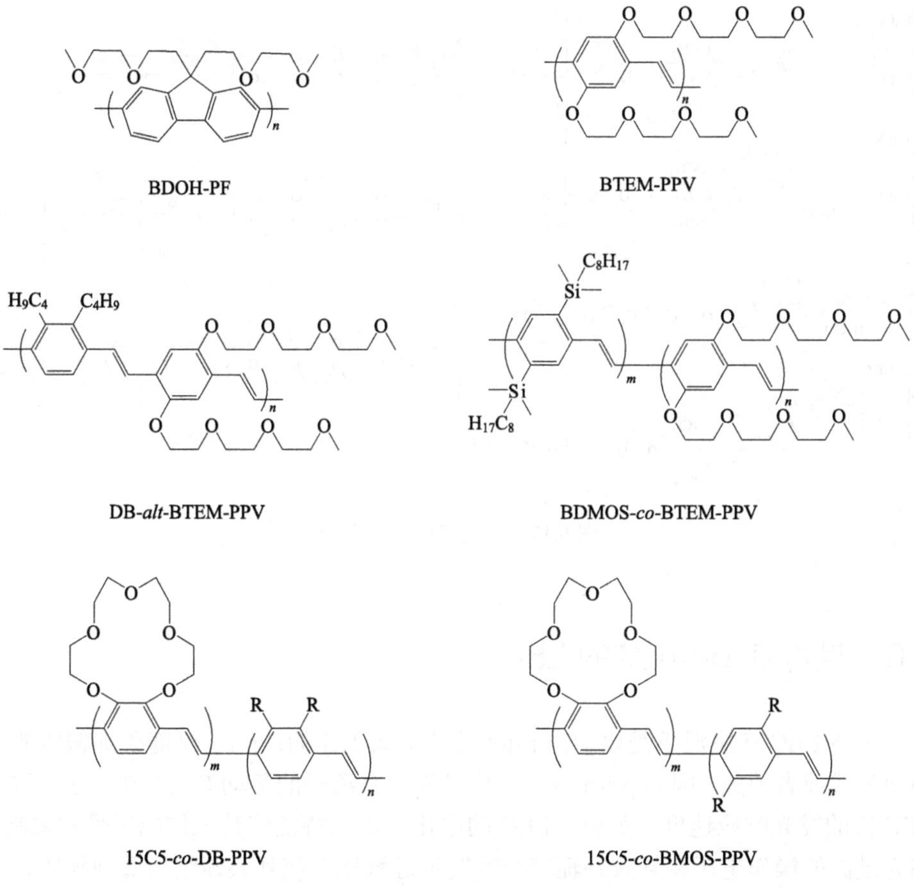

图 6.16　含醚侧链的荧光共轭聚合物

6.5.2　主链带离子导电链段和发光聚合物链段的双功能共聚物

除了上面提到的带离子导电侧链的发光聚合物之外，主链带离子导电链段和发光聚合物链段的双功能共聚物也被用于 LEC 的制备中[43-47]，也同样达到了避免分相和提高器件工作稳定性的目的。图 6.17 为主链带发光链段和 PEO 链段或冠醚的发光共聚物，使用这些聚合物材料制备出了发蓝绿光的 LEC 器件，避免了传统 LEC 聚合物复合膜中非极性共轭发光聚合物和强极性聚合物电解质之间的分相问题，提高了 LEC 器件的工作稳定性，实现了 LEC 器件的低启亮电压和高的电致发光效率。这些发蓝绿光的 LEC 器件启亮电压为 2.6～2.8V，能量等于发光聚合物的禁带宽度除以基本电荷；其中荧光链段含萘单元的共聚物(DMSN-TEO)的 LEC 器件其电致发光电流效率达 4.2 cd·A^{-1} [46]。

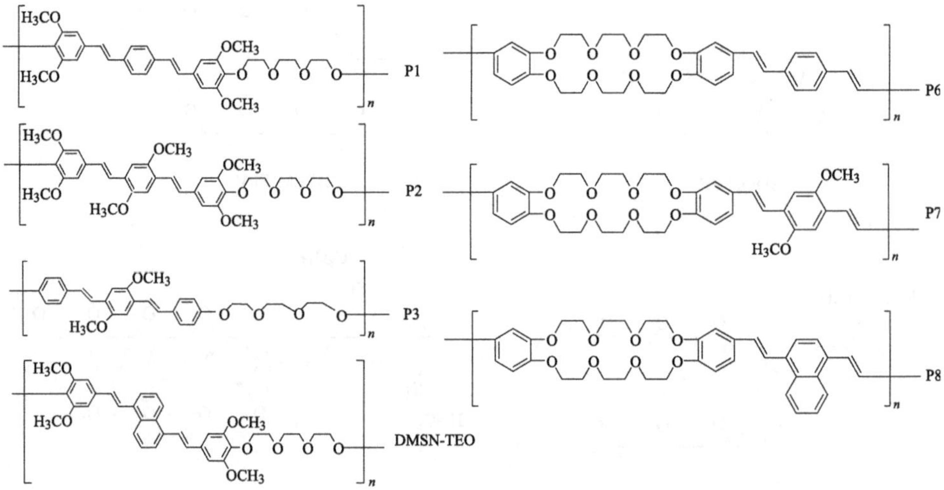

图 6.17　双功能嵌段共聚物

6.6　具冷冻 p-i-n 结的 LEC

上述 LEC 在室温下是以动态 p-i-n 结的形式工作的：p-i-n 结随外加偏压的大小而形成或者消失。因为 p-i-n 结在变化过程中有离子的运动参与其中，这导致了 LEC 慢的发光响应速度。另外，LEC 的电化学掺杂特性使其工作电压受到限制，因为过高的操作电压将导致共轭聚合物发生过氧化而使其共轭结构遭到破坏、器件性能衰减[48]，这种工作电压的限制也使其亮度受到局限。

为了克服上述缺点，郗军等于 1997 年发明了具有冷冻 p-i-n 结的 LEC[49-51]，获得了良好的器件性能。他们采用了传统的 LEC 器件构型：ITO/MEH-PPV+PEO(Li$^+$)/Al。先在该 LEC 上施加一个正向偏压(例如 4V)，形成动态 p-i-n 结。然后在保持这一偏压的条件下，把 LEC 冷却到离子传导聚合物(PEO)的玻璃态转化温度以下(<200 K)，把离子的运动完全冻结。在低温下撤除偏压，由于离子不再移动，因此低温下的 LEC 其掺杂形态和 p-i-n 结结构不再发生变化，这样就制成了所谓的具冷冻 p-i-n 结的 LEC。保持低温，在一定的电压范围内进行扫描，

这种LEC表现出典型的PLED行为正向电流远大于负向电流,即有一定的整流比;电流无滞后现象;只在正向偏压下发光。在冷冻结型的LEC中,p型和n型掺杂区分别作为电荷载流子注入的阳极和阴极,冷冻结的发光启亮电压等于p型和n型掺杂区的电化学掺杂电位之差,因此保持了电荷载流子注入高效和平衡、电致发光效率高、启亮电压低等动态p-i-n结LEC的优点。同时,离子运动的冻结,消除了LEC中的电化学反应,因此大大提高了响应速率($\sim$40μs,与PLED相当),并且允许器件在较高的电压(远超动态p-i-n结的稳定电化学窗)下操作获取较高的发光亮度,从而克服了原先动态p-i-n结LEC的主要缺点。具有冷冻p-i-n结的LEC所表现出来的所有这些特点展示了其用于制备高像素、行列设定的平板显示装置的应用前景。

不过,半导体器件在低温下操作是不方便的。利用冠醚-Li盐电解质室温下离子电导率很低,而在升高温度后具有一定的离子电导率的特点,俞钢等又制备出了具有室温冷冻结的LEC[52],使得向实际应用又迈进了一步。器件结构为ITO/BuEH-PPV(BCHA-PPV)+CE+LiTf/Al。把器件升高温度到60～80℃施加一偏压(高于发光聚合物的E_g/e),在这一温度下冠醚电解质有较高的离子电导率,因此可对发光聚合物进行有效掺杂,形成动态p-i-n结,降低温度至室温,冠醚电解质此时的电导率可以忽略,因此离子的运动在室温下被“冻结”,形成室温冷冻结型的LEC。该LEC同样也表现出PLED的光电特性,包括单向的电流-电压依赖性,只在正向下发光,响应快速等。用BuEH-PPV作为发光聚合物制备的室温冷冻结型的LEC其电致发光量子效率达到约2.4%,流明效率达到了5.6 lm·W^{-1},是目前报道的具有最高效率的绿色发光器件之一。离子的室温冻结使得这一器件可在较高的电压下操作,在8V电压下,取得了高于20000 cd·m^{-2}的发光亮度。前面提到的使用熔点高于室温的离子液体为电解质制备的LEC,在高于室温下加电压形成p-i-n结,然后降到室温使离子运动冻结,这样也可以制备成室温准冷冻p-i-n结LEC[32]。

裴启兵等[53]使用SY-PPV:TMPTMA:LiTf(质量比为20:10:1)作为活性层组成,制备了能电化学形成稳定的p-i-n结的LEC。该LEC器件具有非常快的发光响应,电致发光的开-关转换时间低于5ms,在稳态450 cd·m^{-2}发光条件下的发光电流效率为3.0 cd·A^{-1},在10V高电压工作条件下器件的半寿命约为10h。可交联的液体三羟甲基丙烷三甲基丙烯酸酯(trimethylolpropane trimethacrylate,TMPTMA)能与活性材料的其他组分充分混合,在形成p-i-n结后TMPTMA的交联起到了固定p-i-n结的作用(见图6.18)。

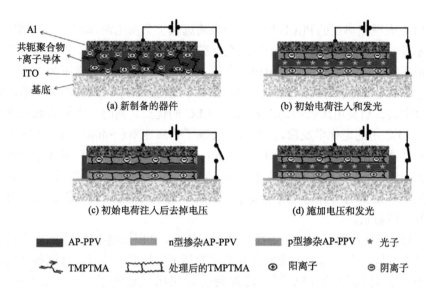

图 6.18   在含有发光共轭聚合物、电解质和可退火交联的离子传导小分子的 LEC 活性层形成稳定的 p-i-n 结的图示[53]

6.7   磷光 LEC

磷光 PLED 同时利用了单重态和三重态激子,因此获得了高的荧光量子效率。但是在这种类型的 PLED 中,由于电荷载流子直接被杂质分子捕获,器件的启亮电压升高。另外,主体聚合物的电子性质被打乱,空间电荷区的建立进一步阻碍了电荷载流子的注入,从而导致器件较高的启亮电压和操作电压。因此磷光型PLED 虽然获得了较高的外量子效率,但流明效率却仍然较低,而高的流明效率是便携式电子装置所必需的。

考虑到 LEC 的低启亮电压以及磷光器件的高量子效率,裴启兵等[54]基于发光聚合物(BDOH-PF)和一种磷光染料(BtpIr)制备出了发红色磷光的 LEC。器件结构为 ITO/BDOH-PF：LiCF$_3$SO$_3$：BtpIr/Al。在这一磷光型的 LEC 中,两种电荷载流子(电子和空穴)通过电化学掺杂反应(p-i-n 结的动态形成)引入到聚合物的价带和导带,接着被 BtpIr 分子直接捕获,然后在这一染料分子上复合、发光。磷光 LEC 中 p-i-n 结的动态形成导致其流明效率随时间发生变化。磷光 LEC 的启亮电压为3.1V,接近于 BDOH-PF 的能隙,最大电致发光电流效率为 1.2 cd·A^{-1},流明效率在0.2 cd·m^{-2} 亮度下达到了 1.0 lm·W^{-1},在 16 cd·m^{-2} 亮度下约为 0.30 lm·W^{-1}。为了便于比较,他们还制备了具有相同结构的磷光 PLED(ITO/BDOH-PF：BtpIr/Al)。磷光 PLED 的启亮电压高达 12.1V,最大电致发光电流效率为 1.0 cd·A^{-1},最大流明

效率是 $0.16 \, lm \cdot W^{-1}$，仅达到磷光 LEC 的 1/6。这一磷光 LEC 是迄今报道的具有最低启亮电压的磷光器件。

6.8　可拉伸 LEC

可拉伸电子器件对于可穿戴电子学非常重要，这也是有机半导体电子器件相比于无机半导体器件的潜在优势所在。可拉伸器件要求电极材料和活性层材料都要可拉伸，并且拉伸对其光电性质影响不大。考虑到 LEC 发光性能对活性层膜厚不敏感、对电极功函数不敏感、无需电极修饰层等突出特点，LEC 最适合用作可拉伸电致发光器件。

可拉伸透明电极对于可拉伸 LEC 非常重要。传统的透明电极材料，包括 ITO 以及透明导电聚合物都难以用于可拉伸的电极，因为 ITO 是晶体结构不能拉伸，而透明导电聚合物拉伸后会有塑性变形。使用含有导电材料和软结构材料的杂化材料是构筑可拉伸电极的常用策略。将一维导电材料［比如银纳米线（AgNW）、单壁碳纳米管（SWCNT）等］掺入透明聚合物中可以制备成可拉伸的透明电极。对于活性层材料，可拉伸的聚合物需要具有无定形的形貌、可利用的自由体积以及拉伸弛豫的力学性能等。

裴启兵等[55]2011 年报道了首个可拉伸 LEC，他们使用了两个 SWCNT-PtBA［聚（丙烯酸叔丁酯）］可拉伸复合电极。该复合电极的透光率在 550 nm 约为 87%。夹心型 LEC 的活性层含有发蓝光的 PF-B 共聚物（氧化乙烯取代和辛烷基取代芴的共聚物）和聚合物电解质 PEO-DMA（LiTf）［聚氧化乙烷–二甲基丙烯酸酯（离子导体）与三氟甲基磺酸锂（锂盐）组成的聚合物电解质］。器件在 $200 \, cd \cdot m^{-2}$ 亮度下的发光电流效率约为 $1.24 \, cd \cdot A^{-1}$，器件在不破坏其电致发光性能的情况下可以拉伸 45%。

Liang 等[56]构筑了一个发黄光的可拉伸 LEC，他们使用含银纳米线的可拉伸透明柔性电极，发光活性层为 SY-PPV（超级黄聚对苯撑乙烯）、ETPTA（乙氧基化三羟甲基丙烷三丙烯酸酯）、PEO 和 LiTf 的复合膜。其中，SY-PPY 具有大的分子量和高的电致发光效率，添加的 ETPTA 可以改进复合膜的弹性，因为 ETPTA 经后处理可以形成交联的网络（冻结的 p–i–n 结构）并可改善 SY-PPV 和 PEO 之间的互混性能，PEO 可以提升交联的 ETPTA 网络的拉伸性能并可提升离子电导率。这是一种半透明的电致发光器件，可以通过器件的两边发光来提高其发光效率。优化的器件启亮电压是 6.8V，最高亮度达到 $2200 \, cd \cdot m^{-2}$（在 21V 下），最大的电流效率约 $11.4 \, cd \cdot A^{-1}$（外量子效率接近 4.0%）[56]。该器件拉伸 120%仍可保持其电致发光特性（图 6.19）。

(a) (b)

图 6.19 可拉伸 LEC（初始发光面积 5.0×4.5 mm²）在 14V 偏压下未拉伸(a)和拉伸 120%(b)器件的电致发光照片

参 考 文 献

[1] Pei Q B, Yu G, Zhang C, Yang Y, Heeger A J. Science, 1995, 269(5227): 1086-1088.
[2] Pei Q B, Yang Y, Yu G, Zhang C, Heeger A J. J Am Chem Soc, 1996, 118(16): 3922-3929.
[3] Pei Q B, Yang Y. Synth Met, 1996, 80(2): 131-136.
[4] Pei Q B, Yang Y, Yu G, Cao Y, Heeger A J. Synth Met, 1997, 85(1-3): 1229-1232.
[5] Yang Y. MRS Bulletin, 1997, 22(6): 31-38.
[6] 裴启兵, 杨阳, 李永舫. 共轭聚合物及其电致发光器件//何天白, 胡汉杰. 海外高分子科学新进展. 北京: 化学工业出版社, 1997: 140-164.
[7] Youssef K, Li Y, O'Keeffe S, Li L, Pei Q. Adv Funct Mater, 2020: 1909102.
[8] Walker C W, Salomon M. J Electrochem Soc, 1993, 140(12): 3409-3412.
[9] Li Y F, Cao Y, Gao J, Wang D L, Yu G, Heeger A J. Synth Met, 1999, 99: 243-248.
[10] Li Y F, Gao J, Yu G, Cao Y, Heeger A J. Chem Phys Lett, 1998, 287: 83-88.
[11] Sun Q J, Yang C H, He G F, Li Y F. Synth Met, 2003, 138(3): 561-565.
[12] Karg S, Riess R, Dyakonov V, Schwoerer M. Synth Met, 1993, 54(1-3): 427-433.
[13] Yang Y, Pei Q B. Appl Phys Lett, 1996, 68(19): 2708-2710.
[14] Yu G, Heeger A J. Synth Met, 1997, 85(1-3): 1183-1186.
[15] Yu G, Pei Q B, Heeger A J. Appl Phys Lett, 1997, 70: 934-936.
[16] Matyba P, Maturova K, Kemerink M, Robinson N D, Edman L. Nat Mater, 2009, 8: 672-676.
[17] Gao J, Dane J. Appl Phys Lett, 2004, 84(15): 2778-2780.
[18] Dane J, Gao J. Appl Phys Lett, 2004, 85(17): 3905-3907.
[19] Hu S Y, Gao J. Adv Funct Mater, 2019: 1907003.
[20] Gao J, Chen S, AlTal F, Hu S Y, Bouffier L, Wantz G. ACS Appl Mater Interfaces, 2017, 9(37): 32405-32410.
[21] Hu S Y, Gao J. J Phys Chem C, 2018, 122(16): 9054-9061.

[22] Santos L F, Carvalho L M, Guimaraes F E G, Goncalves D, Faria R M. Synth Met, 2001, 121(1-3): 1697-1698.

[23] Cao Y, Yu G, Heeger A J, Yang C Y. Appl Phys Lett, 1996, 68(23): 3218-3220.

[24] Denness J, Parker D, Hubbard H V A. J Chem Soc Perkin Trans, 1994, 2(7): 1445-1453.

[25] Collie L, Parker D, Tachon C, Hubbard H V S, Davies G R, Ward I M, Wellings S C. Polymer, 1993, 34(7): 1541-1543.

[26] Cao Y, Pei Q B, Andersson M R, Yu G, Heeger A J. J Electrochem Soc, 1997, 144(12): L317-L320.

[27] Lascaud S, Perrier M, Vallee A, Besner S, Prudhomme J, Armand M. Macromolecules, 1994, 27(25): 7469-7477.

[28] Djellab H, Armand M, Delabouglise D. Synth Met, 1995, 74(3): 223-226.

[29] Panozzo S, Armand M, Stephan O. Appl Phys Lett, 2002, 80(4): 679-681.

[30] Ouisse T, Armand M, Kervella Y, Stephan O. Appl Phys Lett, 2002, 81(17): 3131-3133.

[31] Ouisse T, Stephan O, Armand M, Lepretre J C. J Appl Phys, 2002, 92(5): 2795-2802.

[32] Yang C H, Sun Q J, Qiao J, Li Y F. J Phys Chem, 2003, 107(47): 12981-12988.

[33] Pei Q B, Yang Y. J Am Chem Soc, 1996, 118(31): 7416-7417.

[34] Yang Y, Pei Q B. J Appl Phys, 1997, 81(7): 3294-3298.

[35] Holzer L, Winkler B, Wenzl F P, Tasch S, Dai L, Mau A W H, Leising G. Synth Met, 1999, 100(1): 71-77.

[36] Tasch S, Holzer L, Wenzl F P, Gao J, Winkler B, Dai L, Mau A W H, Sotgiu R, Sampietra M, Scherf U, Mullen K, Heeger A J, Leising G. Synth Met, 1999, 102(1-3): 1046-1049.

[37] Morgado J, Friend R H, Cacialli F, Chuah B S, Moratti S C, Holmes A B. J Appl Phys, 1999, 86(11): 6392-6395.

[38] Holzer L, Wenzl F P, Tasch S, Leising G, Winkler B, Dai L, Mau A W H. Appl Phys Lett, 1999, 75(14): 2014-2016.

[39] Morgado J, Cacialli F, Friend R H, Chuah B S, Rost H, Holmes A B. Macromolecules, 2001, 34(9): 3094-3099.

[40] Morgado J, Friend R H, Cacialli F, Chuah B S, Rost H, Moratti S C, Holmes A B. Synth Met, 2001, 122(1): 111-113.

[41] Huang C, Huang W, Guo J, Yang C Z, Kang E T. Polymer, 2001, 42(8): 3929-3938.

[42] Morgado J, Cacialli F, Friend R H, Chuah B S, Moratti S C, Holmes A B. Synth Met, 2000, 111: 449-452.

[43] Yang C H, He G F, Wang R Q, Li Y F. Mol Cryst Liq Cryst, 1999, 337: 473-476.

[44] Sun Q J, Wang H Q, Yang C H, Li Y F. Synth Met, 2002, 128: 161-165.

[45] Sun Q J, Wang H Q, Yang C H, Wang X G, Liu D S, Li, Y F. Thin Solid Film, 2002, 417: 14-19.

[46] Sun Q J, Wang H Q, Yang C H, Li Y F. J Mater Chem, 2003, 13(4): 800-806.

[47] Sun Q J, Wang H Q, Yang C H, Li Y F. Synth Met, 2003, 137(1-3): 1087-1088.

[48] Kervella Y, Armand M, Stephan O. J Electrochem Soc, 2001, 148(11): H155-H160.

[49] Gao J, Yu G, Heeger A J. Appl Phys Lett, 1997, 71(10): 1293-1295.

[50] Gao J, Li Y F, Yu G, Heeger A J. J Appl Phys, 1999, 86: 4594-4599.

[51] Li Y F, Gao J, Wang D L, Yu G, Cao Y, Heeger A J. Synth Met, 1998, 97(3): 191-194.

[52] Yu G, Cao Y, Andersson M, Gao J, Heeger A J. Adv Mater, 1998, 10(10): 385-388.

[53] Yu Z, Sun M, Pei Q B. J Phys Chem B, 2009, 113(25): 8481-8486.

[54] Chen F C, Yang Y, Pei Q B. Appl Phys Lett, 2002, 81: 4278-4280.

[55] Yu Z, Niu X, Liu Z, Pei Q B. Adv Mater, 2011, 23(34): 3989-3994.

[56] Liang J, Li L, Niu X, Yu Z, Pei Q B. Nat Photonics 2013, 7(10): 817-824.

第 7 章

导电聚合物的电化学应用

导电聚合物具有掺杂导电态和中性半导态两种状态，这两种状态都有一些重要的应用。掺杂导电态的应用包括电池和超电容(super-capacitor)的电极材料、静电屏蔽材料、金属防腐蚀材料、电解电容器、微波吸收隐身材料、化学和生物传感器、热电材料和聚合物发光电化学池等，透明导电聚合物(最有代表性的是 PEDOT：PSS)是一类对可见光透明的掺杂导电态聚合物，被广泛应用于有机发光二极管和有机太阳电池的正极修饰层(或者称为空穴传输层)材料、透明导电涂层和柔性透明电极等；中性半导态的应用领域有电致发光材料、场效应管(FET)半导体材料、聚合物光伏材料等。限于本书主题，这里仅介绍与导电聚合物电化学相关的应用。因为导电聚合物在与电化学相关的金属防腐蚀等方面的应用，在本"光电子科学与技术前沿丛书"的《导电聚苯胺的制备及应用》一书中已有介绍，导电聚合物电化学生物传感器已在本书的第 5 章介绍，导电聚合物电化学在聚合物电致发光器件中的应用已在本书第 6 章"聚合物发光电化学池"介绍，所以这里主要介绍导电聚合物在电极材料、电催化、电化学聚合制备共轭聚合物电致发光材料等方面的应用。

7.1 在化学电源电极材料方面的应用

化学电源是当前能源领域的研究前沿和热点，其中锂离子电池更是占据非常重要的地位，在电动汽车、笔记本电脑、手机以及各种便携式电子器件中得到广泛应用。导电聚合物具有可逆的电化学氧化-还原(掺杂-脱掺杂)特性，同时具有柔性和重量轻等特点，在应用于锂离子电池的正极材料[1]，尤其是应用于柔性电池的电极材料方面受到研究者的关注。

　　导电聚合物用作电极材料最早可以追溯到距发现导电聚合物不久的 20 世纪 80 年代初,当时,MacDiarmid 等[2]根据导电聚乙炔既可以 p 型(氧化)掺杂/脱掺杂,又可以 n 型(还原)掺杂/脱掺杂的特点,制备出如下结构的聚乙炔全塑料电池:

$$正极[(CH)_x^+A^-]/电解液/负极[(CH)_x^-M^+]$$

当时这种电池吸引了许多大公司的注意,但由于聚乙炔本身的稳定性问题未能实现商品化。后来,聚吡咯、聚苯胺和聚噻吩等因具有空气稳定性好、易合成等优点,成为导电聚合物电极材料的研究重点,研究人员主要围绕"将导电聚合物用作锂电池或锂离子电池的正极材料"开展工作。比如,德国 Varta/BASF 公司研制的以聚吡咯为正极的二次锂电池其比容量可达 90 A·h·kg^{-1},充放循环寿命 500 次以上[3]。日本公司开发出了纽扣式聚苯胺二次锂电池产品(聚苯胺为正极材料)[4]。

　　图 7.1 为掺杂态导电聚合物 P$^+$A$^-$(其中 P$^+$代表共轭主链被氧化带正电荷的导电聚合物,A$^-$代表掺杂对阴离子)用于电池正极材料、碱金属(比如 Li)或者是嵌入锂离子的石墨为负极的电池的放电工作机理。

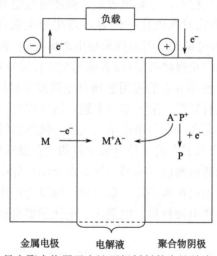

图 7.1　导电聚合物用于电池正极材料的电池放电工作机理

　　当电池接上外电路放电时,正极上发生电化学还原反应,掺杂态导电聚合物被还原到中性状态,同时发生对阴离子的脱掺杂:

$$P^+A^- + e^- \longrightarrow P + A^-$$

　　脱掺杂的对阴离子 A$^-$将进入电解液中成为电解液阴离子。同时金属电极被氧化,失去电子后的金属离子也进入电解液成为电解液中的阳离子。比如 Li 负极,其氧化反应为

$$Li - e^- \longrightarrow Li^+$$

如果是嵌入锂的石墨负极，则其氧化反应(使用 C_6 代表石墨)可以表示为

$$C_6Li - e^- \longrightarrow C_6 + Li^+$$

整个电池放电的电池反应是正极上的还原反应和负极上的氧化反应相加：

$$P^+A^- + Li \longrightarrow P + Li^+ + A^- \text{(对于金属锂负极)}$$

或者是

$$P^+A^- + C_6Li \longrightarrow P + C_6 + Li^+ + A^- \text{(对于嵌入锂的石墨负极)}$$

当电池充电时则发生上述反应的逆反应。

各种常见导电聚合物用作电极材料的理论比容量见表 7.1[5]。可以看出，与常用的锂离子电池无机正极材料($LiCoO_2$ 的放电比容量为 156 $A \cdot h \cdot kg^{-1}$)大体相当。但是，由于导电聚合物的密度较低，所以体积比容量要比无机电极材料低很多。

表 7.1 导电聚合物电极材料的理论比容量(未考虑对离子的质量)

导电聚合物	单元分子量	最高掺杂度	理论比容量/($A \cdot h \cdot kg^{-1}$)
聚乙炔	13	0.07	144
聚苯胺(水溶液)	91	0.5	147
聚苯胺(有机电解液)	91	1.0	295
聚吡咯	65	0.33	136
聚噻吩	82	0.25	82
聚咔唑	165	0.25	41

对于用作电极材料的导电聚合物，要想实际应用需要满足以下基本要求：充放电比容量最好能大于 200 $A \cdot h \cdot kg^{-1}$；正负极之间的电压>2 V；充放电的库伦效率接近 100%；电压效率>80%；循环寿命>500 次；每天自放电<1%；化学稳定性要求器件搁置寿命至少达到 1 年[5]。从正负极之间的电压考虑，使用金属 Li 为负极、导电聚合物为正极，就很容易满足电压大于 2 V 这一要求，所以，导电聚合物用于电极材料的研究大多是用于锂电池或者锂离子电池的正极材料。

7.1.1 聚苯胺电极材料

对于以 Li 或者 Li-Al 为负极的非水电解液体系，或者以 Zn 为负极的水溶液

体系，都有使用聚苯胺(PAn)为正极材料的报道。PAn 用作锂电池或锂离子电池的正极材料的研究大多使用 LiClO$_4$ 的碳酸丙烯酯(PC)有机电解液，如果仅考虑导电聚合物的质量，在平均放电电压为 3.65 V (vs. Li/Li$^+$) 条件下 Li/PAn 电池能量密度可以达到 540 W·h·kg^{-1} [6]，但是，如果把导电苯胺中的对阴离子的质量考虑在内，其放电能量密度就会下降。另外，发现聚苯胺的放电比容量经过 30 次循环后达到最大，这被认为是由于在开始的充放电循环中电解液逐渐进入聚合物从而提高了对阴离子掺杂量[7]。PAn 放电时的比容量也随工作温度的升高而提高，比如在 0.5 mA·cm^{-2} 电流密度下、25℃时的放电比容量为 100 A·h·kg^{-1}，而温度升高到 40℃和 60℃时放电比容量分别提高到 140 A·h·kg^{-1} 和 150 A·h·kg^{-1}，这应该是一种动力学影响，可归于高温下较高的电解液电导率和提高的离子扩散系数[7]。另外，制备方法对于聚苯胺正极的放电性能有重要影响，因为不同制备方法得到的聚苯胺的形貌有所不同，而电极材料的形貌会影响放电性能[4]。比如，在含对苯二胺(p-phenylenediamine)的 0.2 mol·L^{-1} 苯胺溶液中电化学聚合得到的是比较致密和均匀的聚苯胺膜[8]，这样的聚苯胺膜用作电极材料就可以提供较高的比能量密度。对于 Li/PAn 电池，聚苯胺的最高比能量密度 352 W·h·kg^{-1} 就是由电化学聚合制备的聚苯胺膜电极得到的，而粉末状聚苯胺和压片聚苯胺电极的能量密度就要低一些，分别是 332 W·h·kg^{-1} 和 122 W·h·kg^{-1} [9]。对于纽扣式聚苯胺电池，苯胺在 HBF$_4$ 溶液中 10 mA·cm^{-2} 恒电流密度下电化学聚合制备的纤维状聚苯胺，呈现最高的放电比容量和最好的电池性能[4]。Taguchi 等 [10]使用两个 4 cm^2 的 Pt 电极，在 0.5 mol·L^{-1} 苯胺、1 mol·L^{-1} HClO$_4$ 溶液中恒电流密度下(5 mA·cm^{-2})进行苯胺电化学聚合 20 min，得到直径约 0.1μm 的纤维状聚苯胺，而在 0.5 mol·L^{-1} 苯胺、0.5 mol·L^{-1} H$_2$SO$_4$ 溶液中同样的电化学聚合条件下得到的却是颗粒状聚苯胺。他们发现，聚苯胺的形貌对其用作二次锂电池正极材料的放电比容量有重要影响，纤维状聚苯胺的最大放电比容量可达 164 A·h·kg^{-1}，而一般颗粒状聚苯胺的放电比容量只有 130 A·h·kg^{-1}，纤维状聚苯胺电极于 0.2 mA·cm^{-2} 下充放电，充放电效率几乎为 100%，并且具有低的自放电(每天低于 2%)和长的寿命(循环次数>500 次)。

化学或电化学合成的聚苯胺也可以应用于以 Zn/Zn^{2+} 为负极、以水溶液为电解液的 Zn/PAn 电池的正极材料，在这种水溶液体系中聚苯胺电极的比容量也可以达到 152 A·h·kg^{-1} (仅考虑聚苯胺本身的质量)，这与 Li/PAn 电池类似[11]。当然这种 Zn/PAn 电池的电压要比 Li/PAn 电池低很多，Li/PAn 电池的电压可以达到 3.0~3.6V，而 Zn/PAn 电池的电压只有约 1.3V。当使用 ZnCl$_2$、ZnSO$_4$ 和 ZnBr$_2$ 为支持电解质时，Zn/PAn 电池按聚苯胺质量计算的比能量密度为 50~160 W·h·kg^{-1}。Somasiri 等[11]还研究了在 Zn/ZnCl$_2$/PAn 这种水溶液体系中聚苯胺电池的循环充放电特性，他们估计这种电池的循环寿命可以达到几十到数百次充放电循环。

聚苯胺电极的化学稳定性对于其在化学电源中的应用非常重要。聚苯胺在电位超过其电化学氧化掺杂电位后会引起过氧化降解反应，导致其电化学活性的丧失。对于有机电解液体系的 Li/PAn 电池，充电电位超过 4 V (*vs.* Li/Li⁺)聚苯胺的库伦效率就会显著降低[12]。因此，Li/PAn 电池的充电电位不能超过 4 V (*vs.* Li/Li⁺)。

自放电是电池应用的另外一个非常重要的指标。充电到 120 A·h·kg⁻¹ 的聚苯胺电池储存 30 天后自放电损失是 7%[12]。Genies 等[7]认为，基于聚苯胺电池的自放电损失性能优于大多数现在使用的电池，Li-Al/LiClO₄-PC/PAn 电池储存 3 个月后放电比容量仅损失 8%，并且充电后又恢复了正常的容量。人们对于聚苯胺自放电的机理还不是特别清楚，不过，聚苯胺的自放电应该与其制备过程中形成的杂质有关[12]。

Armand 等[13]认为，在 Li/PAn 电池中锂与电解液反应产生碱性的亲核物质，这种亲核物质与氧化掺杂态的导电聚合物(包括聚苯胺、聚吡咯等)中的自由基阳离子发生反应，这是导致自放电损失的一个重要原因。

7.1.2　聚吡咯电极材料

聚吡咯(PPy) 与 PAn 类似，只能发生 p 型掺杂/脱掺杂反应，所以只能用作电池的正极材料，而不能用作负极材料。在研究 PPy 的电极性能时，多数是采用 LiClO₄-PC 有机电解液、金属 Li 负极构成 Li/PPy 电池。聚吡咯氧化掺杂的掺杂度可以达到 0.33，作为电极材料的最高放电比容量可以达到 136 A·h·kg⁻¹ (表 7.1)。但是实际的容量会受到 PPy 制备条件[14]和电池中电解液条件[15,16]等因素的影响。Osaka 等[14]优化了 PPy 的制备条件，他们的 Li/LiClO₄ 电池的最高比能量密度达到了 390 W·h·kg⁻¹ (基于聚合物的质量计算)。Mermilliod 等[15]使用水溶液中化学氧化聚合制备的 PPy 为正极，构成的 Li/LiClO₄/PPy 电池的放电比容量与使用的电解液溶剂密切相关，使用 PC 溶剂和乙腈溶剂的电池的放电比容量分别为 108 A·h·kg⁻¹ 和 122 A·h·kg⁻¹ (基于聚合物和掺杂对阴离子的质量之和计算)。他们把不同电解液中放电比容量的不同归于聚合物电容的区别。Feldberg[17] 通过模型计算发现，在掺杂态导电聚合物中，双电层充电电容对电池的比容量起到了重要作用。如果使用固体电解质(比如基于 PEO 的聚合物电解质)，电池的比容量和比能量要比液体电解液电池低得多。比如对于一个基于 PPy-PEO 复合正极和基于 PEO 的固体聚合物电解质的 Li/PPy 电池，其能量密度为 55 W·h·kg⁻¹(基于复合正极的质量计算)[18]。

Li/PPy 电池的开路电压一般在 3~4 V[19]。Varta 的商业化 Li/PPy 电池充足电后的开路电压是 3.6 V，充电时最高电压为 4.0 V，放电时的最低电压为 2.0 V，并且高功率密度的电池需要使用比表面积大的多孔 PPy 电极材料。[20]

聚吡咯电池的充放电循环寿命与电极材料的状态、电池的构成(负极和电解液)以及充放电条件密切相关。对于电化学聚合的 1 μm 厚的导电聚吡咯膜，使用 LiClO$_4$-PC 有机电解液的 Li/PPy 电池其容量降低到初始容量 80%的循环充放电寿命可以达到 20 000 次[21]。对于 50 μm 厚的导电聚吡咯膜电极，400 次充放电循环后电池容量降低 10%，1000 次循环后容量降低 20%[20]。

基于固态聚合物电解质的 PPy 电池对其在柔性电池中的应用非常重要。使用 PPy-PEO 复合电极、PEO(LiClO$_4$) 固体电解质的 Li/PEO(LiClO$_4$)/PPy 电池的循环寿命可以超过 700 次[18]；使用在 PC 电解液中电化学合成的 PPy 电极，从乙腈溶液中直接浇铸到 PPy 上的 PEO 电解质，Li/PEO(LiClO$_4$)/PPy 电池在 80℃下的充放电循环寿命可以达到 1400 次[22]。

掺杂态导电聚吡咯在室温和环境条件下稳定，而放电后的脱掺杂中性聚吡咯则在空气中不稳定，对水氧敏感。因此，聚吡咯电池应该储存在充电后的氧化掺杂状态。在非水电解液中，聚吡咯电极在 2.0～约 4.0 V (vs. Li/Li$^+$) 区间稳定性都很好，但是充电电位不能超过 4.0 V (vs. Li/Li$^+$)，否则电池性能会显著下降，这是由于电位超过 4.0 V (vs. Li/Li$^+$) 后会引起聚吡咯的过氧化降解反应，导致其电化学活性的丧失[21](参阅本书第 2 章 2.2 节 "导电聚吡咯的电化学性质" 相关内容)。

PPy 电极的自放电速率与聚吡咯电极的状态、制备条件、电池的组成(负极材料和电解液等)等密切相关。报道的结果差别很大：从最差的第一天自放电 50% (1 μm 的薄的多孔聚吡咯膜电极)[23]，到储存的前几天每天自放电 5%、然后自放电逐渐降低到一个月内平均自放电约 1% (Li/PPy 电池中 30～50 μm 比较厚的聚吡咯膜电极)[24]，再到储存 4～5 周仅有 10%的容量损失[20]。

7.1.3　导电聚合物电极结合剂

导电聚合物除了用作电极活性材料外，还可以用作电极的结合剂(binder，有时也称为黏结剂)[25]。电极结合材料起着把电极材料结合成一个整体，并保证电极、氧化-还原活性材料和导电材料能够有很好的电接触。虽然这种结合材料只占商业电极总体质量的 2%～5%，它却是改进电池性能，尤其是循环性能的最关键电极组分之一，没有结合材料，活性材料将会失去与电荷收集体的接触，导致电池容量的损失。一般使用没有电化学活性的聚合物材料[比如聚偏二氟乙烯 (PVDF) 及其共聚物]作为锂离子电池正极材料中的黏结剂。导电聚合物包括 PEDOT/PSS 和聚噻吩等也能被用作电极结合剂[26]，这种电极结合剂的好处是，除了可以把纳米电极材料结合在一起外，它本身也具有电化学活性，也能够对提高电池的容量做出贡献。

Kwon 等[27]在 5 V 锂离子电池 LiNi$_{0.5}$Mn$_{1.5}$O$_4$(LNMO) 颗粒阴极材料表面上制备了一层 EDOT 单体(分子结构式见图 4.6)，然后通过化学氧化聚合得到一层包裹在阴极颗粒材料外面的导电聚合物 PEDOT 膜。这层均匀的导电聚合物膜可以成功地抑制电极氧化物颗粒与电解液之间的副反应，同时也能减少充放电过程中 Mn 从氧化物电极材料中溶出，从而显著改善了电极充放电的功率特性和电化学性能的稳定性。Cao 等[28]使用一种聚丙烯酸锂(LiPPA)和导电聚吡咯(PPy)的混合涂层 LiPPA-PPy 修饰锂离子电池的 $Li_{1.2}Ni_{0.2}Mn_{0.6}O_2$ 阴极材料，LiPPA-PPy 涂层均匀地覆盖在 $Li_{1.2}Ni_{0.2}Mn_{0.6}O_2$ 颗粒材料表面。LiPPA-PPy 涂层具有离子导电性和电子导电性，并可保护电极活性材料，使其免受酸性物质的腐蚀，减轻电极表面的副反应。因此，这种带有 LiPPA-PPy 涂层的 $Li_{1.2}Ni_{0.2}Mn_{0.6}O_2$ 阴极材料的电极性能获得显著改善，表现出高的初始库伦效率（约 83.09%），增强的大电流充放电性能（在 5 C 大电流放电条件下的比容量达到 120 mA·h·g^{-1}）和长的循环寿命。

7.2 在电化学超电容中的应用

近年来，电化学超电容引起了研究者的关注[29,30]，这主要是由于其具有高的充放电功率密度和特别长的循环寿命这些突出优点，它能填补传统的介电电容(具有高的功率输出)和电池(具有高的储能容量)中间的功率/能量空白。

7.2.1 电化学超电容基础知识

电化学超电容(electrochemical supercapacitor, ESC)在器件的设计和制备中类似于蓄电池的电荷储存器件，由两个电极、电解质和使两个电极绝缘的隔膜所组成，其中最主要的是电极材料。一般情况下，这种超级电容器的电极使用具有高比表面积和多孔的纳米材料构成。导电的电极材料(如碳颗粒和金属氧化物颗粒)和电解质之间的界面可以看作是一个双电层电容器，该双电层电容可以表示为

$$C = A\varepsilon/4\pi d$$

其中，A 为电极表面积，对于多孔电极应该是电极各孔洞的活性面积；ε 是器件内两个电极之间的介电层(包括电解质)的介电常数，真空是 1，而其他物质(包括气体)的介电常数都大于 1；d 是电双层的厚度。

电化学超电容有两种类型，一种是静电超电容(electrostatic supercapacitor，或称 electrical double-layer supercapacitor, EDLS)，这种超电容主要是来自电极/电解液界面上的双电层静电电容。充电时，电子通过外电路从正极流入负极，电解液中阳离子向负极移动、阴离子向正极移动，在两个电极界面上形成双电层电容；放电时电子和离子的运动逆向进行。在这种电化学超电容器件中，没有跨过电极/电解液界面的电荷转移，也没有跨过电极/电解液界面的净的离子交换。因此，在充放电过程中电解液浓度保持不变，能量储存在双电层界面上。

另一种电化学超电容是法拉第超电容(Faradaic supercapacitor, FS)。法拉第超电容又称赝电容(pseudocapacitor),它与 EDLS 有所不同。当在这种电容器上施加电压时,在电极材料上会发生快速和可逆的法拉第反应(电化学氧化-还原反应),涉及电荷穿过电极/电解液双电层的流动(有时还有离子穿过双电层的交换),引起法拉第电流。这与电池的充放电过程类似。这类法拉第超电容的电极材料包括导电聚合物和几种金属氧化物(例如 RuO_2、MnO_2 和 Co_3O_4 等)。法拉第超电容的电极材料涉及三种法拉第过程[31]:可逆吸附(比如在 Pt 和 Au 表面吸附氢)、过渡金属氧化物(如 RuO_2)的氧化-还原反应、导电聚合物的电化学掺杂-脱掺杂。本节将介绍有关导电聚合物电化学掺杂-脱掺杂的电化学超级电容器。

7.2.2 导电聚合物电化学超级电容器

导电聚合物用作电化学超级电容器的电极材料具有如下优势:成本低、掺杂态电导率高、电压窗口高、储存容量高以及多孔性和良好的电化学反应可逆性。导电聚合物电化学超级电容器是一类存在电化学氧化-还原反应的法拉第型的超级电容器。导电聚合物电化学传感器有三种构型:(1)两电极为同一种导电聚合物(构型 I)。它使用两个相同的可以 p 型掺杂的导电聚合物作为电极,所以又称为p-p 型。在完全充电状态时,一个电极处于完全的 p 型氧化掺杂状态,而另一个电极则处于脱掺杂的中性状态;其电压窗口为 0.8~1V。(2)两电极为不同导电聚合物(类型 II)。这种类型的 ESC 使用两种具有不同氧化-还原电活性范围的、可以 p 型掺杂的导电聚合物分别作为两个电极(比如一个电极是聚吡咯,而另一个电极是聚噻吩),这种类型的 ESC 又称为 $p\text{-}p^0$ 型 ESC。(3)两电极为同种但分别在 p 掺杂区和 n 掺杂区的导电聚合物(类型 III)。这是一种 n-p 型导电聚合物 ESC,在非水电解液中其电压窗口可以达到 3.1 V。

在导电聚合物电化学超电容器中常用的导电聚合物包括聚苯胺(PAn)[32]、聚吡咯(PPy)[33]、聚噻吩(PTh)[34, 35]及其衍生物。PAn 和 PPy 只能 p 型氧化掺杂,所以只能用于类型 I 和类型 II 的 ESC 中。PTh 及其衍生物既可以 p 型掺杂也可以n 型掺杂,并且富电子的烷基、烷氧基和芳基在噻吩的 3-位取代可以使其 n 型掺杂电位正移,但是 PTh 衍生物在 n 型掺杂状态下的电导率较低,导致低的电容,所以它们一般是用作电容的正极(往往使用碳材料作负极)[36]。值得注意的是,PAn 的 p 型掺杂态涉及质子掺杂,所以需要在酸性溶液中或者含质子的离子液体中[37]才能稳定。同时,导电聚合物电极只能在一个严格的电压窗口内工作,如果电压太高,导电聚合物会发生过氧化降解反应而失去电化学活性,而如果电压太负,导电聚合物完全脱掺杂后会成为绝缘体(中性态的电导率很低)。因此,对于导电聚合物 ESC 选择合适的电压范围非常重要[38]。

Kim 等[39]通过原位吡咯电化学聚合制备了一种 PPy 包覆气相生长碳纤维的复

合电极，在 30 mV·s^{-1} 和 200 mV·s^{-1} 的电位扫描速率下分别获得了约 588 F·g^{-1} 和 545 F·g^{-1}（均按 PPy 重量计算）的比电容。Li 等[40]使用修饰的 PAn 电极得到了 815 F·g^{-1} 的比电容。这些导电聚合物 ESC 的比电容高于使用商业化电极材料的超电容，但是导电聚合物电化学掺杂-脱掺杂时由于对阴离子的掺杂-脱掺杂会发生体积的膨胀和收缩，这会影响其循环过程的电化学性质和循环寿命，所以一般的导电聚合物 ESC 循环不到 1000 次性能就会有显著的衰减。循环稳定性低是导电聚合物 ESC 通向实际应用所面临的突出问题，要解决此问题，需要从以下几个方面考虑：

（1）改进导电聚合物的结构和形貌。纳米结构的导电聚合物（比如纳米纤维、纳米杆、纳米线和纳米管）能减轻其掺杂-脱掺杂过程中体积变化对性能的影响。比如，在一个使用 1 mol·L^{-1} H$_2$SO$_4$ 电解液、有序的 PAn 纳米晶须（whisker）电极的三电极体系，在 5 A·g^{-1} 恒电流密度下连续循环 3000 次电容仅损失约 5%[41]。

（2）使用碳负极和导电聚合物正极的杂化 ESC。采用 p 型掺杂导电聚合物作正极、碳作负极构成杂化 ESC，比如，使用 p 型掺杂的聚噻吩衍生物为正极、活性炭为负极的杂化 ESC，循环 10000 次后仍保持较好的性能，在能量密度方面优于双层活性炭 ESC[42]。

（3）使用与其他活性材料复合的电极。复合电极可以通过改善导电聚合物的链结构、电导率、力学稳定性和可加工性等性能来提高 ESC 的循环稳定性。比如，与 MnO$_2$ 复合后的 MnO$_2$/PPy 纳米复合电极表现出约 180 F·g^{-1} 的高比电容和比较稳定的循环电容特性，在 2 mA·cm^{-2} 恒电流密度充放电循环条件下，初始 1000 次循环后，电容仅衰减约 10%（而纯 PPy 电极的 ESC 其比电容损失接近 50%），随后的 4000 次循环都保持了相当稳定的电容性能[43]。对于这些复合电极，在导电聚合物中添加活性炭，尤其是添加碳纳米管（CNT），也能够改善电极的力学和电化学性能[39,44,45]。例如，PAn 与磺化多壁碳纳米管（MWCNT）的复合电极可以大大改进 PAn 电极的循环稳定性，1000 次循环后比电容损失只有 5.4%，这是得益于 MWCNT 优越的力学性能以及 PAn 与 PAn 形成了电荷转移复合物，从而改进了由聚苯胺的体积改变和力学性能问题引起的循环衰减问题[46]。Zhang 等[47]制备的 PANI/CNT 阵列复合电极具有纳米和多孔结构、大的比表面积和优良的导电性，在 1 mol·L^{-1} H$_2$SO$_4$ 电解液中、在 -0.2～0.7 V（vs. SCE）电位区间 10 mA 充放电，其比电容高达 1030 F·g^{-1}，并具有优越的大电流充放电性能（在 118 A·g^{-1} 充放电条件下仍能保持 95%的容量）和高的稳定性（5000 次循环后容量仅损失 5.5%）。Zhu 等[48]在一种碳微纤维上制备了 NiCo$_2$O$_4$@PPy 核壳结构复合纳米线电极，用于高性能的电化学超电容，得益于 PPy 和碳微纤维的高电导性，这种电极显示了 2055 F·g^{-1} 的超高比电容，突出的速率特性和循环稳定性（5000 多次循环后容量仍保持 90%）。他们使用这种电极构筑了对称电极的纤维状全固态超电容，该电容器在 500 W·kg^{-1} 功率密度下的能量密度达到 17.5 W·h·kg^{-1}，并有超过

表 7.2　导电聚合物电化学超电容器的比电容

导电聚合物复合电极	比电容/(F·g⁻¹)	电解液	电压窗口/V	负载电流密度或 电压扫描速率	参考 文献
PPy-20wt%MWCNT	320 (类型Ⅱ)	1.0 mol·L⁻¹ H₂SO₄	0～0.6	5 mV·s⁻¹	[45]
PAn-20wt%MWCNT	670 (3电极)	1.0 mol·L⁻¹ H₂SO₄	−0.8～0.4	2 mV·s⁻¹	
	344 (类型Ⅰ)	—	0～0.6	—	
PPy-20wt%MWCNT	506 (3电极)	1.0 mol·L⁻¹ H₂SO₄	−0.6～0.2	5 mV·s⁻¹	
	192 (类型Ⅰ)	—	0～0.5 (vs. Hg/Hg₂SO₄)	—	
PEDOT-PPy (5∶1)	230 (3电极)	1.0 mol·L⁻¹ LiClO₄	−0.4～0.6 (vs. SCE)	2 mV·s⁻¹	[49]
	290 (3电极)	1.0 mol·L⁻¹ KCl	−0.4～0.6 (vs. SCE)	2 mV·s⁻¹	
	276 (类型Ⅰ)	1.0 mol·L⁻¹ KCl	0～1.0 (vs. SCE)	3 mA·cm⁻²	
PPy-CNT/PMeT-CNT	87 (类型Ⅱ)	1.0 mol·L⁻¹ LiClO₄ +乙腈	0～1.0	0.62 A·g⁻¹	[50]
PPy-65wt%碳	433 (3电极)	6.0 mol·L⁻¹ KOH	−1.0～0 (vs. Hg/HgO)	1 mV·s⁻¹	[51]
PPy-石墨烯	165 (类型Ⅰ)	1.0 mol·L⁻¹ NaCl	0～1.0	1 A·g⁻¹	[52]
PPy-MWCNT	427 (3电极)	1.0 mol·L⁻¹ Na₂SO₄	−0.4～0.6 (vs. Ag/AgCl)	5 mV·s⁻¹	[53]
PPy-29.22wt%云母	197 (3电极)	0.5 mol·L⁻¹ Na₂SO₄	−0.2～0.8 (vs. SCE)	10 mA·cm⁻²	[54]
PPy-67.36wt%云母	103 (3电极)	—	—	—	
PPy-RuO₂	302 (3电极)	1.0 mol·L⁻¹ H₂SO₄	−0.2～0.7 (vs. Hg/HgO)	0.5 mA·cm⁻²	[55]
PPy-MnO₂	602 (3电极)	0.5 mol·L⁻¹ Na₂SO₄	−0.5～0.5 (vs. Ag/AgCl)	50 mV·s⁻¹	[43]
PAn-Ti	740 (3电极)	0.5 mol·L⁻¹ H₂SO₄	−0.2～0.8 (vs. Ag/Ag⁺)	3 A·g⁻¹	[56]
PAn-80wt%石墨烯	158 (3电极)	2.0 mol·L⁻¹ H₂SO₄	0～0.8 (vs. AgCl/Ag)	0.1 A·g⁻¹	[57]
PAn-50wt%石墨烯	207 (3电极)	—	—	—	
PAn-10wt%石墨烯	320 (3电极)	—	—	—	
MPAn/CNT	1030 (3电极)	1.0 mol·L⁻¹ H₂SO₄	−0.2～0.7 (vs. SCE)	5.9 A·g⁻¹	[47]
PAn-Si	409 (3电极)	0.5 mol·L⁻¹ H₂SO₄	0～0.8 (vs. AgCl/Ag)	40 mA·cm⁻²	[58]
PEDOT-CNT (70∶30)	120 (类型Ⅰ)	1.0 mol·L⁻¹ H₂SO₄	0～1.2 (vs. Hg/Hg₂SO₄)	2 mV·s⁻¹	[38]
	80	6.0 mol·L⁻¹ KOH	—	—	
	60	1.0 mol·L⁻¹ TEABF₄+乙腈	—	—	
PEDOT-MWCNT (80∶20)	160 (活性炭负极)	1.0 mol·L⁻¹ TEABF₄+乙腈	0～1.5	0.2 A·g⁻¹	—

注: PPy. 聚吡咯; PAn. 聚吡咯; PMeT. 聚 (3-甲基噻吩)。类型Ⅰ、类型Ⅱ, 见 7.2.2 节第一段中的规定。

10000 次循环扫描的好的稳定性以及良好的柔韧性。表 7.2 中列出了各种导电聚合物复合电极电化学电容器的比电容和电压窗口。可以看出，这些复合电极的比电容值分布较宽，并且与复合电极的组成、使用的电解液、电位扫描的速率、电流负载以及电容器构型等密切相关。因此，要实现导电聚合物在电化学超电容中的应用，还需要继续做出努力，对这些影响电容的参数进行优化。

7.3　在电致变色器件中的应用

前已述及，导电聚合物的中性(脱掺杂)状态和氧化掺杂(p 型掺杂)状态具有不同的吸收光谱特性(见第 2 章图 2.14[PPy 在 0.28V 时处于 p 型(氧化)掺杂状态，低于–0.7 V 时为中性(脱掺杂)状态]和第 3 章图 3.16[PAn 在 0.2 V 时为 p 型(氧化)掺杂状态，低于–0.3 V 时为中性(脱掺杂)状态])，因而具有不同的颜色，并且其氧化掺杂/脱掺杂状态可以通过控制电化学氧化-还原电位进行变换，这一特性使导电聚合物可以用作电致变色(electrochromic)材料。有些导电聚合物(包括聚噻吩)既可以 p 型掺杂/脱掺杂又可以 n 型掺杂(还原掺杂)/脱掺杂，并且 n 型掺杂/脱掺杂也会伴随吸收光谱的变化和颜色的变化。但是一般 n 型掺杂的稳定性较差，所以很少有利用导电聚合物 n 型掺杂/脱掺杂进行电致变色研究的报道。因此，本节主要介绍利用导电聚合物 p 型掺杂/脱掺杂特性研究导电聚合物的电致变色性能。

电致变色材料的潜在应用包括[59]：用于光信息储存的光反射或者光透过器件，抗反光的汽车后视镜，太阳镜，军事上用的护目镜，防耀眼玻璃，汽车和建筑上用的智能窗(smart window)等。其中，电致变色汽车后视镜已经得到相当成功的商业应用。

大多数应用都要求电致变色材料要具有高的发光颜色对比度(high contrast ratio)、生色效率(colouration efficiency，即单位面积注入的电荷引起的吸光度变化)、循环寿命、写-擦效率(write-erase efficiency，即原来生成的发光颜色其后被电擦除的百分数)。显示器需要快速的电致变色响应，而智能窗可以承受数分钟的较慢的变色响应。

图 7.2 是一个供电致变色器件(electrochromic device, ECD)研究的简单的双电极系统。这种 ECD 可以看作是一个可充电的电池，其中发生颜色变化的电致变色电极与电荷平衡的对电极被一个固体(常常是聚合物)或者液体电解质分隔开，通过外加电压引起的电池充放电而使 ECD 发生颜色变化。工作在反射或只是透射模式下的 ECD 一般是把电致变色材料沉积在 ITO 电极上，如果电致变色材料可溶，也可以将其溶解到电解液中。在控制光透过的电致变色装置中，对电极也必须是透明的 ITO 电极，并且，对电极上的化学物质其氧化态和还原态均须无色或者与

电致变色材料成互补色。对于反射模式的电致变色应用，比如用作显示器，对电极可以是具有合适的氧化-还原特性的任何物质。

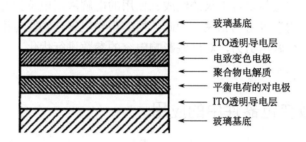

图 7.2　适用于透过光调制应用的固态电致变色装置结构简图

右侧标注（从上到下）：
- 玻璃基底
- ITO透明导电层
- 电致变色电极
- 聚合物电解质
- 平衡电荷的对电极
- ITO透明导电层
- 玻璃基底

当前已商品化和正在研究的电致变色材料包括过渡金属氧化物(如 WO$_3$ 等)[60]、普鲁士蓝(Prussian blue, PB)[61]、紫精(viologen)[62]和导电聚合物。本节将主要介绍导电聚合物电致变色材料。原则上讲，所有的导电聚合物在其薄膜状态都是潜在的电致变色材料，因为其氧化-还原(氧化掺杂/脱掺杂)过程都伴随着吸收光谱的变化和薄膜颜色的变化。下面将重点介绍三种最有代表性的导电聚合物电致变色材料，包括导电聚吡咯、导电聚苯胺、导电聚噻吩及其衍生物。

7.3.1　聚吡咯和聚苯胺电致变色材料

第 2 章中详细介绍了导电聚吡咯的电化学性质，其氧化掺杂态在 530 nm 左右的可见区以及 700 nm 之后的近红外区有两个吸收峰(见第 2 章图 2.14)，薄膜呈紫色。聚吡咯的吸收光谱随还原脱掺杂电位的逐步降低，可见和近红外吸收逐渐减弱，而 420 nm 左右的吸收逐渐增强，达到还原中性态后吸收光谱在 420 nm 左右呈现一个强的吸收峰(图 2.14)，薄膜呈现黄绿色到淡黄色。不过，导电聚吡咯的这一颜色变化只有在很薄的薄膜上才能明显观察到，如果膜厚超过 1 μm，电致变色的颜色对照度就会较差。

聚苯胺在氧化-还原过程中其吸收光谱发生显著变化(见第 3 章图 3.15 和图 3.16)，薄膜的颜色随之变化，可以从还原中性态的浅黄色到半氧化态的绿色再到完全氧化态的暗蓝到黑色(图 7.3)，其中用于电致变色材料的颜色变化区域是中性还原态的浅黄色到半氧化态的绿色(该区域的颜色变化是可逆和可重复的颜色变化)。

聚苯胺和 PB 结合可以构筑从深蓝至绿色的互补色 ECD，这是利用了半氧化态聚苯胺的绿色和 PB 的蓝色二者结合来实现的[60]。使用液态和固态电解液都可以实现其电致变色。

Akhtar 等[63]利用聚苯胺的电致变色特性构建了全固态聚苯胺变色装置，其中离子导电聚合物用作电致变色器的电解质。变色器能在无色和绿色之间可逆变化，

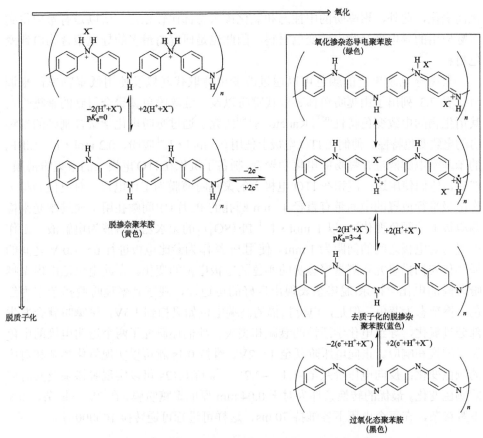

图 7.3 聚苯胺氧化掺杂和脱质子化引起的颜色变化

响应时间小于 1s。用沉积在透明导电石墨烯电极上的聚苯胺制备的电致变色器（电解质溶液为 1 mol·L^{-1} H$_2$SO$_4$ 溶液），其稳定性较在 ITO 透明电极上的聚苯胺电致变色器有所提高。Che 等[64]采用聚苯胺/碳纳米管/聚乙烯对苯二酸酯工作电极、Pt 辅助电极、Ag 参比电极、1 mol·L^{-1} LiClO$_4$（溶在碳酸丙烯酯）为电解液构筑了可弯曲的有机电致变色器。电位控制在 0.7～0.5 V（vs. Ag 线）之间，电致变色器的颜色在绿色和黄色之间变化。电极的弯曲半径为 0.6 cm，在 9000 次弯曲后，电极仍保持完好。这个可弯曲的电极为制备柔韧电致变色器开辟了新的途径。

导电聚吡咯和导电聚苯胺的氧化掺杂态稳定，但是其还原中性态极不稳定，很容易发生自发的氧化反应。这一中性态不稳定的问题影响了聚吡咯和聚苯胺在电致变色中的实际应用。

7.3.2 聚噻吩及其衍生物电致变色材料

聚噻吩薄膜与聚吡咯、聚苯胺薄膜类似，吸收光谱和颜色也随电极电位的变化而变化，此外，聚噻吩的中性态和氧化掺杂态都比较稳定，所以是有希望得到实际应用的导电聚合物电致变色材料，因此也是研究得最多的导电聚合物电致变色材料。

聚噻吩电致变色的颜色可以通过改变单体取代基以及使用低聚物单体来调节。表 7.3 列出了由噻吩单体、取代噻吩以及二连噻吩单体聚合得到的聚噻吩及其衍生物的电致变色特性[65]。Kaneto 等[66]研究了通过噻吩电化学聚合制备的聚噻吩的电致变色特性。他们在 ITO 电极上使用 0.5 mol·L^{-1} 噻吩、0.2 mol·L^{-1} LiBF$_4$ 的苯基氰电解液进行噻吩的电化学聚合，制备了沉积在 ITO 电极上的聚噻吩薄膜。然后，他们使用这一沉积在 ITO 电极上的聚噻吩薄膜为工作电极、对电极为与工作电极平行放置的中间带有直径 1 mm 圆孔的 Pt 片（中间圆孔用于通过激光来检测电极上的颜色变化），以 1 mol·L^{-1} Pb(SO$_4$)$_2$ 的无水乙腈溶液为电解液，工作电极与对电极之间的间距为 1 mm。使用 Pt 丝作为参比电极进行 0~1.0 V 之间的循环伏安扫描研究和测量聚噻吩的颜色随电极电位的变化。在此电位范围内聚噻吩薄膜的电化学掺杂/脱掺杂表现出良好的可逆性，观察到聚噻吩脱掺杂态为红色、掺杂态为蓝色。但是，电位扫描的高端电位如果扫到 1.5V，聚噻吩就会发生部分过氧化，导致电化学活性的衰减和丧失。他们还研究了两个透明电极的电色显示转换和响应。正向电压阶跃至 1~2V、维持 0.1s 就可以实现氧化掺杂和对应的颜色变化；反向电压阶跃至−1.4~−2.2V，维持 0.12s 可以实现脱掺杂及其对应的颜色变化。最优的转换条件为对于 0.04 mm 厚的聚噻吩膜，在 2V 下掺杂、0 V 下脱掺杂，在每个电压下各维持 70 ms，这样可进行可逆转换 100000 次。

表 7.3　聚噻吩及其衍生物氧化掺杂态和还原中性态的颜色[65]

单体	聚合物的 λ_{max} (nm) 和颜色	
	氧化掺杂态	还原中性态
噻吩	730（蓝色）	470（红色）
3-甲基噻吩	750（深蓝色）	480（红色）
3,4-二甲基噻吩	750（暗蓝色）	620（浅褐色）
2,2'-二连噻吩	680（蓝灰色）	460（红橙色）

Reynolds 等对聚噻吩衍生物的电致变色特性进行了深入的研究，他们合成并研究了多种噻吩环 3,4 位上带环状烷氧取代基的聚噻吩衍生物，发现改变取代基对这类聚噻吩衍生物的电致变色性质影响不大，其氧化掺杂态为绿色，而还原中性态为暗蓝色。对于 300 nm 厚的膜，在氧化态和还原中性态之间变换的时间是 0.8~2.2 s[67-69]。

Wudl 等最近使用电化学合成的导电聚合物 PDDTP(结构式见图 7.4)，实现了导电聚合物的蓝色的电致变色显示[70]。该聚合物经过 1 万次双电位电致变色扫描后仍非常稳定。

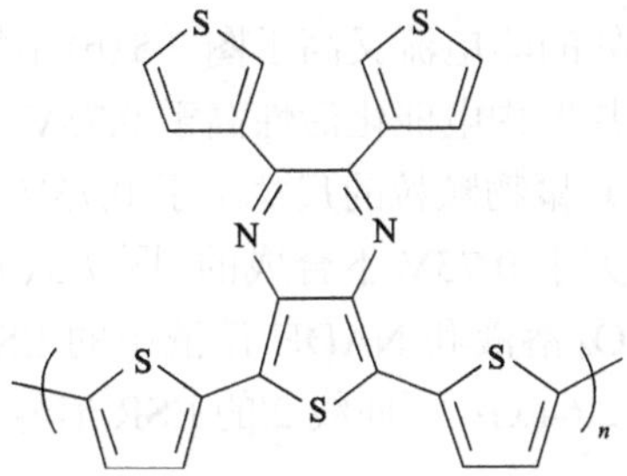

图 7.4　PDDTP 的分子结构

7.4　苯胺共聚物的电催化

苯胺共聚物的一种重要应用是用作电催化材料和化学检测的传感材料，穆绍林等在这方面进行了大量的研究工作[71-74]。

7.4.1　还原型烟酰胺线嘌呤二核苷酸的催化氧化

采用恒电位法，在含苯胺和 2-氨基-4-羟基苯磺酸(AHBA)的 H_2SO_4 与离子液体(1-乙基-3-甲基咪唑锡硫酸乙酯)的溶液中进行苯胺和 AHBA 的电化学共聚，得到共聚物 P(Ani-co-AHBA)[72]。电解液中加入离子液体 1-乙基-3-甲基咪唑锡硫酸乙酯的目的是提高 AHBA 的溶解度。共聚物的扫描电镜照片揭示，在 0.75V 下氧化聚合制得的共聚物其表面是由直径 30～40 nm 的小球聚集在一起形成的直径为 500～600 nm 的大纳米球，而在 0.80V 下氧化聚合得到的共聚物是由直径 250～390 nm 的纳米纤维构成的网状结构，表明不同电位下制得的共聚物的形貌完全不同。图 7.5(a)是玻碳电极在 pH 7.0 的 0.30 mol·L^{-1} Na_2SO_4 和 2.0 mmol·L^{-1} NADH(还原型烟酰胺线嘌呤二核苷酸)溶液中的循环伏安图，NADH 的氧化峰电位出现在 0.63 V，峰电流为 10.2 μA。图 7.5(b)和(c)是在 0.75V 和 0.80V 下制得的共聚物在不含和含有 NADH 的 0.30 mol·$L^{-1}$$Na_2SO_4$ 溶液中(pH 7.0)的循环伏安图。曲线 1 是不含 NADH 的溶液中得到的，曲线 2 和 3 是在含 1.0 mmol·L^{-1} 和 2.0 mmol·L^{-1} NADH 溶液中得到的。曲线 2 的氧化峰电流高于曲线 1 的，而曲线 3 的氧化峰电流高于曲线 2 和曲线 1 的，电流的升高是由 NADH 在电极上氧化而引起的。曲线 3 和曲线 1 的峰电流之差远大于玻碳电极在 2.0 mmol·L^{-1} NADH

溶液中的氧化峰电流，这说明共聚物能催化 NADH 的氧化。另外，图 7.5(b) 中的曲线 2 和曲线 3 的氧化电位为 0.39V，该电位比 NADH 在玻碳电极上的氧化电位低 0.24V，这是共聚物催化 NADH 氧化的另一证据。图 7.5(c) 中曲线 3 上有两个氧化峰，分别在 0.34V 和 0.47V。0.34V 的峰电位主要是由共聚物电极上的 NADH 氧化而引起的；而 0.34V 处的峰电流又高于图 7.5(b) 中峰电位 0.39V 的峰电流，这说明在 0.80V 下合成的共聚物电催化活性高于 0.75V 下合成的共聚物，这主要是由于在 0.80V 下合成的共聚物颗粒的尺寸小于 0.75V 下合成的，导致在 0.80V 下合成的共聚物比表面积大于 0.75V 下合成的。图 7.5(d) 中的曲线 1′ 和 2′ 分别是共聚物在 pH 7.0 的 Na_2SO_4 溶液和 NADH 溶液中的 ESR 谱。曲线 1′ 的 ΔH_{pp} 为 1.96 G，曲线 2′ 的 ΔH_{pp} 为 2.64 G；而曲线 2′ 的 ESR 信号强度低于曲线 1′ 的，这是

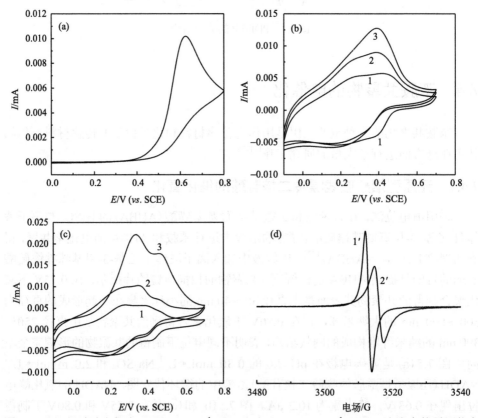

图 7.5 (a) 裸玻碳电极在 0.30 mol·L^{-1} Na_2SO_4 和 2.0 mmol·L^{-1} NADH 溶液中的循环伏安图。(b、c) P(Ani-co-AHBA) 在不同电位下、含不同浓度 NADH 的 Na_2SO_4 溶液中的循环伏安图：电位分别为 0.75 V(b) 和 0.80 V(c)；曲线 1~3 相应 NADH 浓度依次为 0，1.0 mmol·L^{-1} 和 2.0 mol·L^{-1}；电位扫描速率为 5 mV·s^{-1}。(d) 在 0.80 V 下、pH 7.0 的不同溶液中 P(Ani-co-AHBA) 的 ESR 谱线：曲线 1′. 0.30 mol·L^{-1} Na_2SO_4 溶液；曲线 2′. Na_2SO_4 溶液中含 2.0 mol·L^{-1} NADH

由于 NADH 在共聚物电极上氧化，使共聚物还原导致共聚物中不成对电子密度下降而引起的。共聚物在不含和含有 NADH 溶液中的 g 值均为 2.0029，这说明，共聚物在催化反应后，它的电子结构没有发生变化。众所皆知，在催化反应后，催化剂的组成保持不变；而 ESR 测量的结果给出了催化剂的另一特性，即在催化反应后，催化剂的电子结构也未发生变化[72]。

根据上述的结果，共聚物催化 NADH 氧化的机理如下：

$$NADH + 共聚物_{ox} \longrightarrow NAD^+ + 共聚物_{red}$$

$$共聚物_{red} \longrightarrow 共聚物_{ox} + H^+ + 2e^-$$

总反应为

$$NADH \longrightarrow NAD^+ + H^+ + 2e^-$$

上述反应机理说明了 NADH 氧化过程中，P(Ani-*co*-AHBA)起传递电子的作用。

7.4.2　黄嘌呤的催化氧化

导电聚合物的可逆氧化-还原性质使其可用作催化反应中传递电荷的媒介。大多数生化反应是在中性的水溶液中进行，所以使用导电聚合物作为生化反应中传递电荷的媒介时，导电聚合物须在中性水溶液中保持它的电化学活性。黄嘌呤经由黄嘌呤氧化酶的催化氧化反应通常是在 pH 7.5～8.5 的水溶液中进行[73]。苯胺与 2,4-二氨基酚的共聚物 P(Ani-*co*-DAP) 在 pH<11.0 的水溶液中仍保持高的电化学活性，所以可以用来研究黄嘌呤的直接氧化[74]。图 7.6 是不同电极在 0.30 V (*vs.* SCE)恒电位条件下于 pH 6.5 含有黄嘌呤的 Na$_2$SO$_4$ 溶液中的电流-时间(*I-t*)图。图中曲线 1 是裸 Pt 电极在含 0.10 mmol·L^{-1} 黄嘌呤溶液中的 *I-t* 曲线；曲线 2 是 P(Ani-*co*-DAP)电极在含 0.10 mmol·L^{-1} 黄嘌呤溶液中的 *I-t* 图。曲线 2 的响应电流高于曲线 1 的；说明 P(Ani-*co*-DAP) 催化了黄嘌呤的氧化。曲线 3 是 P(Ani-*co*-DAP)电极在含 0.20 mmol·L^{-1} 黄嘌呤溶液中的 *I-t* 图，其响应电流高于曲线 2 的，说明电极发生的是黄嘌呤在共聚物电极上的氧化反应。这是 P(Ani-*co*-DAP)催化氧化黄嘌呤的实验证据。其次，实验也证实了黄嘌呤在 P(Ani-*co*-DAP)电极上的氧化产物是尿酸和 H$_2$O$_2$，即反应机理与黄嘌呤氧化酶催化氧化黄嘌呤的完全一致。

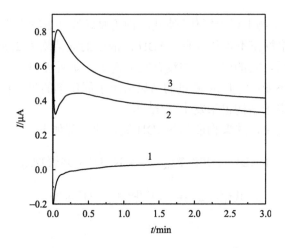

图 7.6　不同电极在 0.30 V ($vs.$ SCE) 恒电位、pH 6.5、0.3 mol·L^{-1} Na$_2$SO$_4$ 的溶液中响应电流随时间的变化

曲线 1：裸 Pt 电极，溶液中含 0.1 mmol·L^{-1} 黄嘌呤；曲线 2：P(Ani-co-DAP) 电极，溶液中含 0.1 mmol·L^{-1} 黄嘌呤；曲线 3：P(Ani-co-DAP) 电极，溶液中含 0.20 mmol·L^{-1} 黄嘌呤

7.4.3　二氧化碳的电化学还原

近 20 年来，二氧化碳 (CO$_2$) 电化学还原引起了研究者们广泛的兴趣，这是由于 CO$_2$ 电还原不仅与减少大气中的 CO$_2$ 温室气体相关，而且能将 CO$_2$ 直接转换变成有用的燃料和化学制品，例如甲醇、甲酸和乙醇等。CO$_2$ 电化学还原的关键问题是提高还原电流的密度和产物的选择性，这与催化剂的物理化学性质有关。CO$_2$ 电化学还原是在水溶液中进行的。为了提高溶液的电导率和反应速率，需要加入较高浓度的支持电解质，如 NaHCO$_3$、KHCO$_3$ 和 Na$_2$SO$_4$ 等[75]。支持电解质的加入提高了 CO$_2$ 的还原速率，但产物溶液中支持电解质的存在，对产物的色谱分析造成不便，并且产物溶液不能直接应用，因此产物溶液中的支持电解质必须除去。酸溶液也能用作 CO$_2$ 电化学还原的电解质，但高的酸度会产生氢，导致电解效率下降。但 CO$_2$ 在不含电解质的水中进行电化学还原的最突出的问题是溶液电导率低。幸亏 CO$_2$ 溶于水产生 H$^+$ 和 HCO$_3^-$ 离子，形成自电解质 (self-electrolyte) 溶液。苯胺与 2-氨基-4-羟基苯磺酸 (AHBA) 的共聚物 P(Ani-co-AHBA) 能催化不含支持电解质溶液中的 CO$_2$ 还原[76]；这是由于 P(Ani-co-AHBA) 提高了电荷传递速率，导致 CO$_2$ 电化学还原速率的提升。

7.4.4　邻苯二酚的催化氧化

在二茂铁磺酸的存在下，用循环伏安法合成的苯胺与邻氨基酚共聚物

P(Ani-*co*-*o*-AP)，在电极铂片上形成纳米网状结构[71]。P(Ani-*co*-*o*-AP)在邻苯二酚(*o*-AP)的 Na$_2$SO$_4$ 溶液中的循环伏安图证实，共聚物电极上的氧化峰电位低于 Pt 电极上的，并且邻苯二酚在共聚物电极上氧化的活化能 E_a 很低(23.6 kJ·mol^{-1})，这说明邻苯二酚在 P(Ani-*co*-*o*-AP) 电极上发生了电催化反应[77]，P(Ani-*co*-*o*-AP) 电极可以用作邻苯二酚的电化学传感器。图 7.7(a) 是邻苯二酚传感器在 0.55 V (*vs.* SCE) 下的响应电流随时间的变化图。图中曲线 1 反映了传感器在 pH 5.0 的 Na$_2$SO$_4$ 溶液中电流随时间的变化，在 3 min 之内电流下降到 10 nA。曲线 2 是传感器在含 0.2 mmol·L^{-1} 苯酚的溶液中(pH 5.0)电流随时间变化的曲线，同样，3 min 之内电流下降到约 20 nA，这说明苯酚在 P(Ani-*co*-*o*-AP) 电极上几乎不发生氧化。曲线 3～5 是传感器在 0.12 mmol·L^{-1} 邻苯二酚的 Na$_2$SO$_4$ 溶液(pH 5.0)中不同电位下的响应电流随时间的变化曲线，响应电流随电位的上升而增大，而且在 *I-t* 曲线上出现一个电流峰值，这说明邻苯二酚被 P(Ani-*co*-*o*-AP) 催化氧化。而聚苯胺电极在含邻苯二酚、pH 5.0 的 Na$_2$SO$_4$ 溶液中，在 0.55V 电位下响应电流随时间也是先快速下降，然后缓慢上升，但其上升值很小，在 *I-t* 曲线上没有出现电流峰值。这说明邻苯二酚在聚苯胺电极上的催化反应非常慢。上述结果证实了邻苯二酚在 P(Ani-*co*-*o*-AP) 电极上的电化学氧化行为不同于聚苯胺电极，这是由于共聚物链上的—OH 基团起到了加速电极与邻苯二酚之间电子传递的作用。

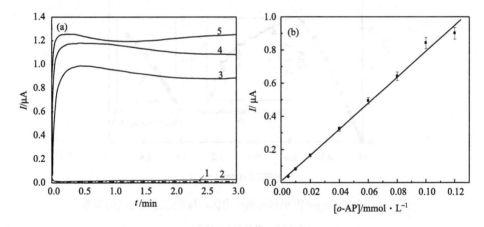

图 7.7　(a) P(Ani-*co*-*o*-AP) 电极在 pH 5.0 的不同溶液中电流随时间变化图。曲线 1：0.30 mol·L^{-1} Na$_2$SO$_4$，0.55 V (*vs.* SCE)；曲线 2：含 0.2 mmol·L^{-1} 苯酚的 0.30 mol·L^{-1} Na$_2$SO$_4$ 溶液，0.55 V (*vs.* SCE)；曲线 3～5：含 0.12 mmol·L^{-1} 邻苯二酚的 0.30 mol·L^{-1} Na$_2$SO$_4$ 溶液，电位依次控制在 0.45V、0.50V 和 0.55 V。(b)响应电流与邻苯二酚浓度之间的关系。pH 5.0, 0.55 V (*vs.* SCE)，20℃

　　传感器的响应电流与邻苯二酚浓度(5～120 μmol·L^{-1})之间的关系[图 7.7(b)]表明，在 5～80 μmol·L^{-1} 浓度范围内，响应电流与浓度呈线性相关，直线通过坐标原点，相关系数为 0.997，因此传感器可用来检测邻苯二酚在 5～80 μmol · L⁻¹ 范围内的浓度。

水中砷的污染对人类有严重威胁。环境中的砷污染主要是砷酸盐[As(Ⅴ)]和亚砷酸盐[As(Ⅲ)]。在地表水中，As(Ⅴ)是主要的，这是由于在含氧环境中 As(Ⅴ)是稳定的。As(Ⅴ)是电化学非活性的，所以，砷酸盐的测定是在高的负电位下将五价砷酸盐还原成三价盐。苯胺与邻氨基酚的共聚物 P(Ani-*co-o*-AP)在宽的 pH和电位范围内能保持电化学活性，所以可用 P(Ani-*co-o*-AP)在较低的负电位下还原砷酸盐来直接测定砷酸盐的浓度[78]。砷酸盐在 P(Ani-*co-o*-AP)电极上还原的活化能相当低(E_a=30.3 kJ · mol⁻¹)，位于酶催化的活化能范围之内。在–0.15 V (*vs.*SCE)恒电位条件下，于 pH 6.0 的 0.10 mol · L⁻¹NaCl 溶液中，穆绍林测定了电极的响应电流随砷酸盐浓度的变化。砷酸盐浓度的线性范围为 0.949～495 μmol · L⁻¹，直线通过坐标原点（图 7.8）。检出砷酸盐的极限浓度为 0.495 μmol · L⁻¹。电极的灵敏度是 0.192 μA · μmol · L⁻¹ · cm⁻²。电极储存 100 天后其电化学活性未发生衰减。

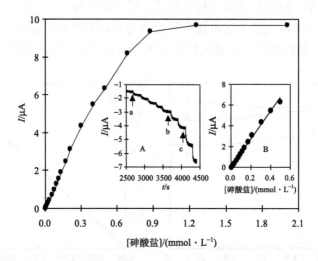

图 7.8 P(Ani-*co-o*-AP)电极的响应电流与砷酸盐浓度之间的关系

pH 6.0；–0.15 V (*vs.* SCE)

7.4.5 间硝基酚的催化还原

硝基酚被广泛应用于炸药、制药、农药和橡胶工业中。在制备和使用过程中，会有一些硝基酚被排放到水和空气中，引起环境污染。所以，硝基酚的检测和降解在环保中有着重要意义。降解方法之一，是使用电化学法催化还原污水中的硝基酚。将苯胺与二苯胺(DPA)、5-氨基水杨酸(5-ASA)一起电沉积在还原石墨烯(RGO)/玻碳(GC)电极上，形成 P(Ani-*co*-DPA-5-ASA)/RGO/GC 电极，这种电极能有效催化间硝基酚的还原[79]。在 pH 5.0 的 0.30 mol·L^{-1} Na_2SO_4 溶液中，间硝基酚在 P(Ani-*co*-DPA-5-ASA)/RGO/GC 电极上的还原峰出现在 –0.82 V (*vs.* SCE)，在 20 μmol·L^{-1} ~ 1.0 mmol·L^{-1} 之间，电极的峰电流随间硝基酚的浓度增加而增大。间硝基酚浓度的线性范围为 20 ~ 600 μmol·L^{-1}，相关系数为 0.9997，这一线性关系比间硝基酚在 RGO/GC 电极上的电催化还原要好得多[80]。因此，P(Ani-*co*-DPA-5-ASA)/RGO/GC 电极可以用于水中间硝基酚的检测。

7.4.6　抗坏血酸和过氧化氢的催化氧化

P(Ani-*co-o*-AP)电沉积在玻碳电极上形成的传感器，在 pH 6.8 的磷酸盐缓冲液中能催化抗坏血酸的氧化，抗坏血酸的氧化峰电位出现在 0.21 V (*vs.* SCE)。由于氧化峰电流随抗坏血酸浓度的增加而升高，该传感器可用来测定抗坏血酸的浓度。响应电流与抗坏血酸浓度的线性范围在 5×10^{-4} ~ 1.65×10^{-2} mol·L^{-1} 之间。传感器具有很好的稳定性和重现性[81]。

苯胺与对氨基酚电化学共聚生成 P(Ani-*co-p*-AP)共聚物，在 pH 5.0 的柠檬酸盐缓冲溶液中能催化 H_2O_2 的氧化[82]。反应的活化能 E_a=15.37 kJ·mol^{-1}，该活化能处在酶催化反应活化能之内，其值相当低。当电位控制在 0.55 V (*vs.* SCE)，在 1.25 ~ 250 μmol·L^{-1} 之间，传感器的响应电流与 H_2O_2 浓度之间呈线性关系，直线通过坐标原点，相关系数为 0.99997。因此，该传感器可用来测定 H_2O_2 的浓度。

7.5　苯胺共聚物作自由基源：检测抗氧化剂的抗氧化能力

抗氧化剂或清除自由基的化合物在生物化学领域起着重要作用。一些抗氧化剂如抗坏血酸(维生素 C)是食品和饮料的添加剂。评估抗氧化剂的能力可用循环伏安法和可见光谱法。前者是根据伏安图上抗氧化剂的氧化峰电位，但不能用来确定清除的是自由基；后者是基于抗氧化剂与自由基化合物的混合液其可见光谱中吸光度的变化，通常使用二苯基三硝基肼(DPPH)作自由基。DPPH 的吸收峰出现在 516 nm，但 DPPH 的价格很昂贵。

实验用的作为自由基源的化合物，须具有高的不成对电子密度和稳定性。DPPH 即满足上述条件，所以广泛地用作自由基源。聚苯胺以及苯胺和带有 pH 功能基团的衍生物的共聚物也符合作为自由基源的条件，特别是后者能在很宽的 pH 范围内保持高的自由基密度和稳定性。聚苯胺与带有 pH 功能基团的苯胺衍生物的共聚物，即苯胺共聚物，价格便宜，而且合成方便，适合作为自由基源。

7.5.1 检测抗坏血酸的清除自由基能力

P(Ani-*co-o*-AP)共聚物的 ESR 信号是对称的单线,所以它的 ESR 信号强度很容易测定。穆绍林等[83]通过 ESR 谱来用 P(Ani-*co-o*-AP)作自由基源,研究了多巴胺、邻苯二酚及抗坏血酸清除自由基的能力,发现多巴胺与邻苯二酚很难清除 P(Ani-*co-o*-AP)的自由基。

图 7.9(a)是 P(Ani-*co-o*-AP)在 0.20 mol·L^{-1}磷酸盐缓冲溶液(pH 5.0)、不含(曲线 1)和含(曲线 2～7)10 mmol·L^{-1}抗坏血酸情况下 ESR 谱随时间的变化。图 7.9(b)是 P(Ani-*co-o*-AP)在含 10.0 mmol·L^{-1}抗坏血酸时 ESR 信号强度随时间的变化图,当电极浸入到抗坏血酸 1 min 后,ESR 强度下降到最初的 51.4%,比在多巴胺溶液中下降的值大得多。图 7.9(c)是磁化率随时间的变化图[83],该结果与信号强度随时间的变化是一致的。图 7.9(d)是 ΔH_{pp} 随时间的变化,当电极浸入

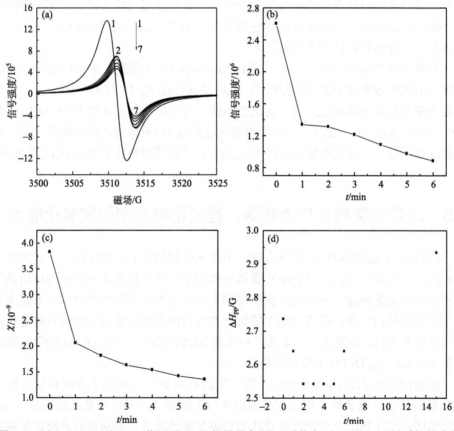

图 7.9　P(Ani-*co-o*-AP) ESR 谱(a)及 ESR 信号强度(b)、磁化率(c)、ΔH_{pp}(d)随时间的变化
曲线 1:电极浸入到 0.2 mol·L^{-1}磷酸盐缓冲溶液(pH 5.0)中;曲线 2～7:电极浸入到含 0.2 mol·L^{-1}磷酸盐和 10.0 mmol·L^{-1}抗坏血酸缓冲液中,时间依次为 1min、2min、3min、4min、5min 和 6min

到抗坏血酸溶液后，ΔH_{pp} 首先快速下降，然后上升，这种变化与在多巴胺溶液中的结果不一样；15 min 后，P(Ani-*co*-*o*-AP) 电极的磁化率下降到原来的 27.4%，这说明抗坏血酸能很好地清除 P(Ani-*co*-*o*-AP) 的自由基[83]。

7.5.2 检测儿茶素的抗氧化和清除自由基能力

儿茶素是多酚化合物，属于类黄酮族，存在于植物和植物原料的食品中，包括茶和红酒饮料。儿茶素具有抗氧化性和抗菌活性，经常摄入儿茶素含量高的食品可使患慢性病的概率下降，有利于健康。多酚化合物的氧化电位较低，这是决定抗氧化剂活性的关键因素。基于氧化电位，可用循环伏安法快速估测抗氧化剂的活性[84]。儿茶素的氧化反应式见式(7.1)。

$$\text{(7.1)}$$

图 7.10(a) 是 1.0 mmol·L^{-1} 焦棓酚(1,2,3-苯三酚)(曲线 1)、1.0 mmol·L^{-1} 儿茶素(曲线 2)和 50%(*v*/*v*)红酒(曲线 3)在 0.20 mol·L^{-1} 磷酸盐缓冲液(pH 5.0) 中的首次循环伏安曲线[85]。红酒来自 Dynasty OAK 160，含 12%(*v*/*v*)乙醇，2008 年酿造，pH 2.66。曲线 1 上的氧化峰电位为 0.34 V (*vs.* SCE)，这是由焦棓酚中的羟基氧化而引起的。电解结束后,Pt 电极上有黄色膜形成。曲线 2 的氧化峰电位为 0.42V，这是(+)-儿茶素中 B 环上的—OH 氧化的结果；曲线 3 的氧化峰电位为 0.48V，这是红酒中的儿茶素和其他多元酚氧化的结果。

由图 7.10(a) 中的氧化峰电位和它们的峰电流可见，焦棓酚比儿茶素易氧化[85]。该结果与以前的报道相一致[84]。图 7.10(b) 是 P(Ani-*co*-*o*-AP) 电极在不同溶液中的开路电位随时间的变化，测量是在 ESR 电池中进行的，参比电极为 Ag/AgCl(饱和 KCl 溶液)。首先测定电极在 0.20 mol·L^{-1} 磷酸盐缓冲溶液(PBS) 中的平衡电位，溶液 pH 为 5.0 和 2.66，后者供红酒测定用。图中 *t*=0 时的电位，表示电极的平衡电位。图 7.10(b) 曲线 1，2 和 3 分别是电极在含 10 mmol·L^{-1} 焦棓酚、1.0 mmol·L^{-1} 儿茶素和红酒[12%(*v*/*v*)乙醇]的 PBS 溶液中的开路电位随时间的变化。图 7.10(b) 显示，当 P(Ani-*co*-*o*-AP) 电极浸入到三种不同溶液中后，在 600 s 之内，电极的开路电位均随时间而下降，这说明电极被三种溶液中的抗氧化剂还原。曲线 1 的电位从平衡电位 0.370 V 下降到 0.099 V，曲线 2 的电位从平衡电位 0.370V 下降到 0.238V，曲线 3 从平衡电位 0.400V 下降到 0.276V，结果说明焦棓酚的抗氧化能力最强，红酒的抗氧化能力最弱，这与图 7.10(a) 的循环伏安图结果相一致。600 s 后，将电极取出后立刻用蒸馏水冲洗，再分别放到 pH 5.0 和 pH 2.66（红酒的）的三种 PBS 溶液中，立即测量电极电位随时间变化，在三种溶液中，电位均缓慢升高，但在 900s 时，它们的电极电位均低于相应溶液中的平衡电位。

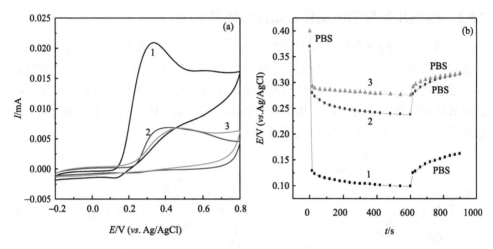

图 7.10　(a) 含 1.0 mmol・L^{-1} 焦棓酚 (1)、1.0 mmol・L^{-1} 儿茶素 (2) 和 50%(v/v) 红酒 (3) 的 0.20 mol・L^{-1} 磷酸盐缓冲溶液 (pH 5.0) 的循环伏安图（扫描速率 10 mV・s^{-1}）。(b) P(Ani-co-o-AP) 电极在不同溶液中的开路电位随时间的变化：曲线 1. 10 mmol・L^{-1} 焦棓酚，0.2 mol・L^{-1} 磷酸盐 (pH 5.0)；曲线 2. 1.0 mmol・L^{-1} 儿茶素，0.2 mol・L^{-1} 磷酸盐 (pH 5.0)；曲线 3. 红酒（含 12% 乙醇），pH 2.66。Ag/AgCl（饱和 KCl 溶液）作参比电极

　　图 7.11 (a) 是 P(Ani-co-o-AP) 电极在 0.20 mol・L^{-1} 磷酸盐缓冲溶液 (pH 5.0) 中的 ESR 谱[85]，根据峰-峰之间的高度，它的 ESR 信号强度是 7.84×10^6。当该电极浸入到含 1.0 mmol・L^{-1} 儿茶素的磷酸盐缓冲溶液 (pH 5.0) 中，其 ESR 信号强度随测量时间的变化见图 7.11 (b)，曲线 1 是第一次测量的 ESR 谱，它的强度是 5.28×10^5，该值仅是电极在不含儿茶素的缓冲溶液中的 6.7%。随着 P(Ani-co-o-AP) 与儿茶素反应时间的延长，电极的 ESR 信号强度随时间缓慢升高，在第 5 次测量时（曲线 5）信号强度也仅是最初值的 10%［图 7.11 (a)］。这说明儿茶素具有很强的清除 P(Ani-co-o-AP) 自由基的能力。在测量期间 ESR 信号随时间缓慢增加的原因之一是儿茶素的氧化释放出质子。

　　P(Ani-co-o-AP) 电极浸入到含焦棓酚的溶液中后，信号强度明显高于不含焦棓酚溶液中的[85]，这一结果出乎预料。因为根据电化学测量结果，焦棓酚的氧化能力远强于儿茶素，所以电极在焦棓酚溶液中的 ESR 信号强度应迅速下降，且下降的值应比在儿茶素中的更大。但事实上，电极在焦棓酚溶液中的 ESR 信号强度不但没有下降，反而上升。究其原因可能是反应过程中有自由基的产生，所以当

电极浸入含焦棓酚后导致 ESR 信号强度明显提高[86]。

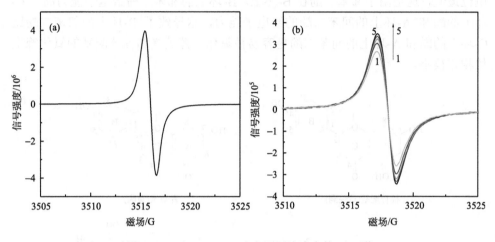

图 7.11　P(Ani-*co-o*-AP)在不同溶液中的 ESR 谱

(a) 0.20 mol·L⁻¹ 磷酸盐缓冲液(pH 5.0)；(b) 1.0 mmol·L⁻¹ 儿茶素在磷酸盐缓冲溶液中

(曲线 1～5 对应第 1～第 5 次测量，时间间隔为 90s)

ESR 谱证实实验中所用的红酒能清除 P(Ani-*co-o*-AP)的自由基，但它的清除能力比儿茶素要弱得多[85]。

7.5.3　检测类黄酮化合物的抗氧化和清除自由基能力

类黄酮化合物广泛存在于水果、蔬菜、坚果、茶和红酒中，这些都是人类重要的饮食源。类黄酮化合物能起到预防一些疾病(如冠心病、炎症和癌症)，有利于人类健康。

采用苯胺与 5-氨基水杨酸的共聚物 P(Ani-*co*-5-ASA)作自由基源，通过电化学方法测定了 4 种类黄酮化合物(图 7.12)柚苷配基(黄烷酮)[naringenin (flavanone)]、芹黄素(黄酮) [apigenin(flavone)]、山奈酚(黄酮醇)[kaempferol (flavonol)]和(+)-儿茶素(黄烷醇) [(+)-catehin(flavanol)]的抗氧化性和它们清除自由基的能力。P(Ani-*co*-5-ASA)电沉积在石墨烯(RGO)/玻碳(GC)或 RGO/石墨纤维上。前者供电化学实验用，后者供 ESR 测量用[87]。4 种样品的电化学循环伏安图和 ESR 测量均在 0.20 mol·L⁻¹ 磷酸盐和甲醇(80：20，*v/v*)缓冲液(pH 6.3)中进行。

循环伏安图(扫描速率 60 mV·s⁻¹)揭示，4 种类黄酮的氧化峰电位(*vs.* SCE)的顺序如下：儿茶素(0.24 V)<山奈酚(0.34 V)<芹黄素(0.38 V)<柚苷配基(0.39 V)[87]。该电位顺序与裸 Pt 电极在含 4 种类黄酮的 pH 7.0 缓冲溶液中的电位顺

序是一致的[88]。按上面的氧化峰电位顺序，在 4 种类黄酮中，儿茶素的氧化峰电位最低，这是由于邻苯二酚在 B-环上。B-环上的邻苯二酚给电子能力高于 C-环上的酚和 A-环上的间苯二酚的给电子能力，这导致了 B-环上的邻苯二酚比 C-环上的酚和 A-环上的间苯二酚更容易被氧化。芹黄素和柚苷配基的氧化峰电位相差很小。

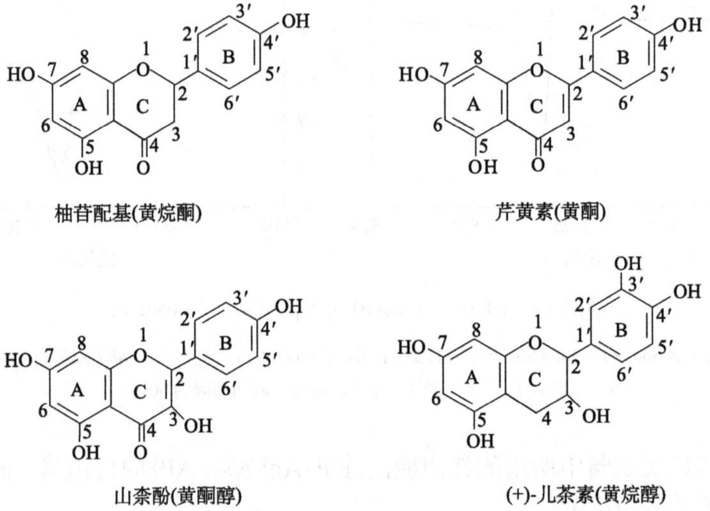

图 7.12　4 种类黄酮的分子式

　　根据氧化峰电位的顺序，4 种类黄酮的抗氧化能力顺序如下：儿茶素>山柰酚>芹黄素>柚苷配基。

　　P(Ani-co-5-ASA) 电极在不含与各含 150 μmol·L^{-1} 的 4 种类黄酮的磷酸盐和甲醇溶液 (pH 6.3) 中的 ESR 谱显示，所有的谱线均是由很窄的单线构成，所以它们的 ESR 信号强度可由谱线的高度确定。所有的 ESR 谱线均是当电极达到稳态后测得的。结果证实，4 种类黄酮化合物均与 P(Ani-co-5-ASA) 发生了氧化-还原反应，反应的结果是 P(Ani-co-5-ASA) 被还原，导致了它的不成对电子密度下降。与不含类黄酮的磷酸盐和甲醇溶液 (pH 6.3) 中的 P(Ani-co-5-ASA) ESR 强度相比，在柚苷配基溶液中，P(Ani-co-5-ASA) 的信号强度下降了 13.2%；在芹黄素溶液中，P(Ani-co-5-ASA) 的信号强度下降了 14.0%；在山柰酚溶液中，P(Ani-co-5-ASA) 的信号强度下降了 17.2%；在儿茶素溶液中，P(Ani-co-5-ASA) 的信号强度下降了 74.9%。这说明儿茶素清除自由基的能力最强，而柚苷配基与芹黄素之间的 ESR 信号强度差异很小，该结果与电化学方法测定抗氧化能力相一致。

根据直接的 ESR 测量，4 种类黄酮清除自由基的能力顺序如下：儿茶素>山奈酚>芹黄素>柚苷配基，该结果与电化学方法测得的 4 种类黄酮的抗氧化活性顺序是一致的。

循环伏安图显示，芹黄素的氧化峰电位略低于柚苷配基，即，芹黄素的抗氧化活性略高于柚苷配基。ESR 结果也显示芹黄素清除自由基的能力稍高于柚苷配基，这种微小的差异与二者分子结构有关。二者分子结构的不同之处在于：芹黄素的 C-环上有一个 C_2=C_3 双键，而在柚苷配基的 C_2 与 C_3 之间是单键。由于双键的存在，使芹黄素 C-环上的 C_2=C_3 双键与 C_4=O 双键共轭，共轭增强了电子的非定域性，使分子容易被氧化。

7.6　电化学聚合在有机发光二极管中的应用

有机发光二极管(OLED)具有发光响应快、色彩鲜艳、器件轻薄以及可以制备成柔性显示器件等突出优点，是新一代发光显示技术，已在手机显示屏等方面得到实际应用。OLED 的制备一般采用真空蒸镀技术，其中像素的制备需要将不同发光颜色的有机(聚合物)分子定向沉积在尺寸为 100μm 量级的微电极上，技术较复杂，制备成本高。迫切需要低成本的图案化薄膜制备新技术。

马於光等发展了一种基于咔唑电化学聚合(偶联)制备有机发光薄膜的方法[89,90]，该法具有工艺简单和成本低的特点。这种方法利用了咔唑分子容易通过电化学氧化偶联形成二聚体。这种二聚体的结构明确、易于控制，其氧化-还原性质稳定。并且二聚后可以形成交联的有较强力学性能的薄膜。这一方法与导电聚合物电化学聚合和电化学掺杂-脱掺杂性质密切相关，也是导电聚合物电化学的一个应用方向，所以本节作简单介绍。

7.6.1　用于电化学聚合的发光分子的设计

利用咔唑的电化学聚合来制备电致发光薄膜的关键是，与咔唑单元连接的发光共轭分子在电位达到咔唑发生电化学氧化聚合电位之前必须呈电化学惰性，就是在咔唑发生氧化聚合(偶联)时发光分子不发生电化学聚合或者其他电化学反应。同时，还需要考虑制备的发光薄膜的发光颜色。图 7.13 为马於光等设计的用于咔唑电化学聚合制备发光薄膜的单体分子的结构[89-95]。这些分子都由一个发光中心通过烷基链连接多个咔唑单元构成，这些分子的发光中心都有很高的发光效率，如蓝光 TCPC、绿光 TCBzC 和红光 TCNzC 三种粉末的光致发光量子效率(Φ_{PL})依次为 99%、84% 和 63%，并且这些分子比较容易提纯；发光中心与咔唑单元之间用惰性的烷基链相连并使咔唑单元远离发光中心单元，可以保证咔唑电聚合过程及聚合产物对发光中心的发光性能不会产生影响；这类单体分子含有刚性的发光主链和柔性的烷基咔唑侧链，是一类"刚柔并济"的分子，有利于在电聚合过程中形成平整的薄膜，此外多个咔唑单元发生电化学氧化偶联后增加了交联位点，聚合薄膜有利于形成稳定的交联结构。

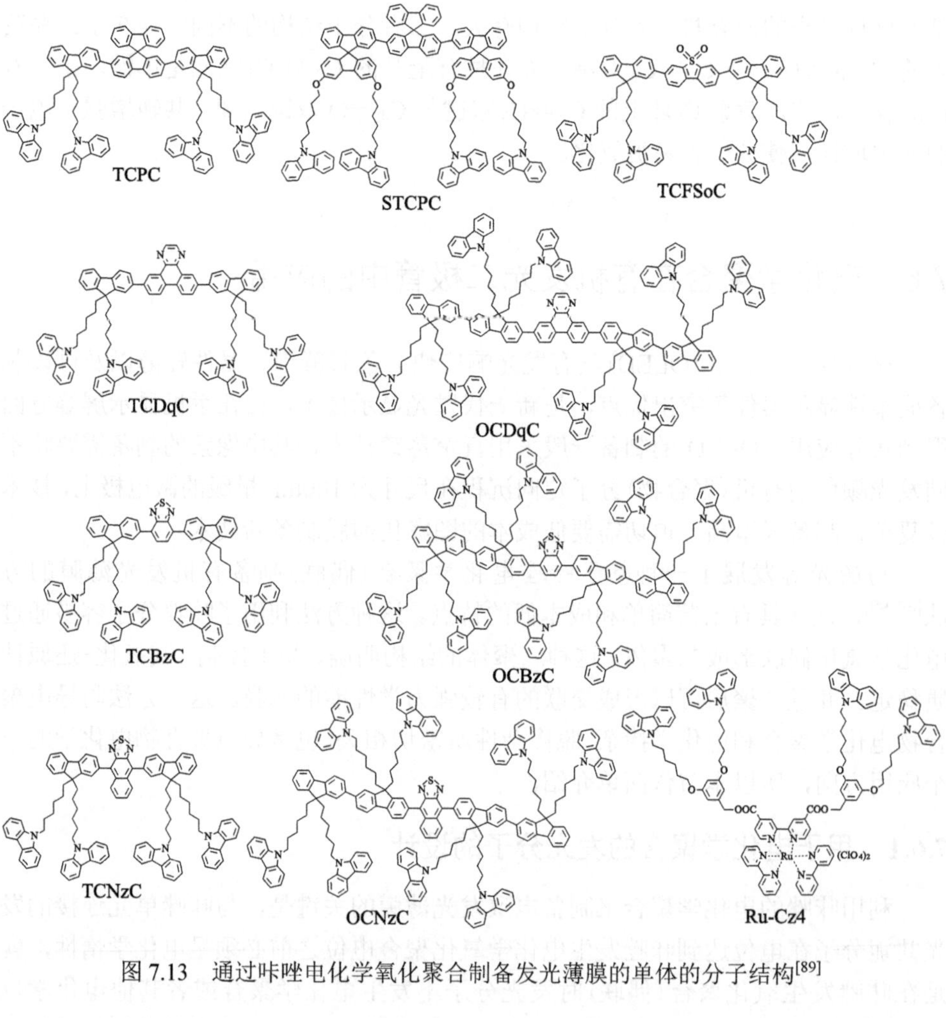

图 7.13 通过咔唑电化学氧化聚合制备发光薄膜的单体的分子结构[89]

在聚合单体分子的设计上增加咔唑基团的数量，可以提高聚合薄膜的交联度、提高薄膜的致密性，进而提高发光器件的稳定性。马於光等[89]合成了含 8 个咔唑的聚合单体分子 OCDqC、OCBzC 和 OCNzC（见图 7.13），它们是在原有的 4 个咔唑类分子外围扩充了两个芴-烷基-咔唑单元的聚合单体分子。基于含 8 个咔唑单元的发射黄光的 OCBzC 单体分子电化学聚合薄膜的 OLED，器件的最大亮度达到 10000 cd·m^{-2}，发光电流效率达到 5.3 cd·A^{-1}，而在同样条件下制备的基于含 4 个咔唑单元的 TCBzC 电化学聚合薄膜的黄光 OLED，其最大亮度和效率分别只有 1500 cd·m^{-2} 和 1.1 cd·A^{-1}，显然由增加了咔唑单元的聚合单体电化学聚合薄膜制备的器件性能有了明显提高。

7.6.2　电化学聚合条件的优化

通过咔唑电化学聚合制备有机发光薄膜容易出现的问题是薄膜表面粗糙[96]，以及聚合后的薄膜内存在对阴离子(未完全脱掺杂)、存在结构缺陷、残留电解质等，从而导致其低的电致发光性能。因此，控制电化学聚合条件得到表面光滑的、结构缺陷低的以及尽可能完全脱掺杂的有机发光薄膜非常重要。

电化学聚合过程的电解液体系(溶剂和电解质)以及电化学聚合方法[恒电流法(以及控制电流大小)、恒电位法(以及控制电位高低)、电位扫描法(以及电位扫描的速率)]对电聚合薄膜的形貌都会有重要影响。比如选用的电解质的阴、阳离子的尺寸大小和带电特性将会影响电聚合薄膜的形貌。在电化学聚合方法的选择上，马於光等[89]发现线性电位扫描法比恒电流法容易得到更好的形貌，并且采用线性电位扫描法时若电位扫描速率快更容易得到平整的形貌。同时，控制电位扫描的区间对于得到高质量的发光薄膜也非常重要。

对于电化学聚合线性电位扫描的电位范围，高电位区的电位要保证咔唑能够电化学氧化聚合，同时又要保证发光中心不会发生氧化反应或者是氧化聚合。一般咔唑氧化聚合的起始电位为 0.78 V (vs. Ag/Ag$^+$)，在 0.89 V (vs. Ag/Ag$^+$)出现氧化电流峰[97-99]。电位回扫时在 0.5 V (vs. Ag/Ag$^+$)左右出现一个还原电流峰，这是氧化聚合的掺杂态偶联咔唑发生还原脱掺杂的电流峰[98]。通过咔唑电化学聚合制备有机发光薄膜的循环电位扫描范围一般设定在 -0.5~0.85 V (vs. Ag/Ag$^+$)，高端电位选 0.85 V 就是为了保证咔唑能够发生电化学氧化聚合，同时又避免发光中心发生氧化反应。低端电位设定在 -0.5 V 是为了使聚合后的二连咔唑能够充分地还原脱掺杂，消除对阴离子。图 7.14 为 TCPC、TCBzC 和 TCNzC 电化学聚合的循环伏安图。可以看出，这三个单体的循环伏安图非常类似，这是因为发生的都是咔唑的氧化聚合(耦合)和生成的氧化掺杂态二连咔唑的还原脱掺杂以及再氧化掺杂反应。其中 0.8 V 之后的电流峰是咔唑的氧化聚合(偶联)，0.25~0.8 V (vs. Ag/Ag$^+$)之间的一对氧化-还原峰对应的是二连咔唑的氧化掺杂和还原脱掺杂。另外，马於光等发现[97]，逐渐增大循环伏安扫描速率，电化学聚合薄膜的表面形貌变得更为平滑，当采用 400 mV·s^{-1} 的扫描速率时制备的薄膜表面非常光滑，粗糙度仅为 2.8 nm。咔唑聚合后形成交联的咔唑偶联结构[97](见图 7.15)，因此能形成漂亮的有机发光薄膜。

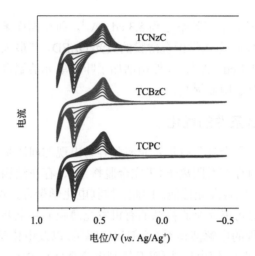

图 7.14　TCPC、TCBzC 和 TCNzC 的电化学聚合循环伏安图

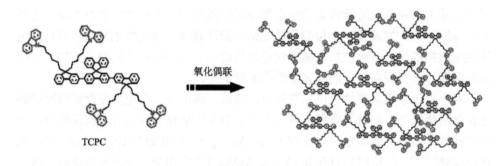

图 7.15　TCPC 电化学聚合形成交联结构的示意图

　　电化学聚合时采用的电解质溶液[100]对制备的发光薄膜的形貌和发光性能也有重要影响，因此选择合适的溶剂和支持电解质非常重要。首先溶剂必须能溶解聚合单体，并且需要具有比较大的电位窗口，以便在咔唑发生电化学聚合及其氧化-还原电位扫描过程中电解液不发生氧化-还原反应。马於光等[89]选用的电解液溶剂为乙腈和二氯甲烷的混合溶液。这主要是考虑到乙腈具有较大的介电常数，常用的四丁基铵盐支持电解质在乙腈中具有较高的溶解度和离子导电性。但乙腈对于含咔唑单元的聚合单体的溶解性较差，而这些单体在二氯甲烷中有较高的溶解度。他们优化的混合溶剂乙腈与二氯甲烷的体积比为 3∶2，在这样的电解液中制备的薄膜质量最佳。电解质一般选择在有机溶剂中有很高溶解度的四丁基铵（TBA）盐。马於光等[101]比较了阴离子不同的三种电解质 TBABF$_4$、TBAPF$_6$ 和 TBAAsF$_6$ 对咔唑电化学聚合的影响，图 7.16 为 TCPC 在含不同阴离子的四丁基铵盐电解质中电化学聚合及制备的咔唑聚合物（偶联体）氧化-还原的循环伏安图。可

以看出，在含阴离子尺寸比较小的 TBABF$_4$ 电解质的电解液中，电化学聚合后的氧化掺杂态偶联咔唑的还原脱掺杂以及再氧化掺杂电流峰的可逆性变差，而采用 TBAPF$_6$ 和 TBAAsF$_6$ 为电解质的电解液，电化学聚合薄膜具有更好的氧化-还原可逆性。另外，作为支持电解质进行电聚合循环伏安扫描时，循环伏安图中的氧化-还原峰电流随 TBABF$_4$、TBAPF$_6$ 和 TBAAsF$_6$ 的顺序逐渐升高，说明在相同的电化学聚合电位扫描速率下，氧化-还原电流随着电解质阴离子尺寸的增加而增加，表明偶联咔唑量的增加以及沉积的有机发光薄膜厚度的增加。TCPC 在含 TBABF$_4$、TBAPF$_6$ 和 TBAAsF$_6$ 的电解液中电化学聚合制的薄膜荧光量子效率分别为 25%、45%和 65%，说明 TBAAsF$_6$ 电解液有利于制备高质量的发光薄膜。电解质阴离子还影响制备的发光薄膜的表面形貌，从含尺寸较大的 AsF$_6$ 阴离子的电解液中制备的薄膜具有较为平整的表面，并且基于该薄膜制备的电致发光器件显示出更优的发光性能，其电致发光的亮度、电流密度和效率均较高[101]。

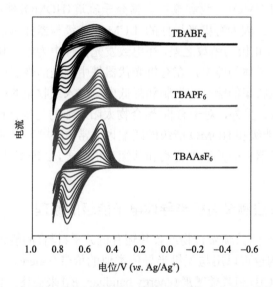

图 7.16 TCPC 在含不同阴离子的四丁基铵盐电解质中进行电化学聚合及制备的咔唑聚合物（偶联体）氧化-还原的循环伏安图

上面讨论的电化学聚合还可以用于不同发光材料的共聚，制备含发红、绿、蓝光的不同单元的活性层薄膜。马於光等[102]将连接了咔唑单元的红、绿、蓝单体分子共混于电解液中，通过咔唑单元的循环伏安氧化聚合实现了不同发光单元的共聚（通过咔唑单元偶联）。通过控制电解液中红、绿、蓝单体分子的比例，得到了含有合适红、绿、蓝发光单元比例的发光薄膜，基于此薄膜的 OLED 器件实现了高质量白光发射。

电化学共聚合也适用于磷光材料体系，这时需要设计和合成含有咔唑结构单元的磷光发光分子作为电化学聚合的单体，比如含红光钌配合物的分子 RuCz4[93]（图 7.13）。将这类 Ru 配合物与蓝光主体材料 TCPC 进行电化学共聚合，实现了高效率的红光发光。

7.7 共轭聚合物和共轭有机小分子电子能级的电化学测量

本征态共轭聚合物以及共轭有机小分子都是有机半导体，它们是有机光电子器件（包括有机/聚合物发光二极管和有机/聚合物太阳电池等）中非常重要的光电活性层材料。对于它们在光电器件中的应用，除了溶解性（对于需要溶液加工的材料）、吸收光谱、荧光光谱、电子和空穴迁移率等基本性质外，电子能级[包括最低未占分子轨道（LUMO）能级和最高占据分子轨道（HOMO）能级]也是必须了解和测量的基本性质。因为有机半导体的 LUMO 能级与器件负极功函数之差以及 HOMO 能级与器件正极功函数之差，在电致发光器件中为电子和空穴分别从负极和正极注入有机半导体的能垒，在有机光伏器件中则是活性层产生的电子和空穴分别被负极和正极收集的能垒。调制和降低电荷注入或收集的能垒对于提高器件光电性能非常重要。另外，对于有机/聚合物太阳电池的光伏材料，给体材料和受体材料的 LUMO 能级和 HOMO 能级的匹配也非常重要[103]。因此，对于合成的准备用于有机光电子器件的共轭聚合物和共轭有机分子，必须测量它们的 LUMO 和 HOMO 能级。

7.7.1 电化学方法测量有机半导体电子能级的原理

根据有机半导体（共轭聚合物或者共轭有机分子材料）的能带结构模型，有机半导体的电子结构也可以用与无机半导体类似的价带（valence band, VB）、导带（conduction band, CB）和禁带宽度（energy bandgap, E_g）来描述。本征态的有机半导体的价带是电子全充满的，而导带是无电子填充（等待电子填充）的空能带。有机半导体的氧化（失去电子）就是从价带抽提电子，并且起始的氧化是从其价带顶[对应于共轭聚合物或者共轭有机分子的 HOMO（the highest occupied molecular orbital）能级]抽提电子；而其还原（得到电子）是将电子注入导带，并且起始的还原是将电子注入进其导带底[对应于共轭聚合物或者共轭有机小分子的 LUMO（the lowest unoccupied molecular orbital）能级]。这里的 LUMO 能级和 HOMO 能级其实也分别与有机半导体的电子亲和势（electron affinity, EA）和电离势（ionization potential, IP）相对应。电化学方法测量共轭聚合物或者共轭有机小分子的 LUMO 和 HOMO 能级的原理，就是利用其起始还原和起始氧化电位与电子能级的对应关系：起始还原电位与 LUMO 能级 (以及 EA) 相对应，起始氧化电位与 HOMO 能级 (以及 IP) 相对应。

测量起始还原电位和起始氧化电位的电化学方法有循环伏安法 (cyclic voltammetry，CV) 和方波伏安法 (square wave voltammetry，SWV)，其中循环伏安法是测量有机半导体 LUMO 和 HOMO 能级的最常用和最简便的方法[104-106]。

7.7.2　电子能级的测量和计算

电化学测量采用三电极体系，将待测的共轭聚合物或者共轭有机小分子半导体材料溶入氯苯或甲苯等能够溶解它们的溶剂制备成溶液，然后将该溶液滴涂到玻碳 (GC) 或铂 (Pt) 电极表面并晾干 (大约需要 30 min)，制备一层待测样品的薄膜，以这种涂有待测样品薄膜的电极作为工作电极，Pt 片或 Pt 丝为对电极、Ag/AgCl 参比电极或者 Ag 丝准参比电极。电解液一般可使用 0.1 mol·L^{-1} 四丁基铵六氟磷酸盐 (Bu_4APF_6) 的乙腈溶液。循环伏安测量时使用三角波电位扫描信号控制工作电极与参比电极之间的电位 (potential) (三角波电位扫描的速率一般为 20 mV·s^{-1})，测量和记录流过工作电极与对电极的电流随电位的变化，得到循环伏安图 (cyclic voltammogram) 或循环伏安曲线。值得注意的是，待测样品工作电极的制备以及电化学测量都应该尽量在惰性气氛下 (比如在手套箱中) 进行。在工作电极上滴涂的待测样品薄膜的厚度不能太厚，因为薄膜本身的电阻会增加电化学测量的串联电阻，影响起始氧化和还原电位的位置。另外，为了降低待测样品薄膜的电阻，可以在制备样品薄膜的溶液中适当添加支持电解质 Bu_4APF_6，使待测样品薄膜中含有 Bu_4APF_6，当工作电极进入电解液中之后，Bu_4APF_6 就会溶入乙腈电解液中，从而在待测样品薄膜上留下孔洞，从而降低或者消除样品薄膜的电阻，提高测量的精度。

图 7.17 是一种典型的黄光发光聚合物 MEH-PPV 的循环伏安图，测量中使用的参比电极是 Ag 丝准参比电极。需要指出的是，Ag 丝是有机电解液的电化学研究中常用的准参比电极[107]，在一般情况下，Ag 丝准参比电极的电极电位与 SCE 或 Ag/AgCl 在有机电解液中的电极电位相近 [Ag 丝的校准的电极电位为–0.01 V (vs. SCE)[105]]。除了 Ag 丝准参比电极外，在有机电解液中的电化学测量中使用得比较多的参比电极还有 Ag^+/Ag 和 Ag/AgCl 参比电极。不过，这些参比电极的电极电位也会受到电化学测量条件 (比如不同的有机溶剂等) 的影响，所以一般都需要使用二茂铁氧化-还原对 (Fc^+/Fc) 作内参比进行标定，因为二茂铁在有机电解液中具有非常稳定的和可逆的氧化-还原特性[108]。使用二茂铁进行电位标定是测量二茂铁在该有机电解液中相对于参比电极的氧化-还原电位。二茂铁的循环伏安图上会呈现一对可逆的氧化-还原峰，其氧化电流峰电位和还原电流峰电位的中间值 [(氧化电流峰电位＋还原电流峰电位)/2] 为标定的 Fc^+/Fc 的电极电位

[$\varphi(\text{Fc}^+/\text{Fc})$]值。在乙腈电解液中，文献报道的有代表性的$\varphi(\text{Fc}^+/\text{Fc})$值为 0.4 V (*vs.* SCE) [109]、0.09 V (*vs.* Ag$^+$/Ag) [110]和 0.44 V (*vs.* Ag/AgCl) [111]。

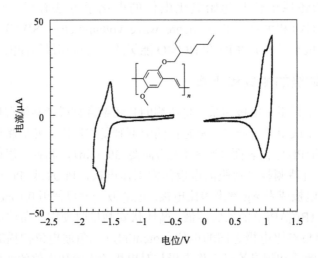

图 7.17　黄光发光聚合物 MEH-PPV 在 0.1 mol·L^{-1} Bu$_4$NPF$_6$ 乙腈电解液中的循环伏安图（银丝为准参比电极）[105]

　　从图 7.17 可以看出，MEH-PPV 在 0～1.1 V (*vs.* Ag 丝)的正电位区域有一对氧化-还原电流峰，其起始氧化电位(φ_{ox})为 0.68 V；在-0.5～-1.8 V (*vs.* Ag 丝)的负电位区域有一对还原-再氧化电流峰，其起始还原电位(φ_{red})为-1.49 V。这个起始氧化电位与 MEH-PPV 的 HOMO 能级（以及电离能 IP）相对应，起始还原电位与 MEH-PPV 的 LUMO 能级（以及电子亲和势 EA）相对应。但是，电化学测量的电极电位都是相对于参比电极的相对能级，而 HOMO 和 LUMO 能级是相对于真空能级的绝对值，从起始氧化电位和起始还原电位来计算 HOMO 和 LUMO 能级就需要首先确定参比电极相对于真空的能级。由于研究者使用的参比电极电位的能级数值不同，使文献中报道的一些共轭聚合物的 HOMO 和 LUMO 能级有很大的偏差。Bazan 等曾针对此问题进行深入的讨论，有兴趣的读者可以参阅文献[106]。其实，共轭聚合物的 HOMO 能级还可以使用紫外光电子能谱(UPS)进行测量[112]，电化学测量的能级应该与 UPS 测量的能级相一致。据此，作者建议在计算 HOMO 和 LUMO 能级时取二茂铁氧化-还原电位对应的能级为-4.8 eV[113]，SCE 参比电极的能级为-4.4 eV[114]。这样，从其氧化电位φ_{ox}和起始还原电位φ_{red}计算 HOMO 能级(E_{HOMO})和 LUMO 能级(E_{LUMO})的公式为

$$E_{\text{HOMO}} = -\text{IP} = -e[\varphi_{ox} - \varphi(\text{Fc}^+/\text{Fc}) + 4.8] \ (\text{eV}) \tag{7.2}$$

$$E_{LUMO} = -EA = -e[\varphi_{red} - \varphi(Fc^+/Fc) + 4.8] \ (eV) \tag{7.3}$$

上式中的 φ_{ox}、φ_{red} 和 $\varphi(Fc^+/Fc)$ 都是相对于同一种参比电极的电极电位。如果 φ_{ox} 和 φ_{red} 是相对于 Ag^+/Ag 参比电极的电极电位值，则式(7.2)和(7.3)可以改写为

$$E_{HOMO} = -e(\varphi_{ox} + 4.71) \ (eV) \tag{7.4}$$

$$E_{LUMO} = -e(\varphi_{red} + 4.71) \ (eV) \tag{7.5}$$

如果 φ_{ox} 和 φ_{red} 是相对于 Ag/AgCl 参比电极的电极电位值，则式(7.2)和(7.3)可以改写为

$$E_{HOMO} = -e(\varphi_{ox} + 4.36) \ (eV) \tag{7.6}$$

$$E_{LUMO} = -e(\varphi_{red} + 4.36) \ (eV) \tag{7.7}$$

第 4 章图 4.8 是聚(3-己基噻吩)(P3HT)在 $0.1 \ mol \cdot L^{-1} \ Bu_4NPF_6$ 乙腈电解液中的循环伏安图。其 φ_{ox} 和 φ_{red} 分别是 0.05 V 和 –1.97 V (*vs.* Ag^+/Ag)，根据式(7.4)和(7.5)可以计算得出 P3HT 的 E_{HOMO} 和 E_{LUMO} 分别是 –4.76 eV 和 –2.74 eV[115]。

表 7.4 列出了用电化学方法测量的一些重要的光电活性共轭聚合物以及小分子有机半导体的 LUMO 和 HOMO 能级值，供读者在需要时参考。表 7.4 也列出了小分子受体 ITIC 和 IT-4F 通过 UPS 测量的 HOMO 能级[126]，可以看出，通过 UPS 测量的 HOMO 能级与电化学测量的 ITIC 和 IT-4F 的 HOMO 能级数值非常接近，这说明取二茂铁氧化-还原电位能级为 –4.8 eV 的标准是正确的。

表 7.4　电化学方法测量的共轭聚合物以及小分子有机半导体的 LUMO 和 HOMO 能级

聚合物或小分子名称	用途	LUMO 能级/eV	HOMO 能级/eV	参考文献
MEH-PPV	p 型共轭聚合物，黄光发光聚合物	–2.90	–5.07	[105]
CN-PPV	n 型共轭聚合物	–3.49	–5.63	[105]
P3HT	p 型共轭聚合物，光伏给体	–2.74	–4.67	[115]
J71	光伏给体	–3.24	–5.40	[116]
PBDB-T	光伏给体	–2.92	–5.33	[117, 118]
PM6 或 PBDB-TF	光伏给体	–3.65[a] (–3.48)	–5.45	[119]
		–3.61	–5.50	[120]
PTQ10	光伏给体	–2.98	–5.54	[111]
N2200	聚合物受体	–3.84	–5.77	[121]

续表

聚合物或小分子名称	用途	LUMO 能级/eV	HOMO 能级/eV	参考文献
PZ1	聚合物受体	−3.86	−5.74	[118]
PCBM	富勒烯受体	−3.91	−5.93	[122]
PC$_{71}$BM 或 PC$_{70}$BM	富勒烯受体	−3.91	−5.87	[122]
ICBA	富勒烯受体	−3.74	∼−5.65	[123]
IC$_{70}$BA	富勒烯受体	−3.72	−5.61	[122]
ITIC	小分子受体	−3.83	−5.48	[124]
		−3.84	−5.54	[125]
		−3.89[b]	−5.50[b]	[126]
m-ITIC	小分子受体	−3.82	−5.52	[125]
IT-4F	小分子受体	−3.99	−5.70	[127]
		−4.14[b]	−5.66[b]	[126]
		−4.07	−5.69	[120]
IDIC	小分子受体	−3.91	−5.69	[128]
		−3.91	−5.73	[129]
MO-IDIC-2F	小分子受体	−3.93	−5.80	[129]
Y6	小分子受体	−4.10	−5.65	[130]

a. 根据 HOMO 能级与光学禁带宽度计算，电化学测量的 LUMO 能级是−3.48 eV(未在论文中报道)；b. 通过 UPS 测量的 HOMO 能级，LUMO 能级根据 HOMO 能级与光学禁带宽度计算。

参 考 文 献

[1] Bhosale M E, Chae S, Kim J M, Choi J Y. J Mater Chem A, 2018, 6(41): 19885-19911.

[2] MacDiarmid A G, Heeger A J, Nigrey P J. Batteries having conjugated polymer electrode: US, 442187. 1984-04-10.

[3] Munstedt H, Kohler G, Mohwald H, Naegele D, Bitthin R, Ely G, Meissner E. Synth Met, 1987, 18(1-3): 259-264.

[4] Matsunaga T, Daifuku H, Nakajima T, Kawagoe T. Polym Advan Technol, 1990, 1(1): 33-39.

[5] Novak P, Muller K, Santhanam K S V, Haas O. Chem Rev, 1997, 97(1): 207-281.

[6] MacDiarmid A G, Yang L S, Huang W S, Humphrey B D. Synth Met, 1987, 18(1-3): 393-398.

[7] Genies E M, Hany P, Santier C. J Appl Electrochem, 1988, 18(5): 751-756.

[8] Mailhe-Randolph C, Desilvestro J. J Electroanal Chem, 1989, 262(1-2): 289-295.

[9] Kitani A, Kaya M, Hiromoto Y, Sasaki K. Denki Kagaku, 1985, 53(8): 592-596.

[10] Taguchi S, Tanaka T. J Power Sources, 1987, 20(3-4): 249-252.

[11] Somasiri N L D, MacDiarmid A G. J Appl Electrochem, 1988, 18(1): 92-95.

[12] Goto F, Abe K, Okabayashi K, Yoshida T, Morimoto H. J Power Sources, 1987, 20(3-4): 243-248.

[13] Armand M, Sanchez J Y, Gauthier M, Choquette Y//Lipkowski J, Ross P N. The Electrochemistry of Novel Materials. New York: VCH, 1994: 65.

[14] Osaka T, Naoi K, Ogano S. J Electrochem Soc, 1988, 135(5): 1071-1077.

[15] Mermilliod N, Tanguy J, Petiot F. J Electrochem Soc, 1986, 133(6): 1073-1079.

[16] Slama M, Tanguy J. Synth Met, 1989, 28(1-2): C139-C144.

[17] Feldberg S W. J Am Chem Soc, 1984, 106(17): 4671-4674.

[18] Novak P, Inganas O, Bjorklund R. J Power Sources, 1987, 21(1): 17-24.

[19] Novak P, Rasch B, Vielstich W. J Electrochem Soc, 1991, 138(11): 3300-3304.

[20] Naegele D, Bittihn R. Solid State Ionics, 1988, 28: 983-989.

[21] Novak P, Vielstich W. J Electrochem Soc, 1990, 137(4): 1036-1042.

[22] Osaka T, Momma T, Nishimura K, Kakuda S, Ishii T. J Electrochem Soc, 1994, 141(8): 1994-1998.

[23] Trinidad F, Alonso-Lopez J, Nebot M. J Appl Electrochem, 1987, 17(1): 215-218.

[24] Bittihn R, Ely G, Woeffler F, Münstedt H, Naarmann H, Naegele D. Makromol Chem Macromol Symp, 1987, 8: 51-59.

[25] Mecerreyes D, Porcarelli L, Casado N. Macromol Chem Phys, 2020, 221(4): 1900490.

[26] Cintora-Juarez D, Perez-Vicente C, Ahmad S. Tirado J L. RSC Adv, 2014, 4: 26108-26114.

[27] Kwon Y, Lee Y, Kim S O, Kim H S, Kim K J, Byun D, Choi W. ACS Appl Mater Interfaces, 2018, 10(35): 29457-29466.

[28] Mu K, Tao Y, Peng Z, Hu G, Du K, Cao Y. Appl Surf Sci, 2019, 495: UNSP 143503.

[29] Fusalba F, Gouerec P, Villers D, Belanger D. J Elecrtrochem Soc, 2001, 148(1): A1-A6.

[30] Wang G, Zhang L, Zhang J. Chem Soc Rev, 2012, 41: 797-828.

[31] Conway B E. Electrochemical Supercapacitors. New York: Kluwer Academic/Plenum Publishers, 1999.

[32] Ryu K S, Kim K M, Park N G, Park Y J, Chang S H. J Power Sources, 2002, 103(2): 305-309.

[33] Clemente A, Panero S, Spila E, Scrosati B. Solid State Ionics, 1996, 85(1-4): 273-277.

[34] Laforgue A, Simon P, Sarrazin C, Fauvarque J F. J Power Sources, 1999, 80(1-2): 142-148.

[35] Arbizzani C, Mastragostino M, Soavi F. J Power Sources, 2001, 100(1-2): 164-170.

[36] Snook G A, Kao P, Best A S. J Power Sources, 2011, 196(1): 1-12.

[37] Wu M Q, Snook G A, Gupta V, Shaffer M, Fray D J, Chen G Z. J Mater Chem, 2005, 15(23): 2297-2303.

[38] Lota K, Khomenko V, Frackowiak E. J Phys Chem Solids, 2004, 65(2-3): 295-301.

[39] Kim J H, Lee Y S, Sharma A K, Liu C. Electrochim Acta, 2006, 52(4): 1727-1732.

[40] Li H, Wang J, Chu Q, Wang Z, Zhang F, Wang S. J Power Sources, 2009, 190(2): 578-586.

[41] Wang Y G, Li H Q, Xia Y Y. Adv Mater, 2006, 18(19): 2619-2623.

[42] Di Fabio A, Giorgi A, Mastragostino M, Soavi F. J Electrochem Soc, 2001, 148(8): A845-A850.

[43] Sharma R K, Rastogi A C, Desu S B. Electrochim Acta, 2008, 53(26): 7690-6795.

[44] Jurewicz K, Delpeux S, Bertagna V, Beguin F, Frackowiak E. Chem Phys Lett, 2001, 347(1-3): 36-40.

[45] Khomenko V, Frackowiak E, Beguin F. Electrochim Acta, 2005, 50(12) 2499-2506.

[46] Zhu Z, Wang G, Sun M, Li X, Li C. Electrochim Acta, 2011, 56(3): 1366-1372.

[47] Zhang H, Cao G, Wang Z, Yang Y, Shi Z, Gu Z. Electrochem Commun, 2008, 10(7): 1056-1059.

[48] Xiong W, Hu X, Wu X, Zeng Y, Wang B, He G, Zhu Z. J Mater Chem A, 2015, 3: 17209-17216.

[49] Wang J, Xu Y L, Chen X, Du X F. J Power Sources, 2007, 163(2): 1120-1125.

[50] Xiao Q, Zhou X. Electrochim Acta, 2003, 48(5): 575-580.

[51] An H, Wang Y, Wang X, Zheng L, Wang X, Yi L, Bai L, Zhang X. J Power Sources, 2010, 195(19): 6964-6969.

[52] Biswas S, Drzal L T. Chem Mater, 2010, 22(20): 5667-5671.

[53] Fang Y, Liu J, Yu D J, Wicksted J P, Kalkan K, Topal C O, Flanders B N, Wu J, Li J. J Power Sources, 2010, 195(2): 674-679.

[54] Yang C, Liu P. Synth Met, 2010, 160(7-8): 768-773.

[55] Zang J F, Bao S J, Li C M, Bian H J, Cui X Q, Bao Q L, Sun C Q, Guo J, Lian K R. J Phys Chem C, 2008, 112(38): 14843-14847.

[56] Mujawar S H, Ambade S B, Battumur T, Ambade R B, Lee S H. Electrochim Acta, 2011, 56(12): 4462-4466.

[57] Zhang K, Zhang L L, Zhao X S, Wu J. Chem Mater, 2010, 22(4): 1392-1401.

[58] Liu Q, Nayfeh M H, Yau S T. J Power Sources, 2010, 195(12): 3956-3959.

[59] Mortimer R J. Chem Soc Rev, 1997, 26: 147-156.

[60] Monk P M S, Mortimer R J, Rosseinsky D R. Electrochromism: Fundamentals and Applications. Weinheim: VCH, 1995.

[61] Sharpe A G. The Chemistry of Cyano Complexes of the Transition Metals. New York: Academic Press, 1976.

[62] Bird C L, Kuhn A T. Chem Soc Rev, 1981, 10, 49.

[63] Akhtar M, Weakliem H A, Paiste R M, Gaughan K. Synth Met, 1988, 26: 203-208.

[64] Che B Y, Zhou D, Li H, He C, Liu E, Lu X. Organic Electronics, 2019, 66: 86-93.

[65] Garnier F, Tourillon G, Gazard M, Dubois J C. J Electroanal Chem, 1983, 148(2): 299-303.

[66] Kaneto K, Agawa H, Yoshino K. J Appl Phys, 1987, 61: 1197-1205.

[67] Kumar A, Welsh D M, Morvant M C, Piroux F, Abboud K A, Reynolds J R. Chem Mater, 1998, 10: 896-902.

[68] Welsh D M, Kumar A, Meijer E W, Reynolds J R. Adv Mater, 1999, 11(16): 1379-1382.

[69] Schwendeman I, Gaupp C L, Hancock J M, Groenendaal L, Reynolds J R. Adv Funct Mater, 2003, 13(7): 541-547.

[70] Sonmez G, Shen C K F, Rubin Y, Wudl F. Angew Chem Int Ed, 2004, 43(12): 1498-1502.

[71] Mu S L. Electrochim Acta, 2006, 51: 3434-3440.

[72] Mu S L, Zhang Y, Zhai J P. Electrochem Commun, 2009, 11: 1960-1963.

[73] Xue H G, Mu S L. J Electroanal Chem, 1995, 397: 241-247.

[74] Yang Y F, Mu S L. Electrochim Acta, 2010, 55: 4706-4710.

[75] Qiao J L, Liu Y Y, Hong F, Zhang J J. Chem Soc Rev, 2014, 43 (2) : 631-675.

[76] Wu J, Shi Q F, Mu S L. Synth Met, 2019, 255: UNSP 116109.

[77] Mu S L. Biosens Bioelectron, 2006, 21: 1237-1243.

[78] Mu, S L. Electrochem Commun, 2009, 11: 1519-1522.

[79] Mu S L. J Electroanal Chem, 2015, 743: 31-37.

[80] Shi Q F, Chen M, Diao G W. Electrochim Acta, 2013, 114: 693-699.

[81] Zhang L, Lian J Y. J Electroanal Chem, 2007, 611: 51-59.

[82] Chen C X, Sun C, Gao Y H. Electrochem Commun, 2009, 11: 450-453.

[83] Yang Y F, Mu S L. J Phys Chem C, 2011, 115:18721-18728.

[84] Hotta H, Nagano S, Ueda M, Tsujino Y, Koyama J, Osakai T. Biochim Biophys Acta, 2002, 1572 (1) : 123-132.

[85] Mu S L, Chen C. J Phys Chem C, 2012, 116: 3065-3070.

[86] Mu S L, Chen C. J Phys Chem B, 2012, 116: 12567-12573.

[87] Yang Y F, Mu S L. Electrochim Acta, 2013, 109: 663-670.

[88] Zhang D, Chu L, Liu Y X, Wang A L, Ji B P, Wu W, Zhou F, Wei Y, Cheng Q, Cai S B, Xie L Y, Jia G. J Agric Food Chem, 2011, 59 (18) :10277-10285.

[89] 顾成, 吕营, 陆丹, 马於光. 中国科学: 化学, 2011, 41 (1) : 1-23.

[90] Zhao M, Zhang H, Gu C, Ma Y. J Mater Chem C, 2020, DOI: 10. 1039/C9TC07028A.

[91] Tang S, Liu M R, Lu P, Xia H, Li M, Xie Z Q, Shen F Z, Gu C, Wang H P, Yang B, Ma Y G. Adv Funct Mater, 2007, 17 (15) : 2869-2877.

[92] Gu C, Fei T, Zhang M, Li C N, Lu D, Ma Y G. Electrochem Commun, 2010, 12 (4) : 553-556.

[93] Zhu Y Y, Gu C, Tang S, Fei T, Gu X, Wang H, Wang Z M, Wang F F, Lu D, Ma Y G. J Mater Chem, 2009, 19 (23) : 3941-3949.

[94] Tang S, Liu M R, Gu C, Zhao Y, Lu P, Lu D, Liu L L, Shen F Z, Yang B, Ma Y G. J Org Chem, 2008, 73 (11) : 4212-4218.

[95] Zhang M, Xue S F, Dong W Y, Wang Q, Fei T, Gu C, Ma Y G. Chem Commun, 2010, 46 (22) : 3923-3925.

[96] Xia C, Advincula R C, Baba A, Knoll W. Chem Mater, 2004, 16 (15) : 2852-2856.

[97] Li M, Tang S, Shen F Z, Liu M R, Xie W J, Xia H, Liu L L, Tian L L, Xie Z Q, Lu P, Hanif M, Lu D, Cheng G, Ma Y G. J Phys Chem B, 2006, 110 (36) : 17784-17789.

[98] Marrec P, Dano C, Gueguen-Simonet N, Simonet J. Synth Met, 1997, 89 (3) : 171-179.

[99] Inzelt G. J Solid State Electrochem, 2003, 7 (8) : 503-510.

[100] Sarac A S, Ates M, Parlak E A. J Appl Electrochem, 2006, 36 (8) : 889-898.

[101] Li M, Tang S, Shen F Z, Liu M R, Li F, Lu P, Lu D, Hanif M, Ma Y G. J Electrochem Soc, 2008, 155: H287- H291.

[102] Gu C, Fei T, Lv Y, Feng T, Xue S F, Lu D, Ma Y G. Adv Mater, 2010, 22 (24) : 2702-2705.

[103] Li Y F. Acc Chem Res, 2012, 45 (5) : 723-733.

[104] Eckhardt H, Shacklette L W, Jen K Y, Elsenbaumer R L. J Chem Phys, 1989, 91 (2) :

1303-1315.

[105] Li Y F, Cao Y, Gao J, Wang D L, Yu G, Heeger A J. Synth Met, 1999, 99: 243-248.

[106] Cardona C M, Li W, Kaifer A E, Stockdale D, Bazan G C. Adv Mater, 2011, 23: 2367-2371.

[107] Richter M M, Fan F F, Klavetter F, Heeger A J, Bard A J. Chem Phys Lett, 1994, 226(1-2): 115-120.

[108] Gritzner G, Kuta J. Pure Appl Chem, 1984, 56: 461-466.

[109] Connelly N G, Geiger W E. Chem Rev, 1996, 96: 877-910.

[110] Sun Q, Wang H, Yang C, Li Y F. J Mater Chem, 2003, 13: 800-806.

[111] Sun C, Pan F, Bin H, Zhang J, Xue L, Qiu B, Wei Z, Zhang Z, Li Y F. Nat Commun, 2018, 9: 743.

[112] Grzibovskis R, Vembris A. J Mater Sci, 2018, 53: 7506-7515.

[113] Pommerehne J, Vestweber H, Guss W, Mahrt R F, Bassler H, Porsch M, Daub J. Adv Mater, 1995, 7: 551-554.

[114] de Leeuw D M, Simenon M M J, Brown A R, Einerhand R E F. Synth Met, 1997, 87(1): 53-59.

[115] Hou J H, Tan Z, Yan Y, He Y, Yang C, Li Y F. J Am Chem Soc, 2006, 128: 4911-4916.

[116] Bin H, Gao L, Zhang Z, Yang Y, Zhang Y, Zhang C, Chen S, Xue L, Yang C, Xiao M, Li Y F. Nat Commun, 2016, 7: 13651.

[117] Ye L, Jiao X, Zhou M, Zhang S, Yao H, Zhao W, Xia A, Ade H, Hou J. Adv Mater, 2015, 27: 6046-6054.

[118] Zhang Z, Yang Y, Yao J, Xue L, Chen S, Li X, Morrison W, Yang C, Li Y F. Angew Chem Int Ed, 2017, 56(43): 13503-13507.

[119] Zhang M, Guo X, Ma W, Ade H, Hou J. Adv Mater, 2015, 27: 4655- 4660.

[120] Fan Q, Su W, Wang Y, Guo B, Jiang Y, Guo X, Liu F, Russel T P, Zhang M, Li Y F. Sci China Chem, 2018, 61(5): 531-537.

[121] Gao L, Zhang Z, Xue L, Min J, Zhang J, Wei Z, Li Y F. Adv Mater, 2016, 28(9): 1884-1890.

[122] He Y, Zhao G, Peng B, Li Y F. Adv Funct Mater, 2010, 20: 3383-3389.

[123] He Y, Chen H, Hou J, Li Y F. J Am Chem Soc, 2010, 132: 1377-1382.

[124] Lin Y, Wang J, Zhang Z, Bai H, Li Y F, Zhu D, Zhan X. Adv Mater, 2015, 27(7): 1170-1174.

[125] Yang Y K, Zhang Z, Bin H, Chen S, Gao L, Xue L, Yang C, Li Y F. J Am Chem Soc, 2016, 138(45): 15011-15018.

[126] Zhao W, Li S, Yao H, Zhang S, Zhang Y, Yang B, Hou J. J Am Chem Soc, 2017, 139: 7148-7151.

[127] Zhang H, Yao H, Hou J X, Zhu J, Zhang J, Li W, Yu R, Gao B, Zhang S, Hou J H. Adv Mater, 2018, 30: 1800613.

[128] Lin Y, He Q, Zhao F, Huo L, Mai J, Lu X, Su C, Li T, Wang J, Zhu J, Sun Y, Wang C, Zhan X. J Am Chem Soc, 2016, 138: 2973-2976.

[129] Li X, Pan F, Sun C, Zhang M, Wang Z, Du J, Wang J, Xiao M, Xue L, Zhang Z G, Zhang C, Liu F, Li Y F. Nat Commun, 2019, 10: 519.

[130] Yuan J, Zhang Y, Zhou L, Zhang G, Yip H, Lau T, Lu X, Zhu C, Peng H, Johnson P A, Leclerc M, Cao Y, Ulanski J, Li Y F, Zou Y. Joule, 2019, 3: 1140-1151.

索 引

彩 图

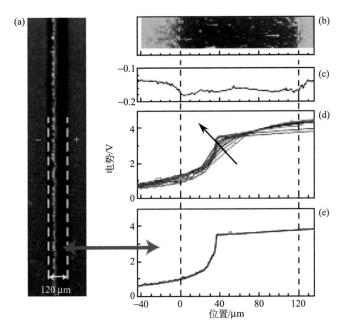

图 6.9 平面型 LEC 工作条件下的发光和电势图

(a) 在 5 V 偏压下器件发光的显微图(图中的 "+" 和 "−" 表示器件的正极和负极);(b) 同一个表面型 LEC 的二维形貌;(c) 器件开路条件下的静电势图;(d) 施加 5V 偏压后电势图随时间的变化(箭头指向时间增加的变化方向,不同电势曲线之间的间隔时间是 20s); (e) 在 5V 偏压下最后形成的稳态电势图

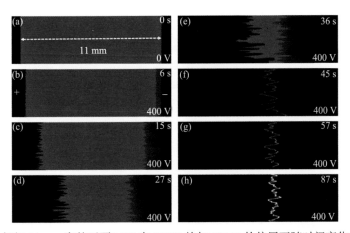

图 6.10 电极间 11 mm 宽的平面 LEC 在 360 K 施加 400 V 的偏压下随时间变化的荧光图像
橙红色为 MEH-PPV 的发光,在 UV 光照射下测量荧光。(a)中黑色区域是两边的 Al 电极

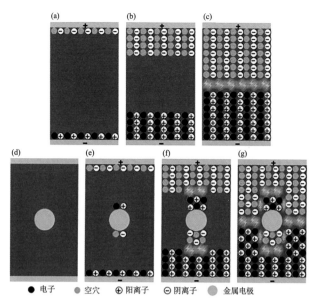

● 电子　　● 空穴　　⊕ 阳离子　　⊖ 阴离子　　● 金属电极

图 6.11　平面型 LEC 工作机理以及带有一个盘状金属 BPE 的器件在无电接触的金属盘周边同时形成成对 p 型掺杂区和 n 型掺杂区及发光 p-n 结的示意图

(a, b) 电化学掺杂过程；(c) 发光 p-n 结的形成；(d~g) 含有一个盘状金属 BPE 的器件在外加偏压下在金属盘周边同时形成成对 p 型掺杂区和 n 型掺杂区及最后形成发光 p-n 结的过程

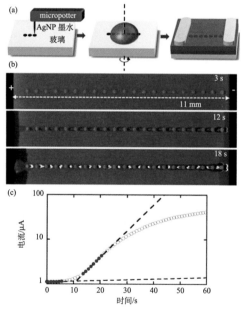

图 6.12　(a) 在玻璃基底上平面 LEC 中喷墨打印银纳米粒子(AgNP)阵列结构示意图(micro-potter 意为微喷头移动墨池)；(b) 电极间 11 mm 宽的平面 LEC 在 400 V 偏压下随时间变化的荧光图片，该平面 LEC 含有 21 个 AgNP[平均直径(178±3) μm，两个纳米粒子之间的距离为 0.5 mm]；(c) 施加偏压后电流随时间的变化曲线，虚线是对实红点区数据点的切线，切线与时间轴的交点在 10.9 s[21]